高等学校电子信息类专业系列教材

应急通信技术

主　编　王建新

副主编　薛胜利　刘长岳　王建辉

西安电子科技大学出版社

内 容 简 介

应急通信是应急管理体系的重要组成部分，是国家应急保障的关键设施之一。本书系统阐述了应急通信系统的特点、组成及相关技术，并在此基础上精选了相关应用案例，通过案例的论证与分析可以使读者加深对应急通信技术的理解。

本书共分 10 章，包括绪论、通信系统的基本原理和模型、通信系统的基本电路、移动应急通信系统、卫星应急通信系统、数字集群应急通信系统、互联网应急通信系统、多网融合应急通信系统、业余无线电应急通信系统和应急通信新技术。

本书可以作为高等院校通信及电子信息类及相关专业的教材，也可作为相关技术人员的参考书。

本书提供课件，读者可自行在出版社官网免费下载。

图书在版编目（CIP）数据

应急通信技术 / 王建新主编. -- 西安：西安电子科技大学出版社，
2024.8(2025.1重印). -- ISBN 978-7-5606-7411-7

Ⅰ. TN914

中国国家版本馆 CIP 数据核字第 2024NQ3328 号

策　　划　薛英英
责任编辑　薛英英
出版发行　西安电子科技大学出版社（西安市太白南路 2 号）
电　　话　(029) 88202421　88201467　　邮　　编　710071
网　　址　www.xduph.com　　　　　　　电子邮箱　xdupfxb001@163.com
经　　销　新华书店
印刷单位　陕西天意印务有限责任公司
版　　次　2024 年 8 月第 1 版　　2025 年 1 月第 2 次印刷
开　　本　787 毫米×1092 毫米　1/16　印张　13
字　　数　303 千字
定　　价　35.00 元
ISBN 978-7-5606-7411-7
XDUP 7712001-2

＊＊＊如有印装问题可调换＊＊＊

前　言

Preface

应急通信是处理各种突发事件必备的通信手段，已经成为现代社会不可或缺的一部分。无论是处理自然灾害、社会生活中各种事故还是其他突发紧急事件，一个强大而有效的应急通信系统起着至关重要的作用。应急通信系统可以及时并准确地获得现场信息，使救援能及时快速展开，从而减小危害和损失。

本书旨在向读者介绍应急通信的基本概念、核心技术和主要的应急通信系统及其典型应用。本书内容包括：第1章绪论，第2章通信系统的基本原理和模型，第3章通信系统的基本电路，第4章移动应急通信系统，第5章卫星应急通信系统，第6章数字集群应急通信系统，第7章互联网应急通信系统，第8章多网融合应急通信系统，第9章业余无线电应急通信系统和第10章应急通信新技术。每章内容都经过精心设计，以确保内容的结构化和易于理解。书中提供了丰富的图表和实际案例，以帮助读者更好地认识各种应急通信应用与场景。本书结构简明，体系完备，具有基本电子信息方面知识的读者均可阅读。

本书由王建新担任主编，薛胜利、刘长岳和王建辉担任副主编。西安科技大学的王建新负责第1、2、4章的编写，西安科技大学的王建辉负责第3、9、10章的编写，陕煤集团韩城矿业公司的刘长岳负责第5章和第7章的编写，深圳震有科技股份有限公司西安分公司的薛胜利负责第6章和第8章的编写，全书由王建新统稿。深圳震有科技股份有限公司为本书提供了丰富的案例，对结构和内容的设计提出了宝贵意见，并为教材的出版提供了资助。

本书的目标是向读者全面、深入、具体地介绍应急通信技术与系统，注重理论联系实际，以期为应急通信事业和社会的安全与稳定做出贡献。通过阅读本书，读者能够对应急通信技术有比较系统、全面的认识与理解。希望无论是从事应急管理工作的专业人士，还是对应急通信技术感兴趣的读者，都能从本书中获得帮助。

编　者

2024 年 4 月

目　录

第 1 章

绪　论

应急通信作为一个跨学科的综合性领域，融合了管理学、社会学、信息学等多个学科的理论与实践，在实际情景下扮演着不可或缺的角色。

全球范围内频繁发生的自然灾害和突发事件，如地震、洪水、火灾、恐怖袭击等，使应急通信的重要性日益凸显。在这些关键时刻，应急通信的建设和发展显得尤为重要。应急通信不仅要保障政府部门在紧急情况下的高效指挥和协调，还要确保受灾人员能够及时与外部进行通信，获取必要的救援和帮助。

然而，应急通信系统的建设和管理并非易事。它是一个复杂的系统工程，需要综合考虑多个方面的因素，如通信技术的选择、网络架构的设计、设备设施的配备、人员的培训和管理等。同时，应急通信的特点，如时间的突发性、地点的不确定性以及容量的不可预期性等，使应急通信系统的建设和管理更加复杂和困难。

在面对自然灾害或应急事件时，最为迫切的任务是迅速恢复通信，确保指挥和协调的顺畅进行。这要求应急通信系统必须具备高度的可靠性和稳定性，能够在复杂的环境下保持正常的工作状态。同时，应急通信系统还需要具备灵活性和可扩展性，能够根据不同的应急需求进行快速调整和扩展。

为了满足这些需求，应急通信的研究和实践涉及了多个领域和职能部门。例如，管理学的专家可以对应急通信的组织和管理进行深入的研究，以提出有效的应急通信策略和管理模式；信息学的专家可以对应急通信的技术和系统进行研究和开发，以提升应急通信的可靠性和效率；社会学的专家可以对应急通信的社会影响和公众认知进行研究，以增强公众的应急意识和能力。

此外，应急通信的建设和发展还需要政府、企业和社会各界的共同参与和支持。政府通过制定相关的政策和法规，为应急通信的建设和发展提供制度保障；企业通过积极投入研发和创新，推动应急通信技术的不断进步；社会各界通过加强合作和交流，共同推动应急通信的发展和应用。

总之，应急通信是一个复杂而重要的研究领域，它对于保障社会稳定和公共安全具有重要意义。在未来的发展中，我们需要不断加强对应急通信的研究和实践，提升应急通信的能力和水平，以应对日益严峻的挑战。

1.1 应急通信的概念

1. 应急通信的定义

应急通信（Emergency Communication，EC）是为保障人们应对突发事件而提供的一种暂时、快速响应的特殊通信机制，目标是尽可能满足突发事件下政府应急处置人员以及公众的不同应急通信需求。应急通信系统则是能够满足这种特殊机制需求的专用通信系统。为应对公共安全和公共卫生事件、救助自然灾害和其他众多突发情况而构建的专用通信系统，均可以纳入应急通信系统的范畴。应急通信是应急体系的重要组成部分，是国家应急保障的关键基础设施之一，在应急管理中发挥着越来越重要的作用。应急通信可以为各类紧急情况提供及时有效的技术保障，直接影响应急响应的效率。

为应对突发性公共事件，应急通信的基本要求是：建立健全应急通信和应急广播电视保障工作体系，完善公用通信网，建立有线和无线相结合、基础电信网络与机动通信系统相配套的应急通信系统，确保通信畅通。

2. 应急通信的分类

根据突发事件下不同的发起用户及其通信需求，应急通信的分类可以概括为两大类四个方面，如表 1-1 所示。

表 1-1 应急通信的分类

发起用户	应急通信的分类
公众	① 公众对政府：实现报警 ② 公众对公众：实现自救、慰问、报平安
政府 （应急处置人员包括指挥人员、专业人员）	③ 政府对政府：实现出警后处理，包括资源调配、协调控制等 ④ 政府对公众：实现信息发布，包括预测预警、检测预警、自救指导、事件进展通报、安抚等

表中，①、②、④属于基于公众通信网（简称"公网"，主要包括公众电话交换网、公众移动通信网、互联网等技术手段）的应急通信保障，③属于基于专用通信网（简称"专网"，主要包括卫星通信网、集群通信网等技术手段）的应急通信保障，是政府的应急处置部门事先建设的或在应急现场（简称"现场"）临时组建的通信网。

公网由于面向公众用户，出于经济成本考虑，其抗灾和容灾能力相对滞后。而专网由于专用性强，且能够独立于公网存在，具有较强的应用自主性。因此，在大多数情况下，专网应急通信系统是政府部门和应急处置人员的主要指挥通信手段，而公网的通信系统作为应急处置人员的一种辅助通信手段，但对涉及突发事件的公众而言，其仍是最主要的应急通信手段。

现实中，出于经济性和时效性的综合考虑，应急通信通常需要专网与公网协同实现。基于公网、专网和公网与专网协同的三种应急通信方案比较如表 1-2 所示。

表1-2 基于公网、专网、公网与专网协同的三种应急通信方案比较

应急通信方案	优 点	缺 点
公网	覆盖广泛、成本较低、技术成熟	可靠性差、安全性较低,资源容易产生竞争,影响通信质量
专网	安全性高、可靠性强,专用资源,不易受到其他网络的干扰	成本较高、覆盖范围有限,技术更新较慢,维护和升级更加复杂
公网与专网协同	灵活度高、快速响应,结合了公网的广泛覆盖和专网的高安全性与可靠性	复杂性增加,成本高于单一网络,需要技术整合;需要解决不同网络间的技术整合问题,确保无缝协作

3. 应急通信的技术体系

应急通信所涉及的技术体系非常庞杂,有不同的维度和体系。

从网络类型看,应急通信的网络涉及固定通信、移动通信网、互联网等公用通信网,卫星通信网、集群通信网等专用通信网,以及无线传感器网络、宽带无线接入等末端网络。

专用通信网在应急通信中基本用于指挥调度,而公用通信网基本用于公众报警、交流以及政府对公众的安抚与通知等。近年来,利用公用通信网支持优先呼叫成为一种应急通信指挥调度的实现方法。

公用通信网具有覆盖范围广等优点,政府应急部门可以临时调入运营商公用电信网网络资源,通过公用通信网提供应急指挥调度,保证重要用户的优先呼叫。

从业务类型看,应急通信所涉及的业务类型包括语音、传真、短消息、数据、图像、视频等。

从技术角度看,应急通信不是一种全新的通信技术,其综合利用多种通信技术,在不同场景下,将多种技术加以组合与应用,满足应急通信的需求。对于各类通信技术来说,应急通信是一种特定的业务和应用。

从管理角度看,应急通信应针对不同场景建立快速响应机制,通过调度最合适的通信资源,提供及时有效的通信保障,以建立完善的应急通信管理体系。

可靠的应急通信保障体系既包括技术层次上的网络安全系统,又包括管理层次上的应急组织保障体系。

4. 应急通信的应用场景

应急通信主要针对突发事件,不同于日常运行维护中的例行工作内容,适用于以下几类场景。

(1)发生自然灾害时。在自然灾害如洪水、地震、台风、泥石流、雪灾等发生时,通信设施往往会受到严重破坏,导致灾区与外界失去联系。应急通信保障团队需要迅速响应,启动应急通信预案,利用无人机、卫星通信、临时基站等手段,恢复灾区与外界的通信联系,确保救援工作的顺利进行。

(2)发生重大生产安全事故时。在生产安全事故如矿难、火灾、爆炸、塌方等发生时,应急通信保障团队需要及时提供通信支持,协助救援人员了解事故现场情况,进行指挥调度和协调救援工作;通过快速部署临时通信设施,确保事故现场与指挥中心的通信畅通,为救援工作提供有力支持。

（3）发生公共卫生突发事件时。在公共卫生突发事件如重大疫情、重大伤亡救治等发生时，应急通信保障团队需要协助医疗卫生部门建立高效的通信指挥系统，确保医疗资源的及时调配和救治工作的顺利进行；同时，还需要通过媒体、网络等渠道，及时发布相关信息，引导公众科学应对，减少恐慌情绪。

（4）发生社会安全突发事件时。在社会安全突发事件如恐怖暴力事件等发生时，应急通信保障团队需要协助公安等部门建立通信指挥系统，确保现场秩序的维护和事态的控制；通过提供通信支持，协助有关部门及时获取现场信息，制定有效的应对措施，维护社会的和谐稳定。

（5）举行重大活动时与重要节日期间。在举行重大活动（如大型体育运动会、大型展览等）时与重要节日（如国庆、春节等）期间，应急通信保障团队需要提前进行通信设备的检查和维护，确保通信设施的稳定运行；同时，还需要制定应急通信预案，以应对可能出现的突发事件，确保活动的顺利进行。

（6）因其他电信运营企业网络中断需要本单位配合时，应急通信保障团队需要积极响应，提供必要的通信支持和协助，通过共享资源、协调配合，确保通信网络的稳定性和可靠性，为企业的正常运转提供有力保障。

总之，应急通信保障是一项重要的社会和公共服务工作，需要应急通信保障团队具备高度的责任感和使命感，不断提高应急通信保障能力和水平，为社会的和谐稳定和发展作出积极贡献。

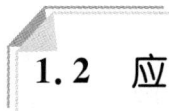

1.2　应急通信的特点

应急通信在应对突发事件中的重要性日益凸显，人们对它的时效性要求和依赖程度也越来越高。为构建适应范围广、功能强、效率高的应急通信指挥系统，首先需要研究应急通信指挥系统的应用特点。应急通信的核心是保障应急管理的通信需要，它的特点主要体现在时间、地点的随机性，容量需求的不确定性，通信技术的多样性等方面。

1. 时间、地点的随机性

时间、地点的随机性包括时间的突发性和地点的不确定性。

时间的突发性包括两个方面的含义，一是大多数突发事件，尤其是灾害性事件，其发生的准确时间无法预计；二是突发事件及其处理具有时间上的阶段性，在某一个阶段呈现特殊性，过了这个阶段又可以恢复到常态。

地点的不确定性是指在大多数情况下，突发事件发生的地点具有不确定性。从某种意义上说，任何一个地方都有可能发生突发事件，而不同区域，其地理特征有明显差别，如山区、沙漠、沿海、丘陵、城市、岛屿等对通信保障的要求均不同。应急通信设备可能通过车辆运输、人工运输、降落伞等方式到达自然灾难现场，因此对设备的体积、重量、结构等有严格的要求；自然灾难所在地可能是干旱寒冷的北方地区，也可能是湿润燥热的南方地区，因此要求设备能适应各种环境；另外，自然灾害现场一般只能通过车辆电源、发电机等方式给通信设备供电，这些电源电压稳定性差、供电能力弱，因此要求应急通信设备具有较强的电压适配能力和优异的省电特性。

2. 容量需求的不确定性

突发事件发生时，容量需求往往会呈现爆发式的增长，电信运营商无法预知需要多大的容量才能满足要求，而且需要什么类型的网络也不确定，因为可利用的通信网络具有很大的不确定性，有时可能固网就能解决问题，有时可能需要集群通信网，有时需要卫星通信网，有时互联网也可以发挥独特的作用。所以，必须结合具体的情形，才能做出可靠的决定。

在设计应急保障通信时，有个基本的问题是：所设计的系统应该具有多大容量？这个问题是没有办法解决的。原因如下：其一，不同的事件，所需的容量不同，比如汶川地震，所有的通信均瘫痪，而城市火灾发生时，并非所有通信均中断；其二，同一类事件，应急程度不同，所需的通信保障容量也不一样，如地震、严重地震和轻微地震对电信基础设施的损坏不同，所需的通信保障容量也就不同；其三，地点不同，所需的应急通信保障容量和手段也不同，如人口密集的城区和空旷的郊外，情况是不一样的。

3. 通信技术的多样性

应急通信在当今社会中扮演着不可或缺的角色。其重要性不仅体现在保障紧急情况下的通信畅通，更在于应对多样化使用场景的能力。这主要得益于通信技术的多样性，其中，北斗短报文、卫星通信、集群移动通信、短波无线电通信等技术均为应急通信提供了强有力的支持。这些技术各自具备独特的优势，如快速响应、组网方便等，能够根据不同的应急需求灵活组合运用，确保通信的及时性和有效性。

一般情况下，应急通信根据不同的使用场景可以分为多个应急通信技术的组合。

(1) 支持灾区最高指挥员实施现场指挥的通信系统，因为要优先保障指挥调度的实时有效以及前线救援部队的有效通信和信息回传，结合北斗短报文和卫星通信的应急通信手段，可以很好地在第一时间把当地实时状况的图文、视频资料传送到指挥中心作进一步的应急方案。

(2) 支持现场抢救的通信系统，可以利用集群通信和微波接力通信系统保障各救援分队之间，指挥中心与各救援分队的指挥调度，有效扩大通信范围。

(3) 灾区群众自救和对外应急通信保障，可以开设短波无线电台通信联络，保障整个救援地域与外界的有效通信。

不难看出，应急通信的技术种类很多，了解各类应急通信技术并掌握将这些技术整合运用的技能，才能在突发事件到来时有效保障不同使用场景的通信需求。

1.3 应急通信技术与系统

为了满足不同场景下的快速响应和高效通信需求，一系列先进且多样化的应急通信技术与系统应运而生，这些技术与系统主要包括移动互联网技术、卫星通信技术、数字集群通信技术、短波通信技术、物联网技术以及应急通信车等。它们各自具备独特的优势，共同构成了应急通信的坚实技术基础。

物联网技术以其广泛的感知和传输能力，为应急通信提供了实时的信息收集和传递。

移动互联网技术以其灵活性和便捷性，使救援人员能够随时随地进行通信和信息共享。卫星通信技术以其广泛的覆盖范围和无地形限制的特点，为复杂环境下的通信提供了强有力的支持。数字集群通信技术以其高效、可靠的通信性能，在大型救援行动中发挥着关键作用，确保指挥调度的实时性和准确性。短波通信技术以其独特的传输特性和抗干扰能力，在特殊环境下依然能够保持稳定的通信。应急通信车作为移动式通信基站，能够在灾区快速部署，为救援行动提供及时、有效的通信服务。

这些应急通信技术与系统的应用，不仅极大地提升了应急通信的效率和可靠性，还为救援行动的顺利进行提供了有力的技术保障。随着科技的不断进步和创新，我们相信应急通信技术与系统会更加完善，为社会的安全和稳定作出更大的贡献。

1.3.1 移动互联网技术

移动互联网技术是指将移动通信技术与互联网技术相结合，通过智能移动终端如手机、平板电脑等接入互联网，实现信息的实时交互、共享和服务的智能化技术。这种技术打破了传统互联网的时空限制，使用户能够随时随地接入互联网，享受各种应用服务。

移动互联网在各行各业都有广泛的应用，如教育行业、医疗行业、金融行业和零售行业等。在教育行业，学生可以通过移动互联网技术随时随地进行学习，教师也可以利用移动互联网技术进行更好的教学管理。在医疗行业，移动互联网技术可以极大地改善医疗服务体验，提高医疗资源的利用效率。在金融行业和零售行业，移动互联网技术正在改变人们的金融习惯和服务方式，同时也为企业提供了更多的商业模式和盈利机会。

随着 5G 技术的不断发展，移动互联网的速度和容量将得到极大的提升，进一步推动移动互联网技术的发展和应用，在应急通信中也将大有作为。

1. 移动互联网的架构

移动互联网是以移动通信作为无线接入技术的互联网及应用服务，包括移动终端、移动网络和应用服务三个要素。移动互联网的结构分为网络层面和业务应用层面两个层面。移动互联网的结构如图 1.1 所示。

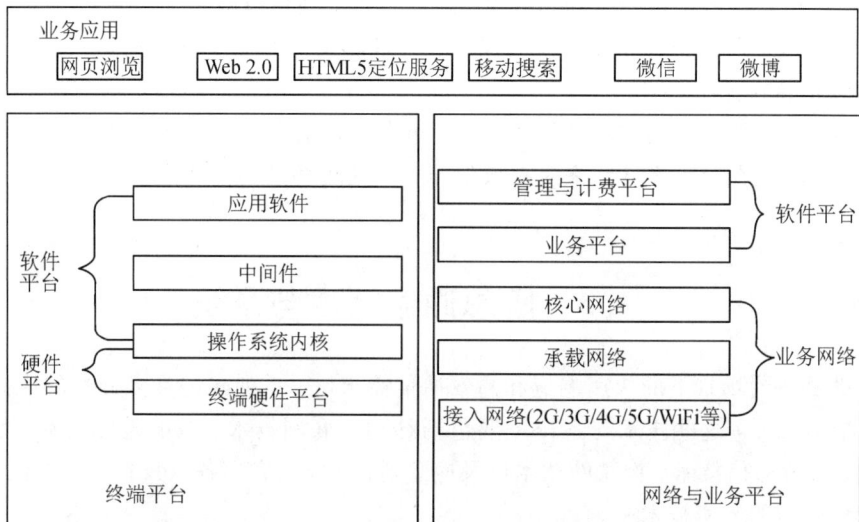

图 1.1 移动互联网的结构

移动互联网常用的无线接入网技术包括 2G、3G、4G、5G、WiFi 等。

移动互联网的业务应用主要包括网页浏览、Web 2.0、HTML 5 定位服务、移动搜索、微信、微博等。这些业务应用构成了基于移动应用的社交网络。

从业务应用层面来看，典型的移动互联网应用主要包括以下两种形式。

（1）以计算机等固定终端作为用户终端，通过无线接入网络访问互联网。在这种情况下，用户实际应用和有线接入的互联网没有区别，仍属于互联网应用。

（2）以智能手机、平板电脑等移动终端作为用户终端，通过无线接入网络访问移动互联网。由于智能手机、平板电脑等移动终端与传统计算机在显示屏大小与分辨率、功耗要求、操作特殊性等存在较大的差异，因此需要为移动终端设计专门的应用，如 WAP 浏览器等。在这种情况下，移动互联网应用可被看作是一种面向移动终端的特殊互联网应用。

网络层面更为复杂，涵盖了从应用软件到硬件、再到接入网络的完整链条。在这个部分，图 1.1 详细展示了各个层级之间的相互作用与依赖关系。管理与计费平台作为整个网络结构的起点，为应用软件提供管理与计费服务。应用软件依赖软件平台、业务平台等更底层的支持。中间件、核心网络、操作系统内核、终端硬件平台等逐渐构成了网络平台的基础设施。

可见，移动互联网以传统互联网为基础，区别主要体现在用户终端、接入方式、应用服务等方面，移动互联网传统互联网以固定终端为主，而移动互联网以移动终端为主；传统互联网以有线接入为主，而移动互联网以无线接入为主，特别是多种无线接入手段的互补应用；传统互联网以固定业务为主，而移动互联网以融合了传统互联网业务和移动通信业务的移动业务为主。

2. 移动互联网的特点

1）随时随地性

移动互联网的核心优势在于其随时随地性。通过无处不在的异构通信网络，如 4G、5G、WiFi 等，用户可以在任何时间、任何地点接入互联网，进行信息交互、数据传输和各类应用服务的使用。这种便捷性极大地丰富了人们的生活，提高了工作效率。

2）个性化

移动互联网的另一个重要特点是其个性化。利用如智能手机、平板电脑等终端以及其他智能终端的软硬件技术，用户可以根据自己的需求和喜好，定制个性化的应用服务。这些服务包括但不限于社交媒体、在线购物、移动支付、在线教育等，为用户提供了更为丰富多样的互联网体验。

3）快捷及时

移动互联网还具备快捷及时的特点。小型化、智能化、节能型的移动终端使用户可以更加便捷地操控设备，及时响应各种需求。无论是在线查询信息、处理工作事务，还是进行娱乐活动，移动互联网都能为用户提供高效、便捷的服务。

此外，移动互联网还在不断发展中，正向 IPv6 技术发展。IPv6 作为新一代互联网协议，拥有更大的地址空间，支持更多的设备接入互联网。同时，IPv6 还提供了更好的移动性支持，使用户在移动过程中能够保持稳定的网络连接。这些特点将进一步推动移动互联网的发展，为用户提供更优质的服务和应用。

移动互联网已经成为现代社会中不可或缺的一部分。它通过提供随时随地、个性化和快捷及时的服务，极大地丰富了人们的生活和工作方式。未来，随着技术的不断进步和应用场景的不断拓展，移动互联网将继续发挥重要作用，为人类社会的发展做出更大的贡献。

3. 移动互联网在应急管理中的应用

移动互联网在应急通信指挥中主要用于公众、应急处置机构之间及指挥人员与现场应急处置人员之间的信息互动，满足各自不同的应急通信或应急指挥需求。

公众利用微博、微信等应用，向应急处置部门或人员报警、求助，或者相互间报平安等。应急处置部门利用微博、微信、移动互联网广播等应用向公众及时发布预报、预警、自救指导等。现场应急处置人员配备专用的移动智能终端，利用移动互联网直播、移动网络视频会议、远程移动实时视频监控等应用，进行可视化移动应急指挥调度。另外，利用第三方开发的各类应急工具，在发送求救信息、照明、导航与定位、拨打网络电话、自助医疗救护、灾后心理辅导等方面，移动互联网能够在紧急时刻为人们提供重要的帮助，甚至挽救生命。

中国四川绵竹 2013 年 1 月 5 日发生 3.0 级地震，地震发生 9 s 后，成都高新减灾研究所通过微博自动发布地震预警信息，显示地震横波还有 15 s 到达成都，为现场公众避难争取了宝贵的时间。另外，在 2013 年中国"4 · 20"雅安地震期间，微信、微博等移动互联网应用在建立协同指挥、灾情播报、寻人、转发求助等方面扮演了重要的角色。

1.3.2 卫星通信技术

卫星通信技术是一种将人造地球卫星作为中继站转发无线电波进行的两个或多个地球站之间的通信技术。自 20 世纪 90 年代以来，卫星移动通信的迅猛发展推动了无线技术的进步。卫星通信具有覆盖范围广、通信容量大、传输质量好、组网方便迅速、便于实现全球无缝链接等众多优点，是建立全球个人通信必不可少的一种重要手段。

1. 卫星通信系统的构成

卫星通信系统主要由以下几个组成部分构成。

（1）通信卫星。通信卫星是卫星通信系统的核心组件，它位于地球轨道上，具备接收、处理和转发通信信号的能力。通信卫星通常包括卫星载荷（payload）、天线系统、功率放大器等。卫星载荷负责接收和发送通信信号，天线系统用于与地面站和其他卫星进行通信，功率放大器用于放大射频信号以提供足够的传输功率，确保信号能够在长距离传输中保证足够的强度和质量，从而实现有效的通信。

（2）地面站。地面站是与卫星进行通信的设施。地面站包括天线、发射机、接收机和信号处理设备等。它们与卫星建立无线电连接，通过天线向卫星发送信号，并接收来自卫星的信号。

（3）通信链路。通信链路是地面站和卫星之间的传输路径。它是通过无线电波进行信号传输的通道。通信链路可以分为上行链路和下行链路。上行链路是从地面站向卫星发送信号的路径，而下行链路是从卫星向地面站发送信号的路径。

（4）控制系统。控制系统用于监控和管理卫星通信系统的运行。它包括地面控制站和卫星上的控制设备。地面控制站负责对卫星进行轨道控制、频率管理、信号调整等操作，以确保卫星的正常运行。

（5）用户终端设备。用户终端设备是连接到卫星通信系统的最终用户使用的设备。它可以是手机、调制解调器、卫星电话等，用于与卫星进行通信。

这些组成部分相互配合，构成了完整的卫星通信系统。通过卫星通信技术，人们可以在广阔的区域范围内实现远距离的通信传输，进行语音通话、数据传输等活动。

2. 卫星通信的特点

卫星通信具有不受地理条件限制、支撑无缝隙覆盖和提供多业务等显著的优势，在重大自然灾害和事故的应急中承担着至关重要的角色，对满足应急通信的特殊需求有重要的作用。作为公用和专用无线通信快速部署系统的链路，卫星通信可以把现场的通信覆盖与已有的系统连接成一个完整的系统。

卫星通信将向小型化、宽带化、移动化、综合化的方向发展，利用卫星还能够进行导航与定位、遥感成像等应用。

与其他通信手段相比，卫星通信具有许多优点。

（1）电波覆盖面积大、通信距离远，可实现多址通信。在卫星波束覆盖区内，一跳的通信距离最远为 18 000 km。覆盖区内的用户都可通过通信卫星实现多址连接，进行即时通信。

（2）传输频带宽、通信容量大。卫星通信一般使用$(1\sim10)\times10^{3}$ MHz 的微波波段，有很宽的频率范围，可在两点间提供几百、几千甚至上万条话路，提供几十兆比特每秒甚至一百多兆比特每秒的中高速数据通道。

（3）通信稳定性好、质量高。卫星链路大部分是在大气层以上的宇宙空间，属于恒参信道，传输损耗小，电波传播稳定，不受通信两点间的各种自然环境和人为因素的影响，即使是在发生磁暴或核爆的情况下，也能维持正常通信。

卫星通信的主要缺点是传输时延大。例如，在接打卫星电话时不能立刻听到对方回话，需要间隔一定时间。造成这种现象的主要原因是无线电波虽然在自由空间的传播速度等于光速，但当它从地球站发往同步卫星，又从同步卫星发回接收地球站，这"一上一下"就需要"走"8 万多千米。打电话时，一问一答，无线电波就要往返近 16 万千米，需要 0.6 s。也就是说，在发话人说完 0.6 s 以后，才能听到对方的回音，这种现象称为"延迟效应"。由于"延迟效应"现象的存在，接打卫星电话往往不像接打地面长途电话那样方便。

3. 卫星通信系统的应用

卫星通信系统在应急通信中的应用至关重要，它为应对自然灾害、事故灾难、公共安全事件等紧急情况提供了强有力的通信保障。在这些情况下，地面通信基础设施可能会受到严重破坏，导致常规通信手段失效。此时，卫星通信的独立性和覆盖范围广的特点就显得尤为重要。

卫星通信能够跨越地理障碍，即使在偏远或灾区中心也能保持通信的连续性。它不依赖地面基站，因此在地面通信网络受损时，卫星通信可以作为备用手段，确保关键信息的传递。卫星通信技术可以迅速部署，对于需要快速响应的紧急情况，如地震、洪水等自然灾害，卫星便携站可以迅速搭建，为救援队伍提供实时的通信服务，包括语音、数据和视频传输。

此外，卫星通信在海上搜救、偏远地区救援以及国际救援行动中也发挥着关键作用。

它能够连接不同国家和地区的救援团队，协调救援行动，提高救援效率。

随着技术的进步，卫星通信系统正变得更加高效和灵活，能够支持更多样化的通信需求。同时，卫星通信与地面移动通信、互联网、物联网等技术融合，构建了更加完善的应急通信体系，提升了应急管理的智能化和网络化水平。

总之，卫星通信系统是现代应急通信不可或缺的一部分，它通过提供稳定、可靠的通信，在紧急情况下挽救生命和减少财产损失方面发挥着重要作用。随着技术的不断发展，卫星通信在应急通信中的应用将变得更加广泛和深入。

1.3.3 数字集群通信技术

集群通信(Trunking Communication，TR)技术是一种专用的无线移动通信技术，以指挥调度业务为主，支持快速呼叫、群呼、组呼、强插、强拆、优先呼叫、脱网直通等功能的技术。集群通信可以满足多个应急处置部门间高效联动、重要用户优先呼叫等应急通信指挥需求，是在现场进行无线指挥调度和应急联动的有效手段。集群通信利用集中控制方式，使多个用户动态共用有限的无线信道资源，可支持重要用户强插或强拆正在进行的通话，从而提高通信容量和无线信道利用率。

1. 集群通信系统的构成

集群通信系统主要由集中控制系统、调度台、基站、移动台以及与公众电话网相连接的若干条中继线组成。集群通信系统的构成如图 1.2 所示。

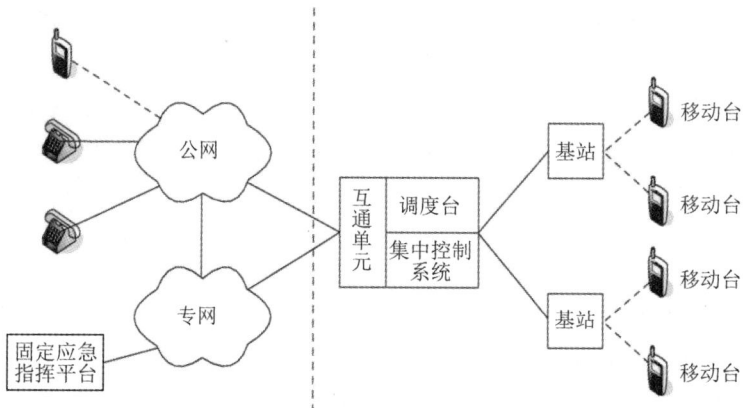

图 1.2　集群通信系统的构成

（1）集中控制系统。集中控制系统是集群通信系统的核心，主要用于鉴权(验证用户是否有访问系统的权利)、控制和交换。无论是移动台呼叫调度台，还是调度台呼叫移动台，或移动台呼叫公众电话网用户，都必须经过集中控制系统进行交换，并根据业务需要动态分配无线信道。

（2）调度台。调度台对移动台进行指挥、调度和管理，分为有线和无线两种调度台。

（3）基站。基站根据用户对集群通信的业务需求，分为多区和单区两种组网模式，二者的基本功能相同。多区组网采用多个基站，通信容量大、覆盖面大、设备组成复杂。单区组网采用单个基站，通信容量小、覆盖面积小，设备组成简单。

（4）移动台。移动台是用于在移动或者固定状态下进行通信的用户终端，包括车载台、便携台、手持机等。

集群通信已从传统的具有业务单一、设备体积大、保密性差等特点的模拟制式逐步发展为目前的具有多业务、设备小型化、安全加密、脱网直通等特点的数字制式。在现有的数字集群通信标准中，TETRA（Terrestrial Trunked Radio，陆地集群无线电）和 iDEN（integrated Digital Enhance Network，数字集成通信系统）在国际上应用较为广泛。另外，我国也在大力发展数字集群通信系统，已规模商用的系统如基于 GSM（Global System for Mobile communication，全球移动通信系统）的数字集群通信系统（GT800）、基于 CDMA 的数字集群通信系统（GoTa）以及基于 TD-SCDMA 的宽带数字集群通信系统。

2. 集群通信技术的特点

与公众移动通信相比，集群通信技术主要具有以下特点。

（1）集群通信采用单工或半双工方式通信，任意两个用户之间的通信只占用一个无线信道，无线信道动态分配，利用率高。

（2）集群通信以语音通信为主，通常采用即按即通（Push To Talk，PTT）方式，接续速度较快。

（3）集群通信的通话建立时间短，一般为 300～500 ms，呼叫迅速。

（4）集群通信的服务对象为集体用户，支持用户具有不同的优先等级。

（5）集群通信支持强插、强拆、脱网直通等特殊指挥调度功能。

3. 集群移动通信系统在应急通信中的应用

集群移动通信系统是由多个通信设备组成，可以快速部署并建立的临时通信网络。在应急情况下，传统的基础设施如通信基站可能受损或不可用，而集群移动通信系统可以通过无线连接设备建立临时网络，提供通信服务。

以下是集群移动通信系统在应急通信中的应用。

（1）灾害响应。在自然灾害如地震、洪水、飓风等发生后，通信基础设施可能受到破坏，集群移动通信系统可以快速部署，提供临时的通信服务，支持救援人员进行协调和指挥。

（2）搜索和救援。集群移动通信系统能够提供即时的语音、视频和数据通信服务，帮助搜索和救援人员确认位置、传递信息，可以实时协调行动，提高救援效率。

（3）临时事件通信。在大型活动或紧急事件中，集群移动通信系统可以快速建立起临时通信网络，提供可靠的通信服务。例如，在文艺演出、体育赛事中，集群移动通信系统可以支持组织者、安保人员和志愿者之间的实时通信。

（4）医疗救援。集群移动通信系统在医疗救援中也扮演着重要角色。在灾难或紧急情况下，它可以帮助医疗人员与医疗中心保持联系，传递患者信息、获取远程协助，并协调救援资源。

1.3.4　短波通信技术

短波通信技术又称高频通信技术，是利用短波通过电离层反射来进行远距离通信或通过地波进行近距离传输的一种通信手段。随着微型计算机、移动通信和微电子技术的迅速发展，短波通信技术有了新的突破性进展。20世纪80年代以来，人们在短波通信设备中采用了数字信号处理技术、自适应技术、跳频技术以及高速数据传输技术，提高了短波通信的质量和数据传输速率，增加了新的业务功能，使短波通信东山再起。新技术很好地弥补了短波通信的缺点，还使短波通信的设备更加小型化、更加灵活方便。在我国，短波通信网是战略通信网之一，是战时作战指挥通信中的"杀手锏"。

1. 短波通信的原理

短波通信一般利用天波反射实现远距离通信。天波反射是指信号由天线发出后射向电离层，经电离层反射回地面后又由地面反射回电离层，可以反射多次，不受地面障碍物阻挡，因而传播距离很远（几百至上万千米）。也可利用地波实现短距离短波通信，但当地面障碍物与地波的波长相当时，容易阻挡无线电传播，导致短波最多只能沿地面传播几十千米。短波通信示意如图1.3所示。

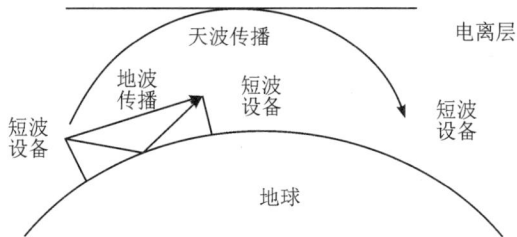

图1.3　短波通信示意图

2. 短波通信的特点

短波通信主要靠天波传播，如果按照气候、电离层的电子密度和高度的变化以及通信距离等因素选择合适频率，就可用较小发射功率直接进行远距离通信。尽管当前新型无线电通信系统不断涌现，短波通信这一历史最为久远的无线电通信方式仍然受到重视，不仅没有被淘汰，还在快速发展。与卫星通信、地面微波、同轴电缆、光缆等通信手段相比，短波通信有许多显著的优点。

（1）短波通信不需要建立中继站即可实现远距离通信，因而建设和维护费用低、建设周期短，且短波通信不用支付话费，运行成本低。

（2）通信设备简单、体积小，容易隐蔽，可以根据使用要求固定设置，进行定点固定通信；也可以随身携带或装入车辆、飞行器中进行移动通信；工作频率便于改变，可以躲避敌人干扰和窃听，被破坏后容易恢复。

（3）电路调度容易，临时组网方便、迅速，使用灵活。

（4）短波通信对自然灾害抗毁能力强。短波是唯一不受网络枢纽和有源中继体制制约的远程通信手段。一旦发生灾害，各种通信网络都可能受到破坏，卫星也可能受到攻击，但短波不受影响。无论哪种通信方式，其抗毁能力和自主通信能力与短波无法相比。

但短波通信也存在着一些明显的缺点。

（1）可供使用的频段窄、通信容量小。按照国际规定，每个短波电台占用3.7 kHz的频率宽度，而整个短波频段可利用的频率范围只有285 MHz。为了避免频段相互间的干扰，全球只能容纳7700多个可通信道，通信空间十分拥挤，3.7 kHz频带宽度在很大程度上限制了通信的容量和数据传输的速率。

（2）短波的天波信道是变参信道，信号传输稳定性差。短波无线电通信主要是依赖电离层进行远距离信号传输的，电离层作为信号反射介质的弱点是参量的可变性很大，其路径损耗、延时散布、噪声和干扰都随昼夜、频率、地点不断变化。一方面，电离层的变化使信号产生衰落，衰落的幅度和频次不断变化；另一方面，天波信道存在严重得多径效应，造成频率选择性衰落和多径延时。选择性衰落使信号失真，多径延时使接收信号在时间上扩散，成为短波链路数据传输的主要限制。

（3）受大气和工业无线电噪声干扰严重。随着工业的发展，短波频段工业电器辐射的无线电噪声干扰平均强度很高，加上大气无线电噪声和无线电台间的干扰，在过去，几瓦、十几瓦的发射功率就能实现远距离短波无线电通信，而在今天，十倍、几十倍于这样的功率也不一定能够保证可靠的通信。大气和工业无线电噪声主要集中在无线电频谱的低端，随着频率的升高，强度逐渐降低。虽然，在短波频段，这类噪声干扰比中长波段低，但其强度仍很高，影响短波通信的可靠性，尤其是脉冲型突发噪声，经常会使数据传输出现突发错误，严重影响通信质量。

20 世纪 80 年代以来，短波通信在电波传播研究、频率自适应通信、中高速数据通信组网通信、自适应跳频及近垂直入射天波通信等方面都取得了重大突破，短波通信方式的许多问题和缺点得到了克服和改进。随着计算机、移动通信和微电子技术的迅猛发展，人们利用微处理器及数字信号处理技术，不断提高短波通信的质量和数据传输速率，使现代短波通信从第 2 代通信装备向第 3 代通信装备发展，体现在如下几个方面。

（1）短波通信系统由数字化向软件化、智能化方向发展。

（2）短波通信网络由单一的、树状网络向扁平化、抗毁性、综合化的网络方向发展。

（3）短波通信业务类型由常规的话音、报文业务发展为邮件、文电、传真、语音等的综合业务。

（4）短波电台由窄带、低速电台向宽带、高速、抗干扰电台发展。

（5）短波通信自适应由单一的频率自适应技术向全方位的自适应技术方向发展。

（6）短波天线向自适应、智能化方向发展。

3. 短波通信技术在应急通信中的应用

短波通信技术在应急通信中的应用非常广泛，其原理是利用短波无线电波在大气中的反射和折射特性进行远距离传播。具体来说，短波通信的频率范围在 3～30 MHz 之间，可以在地面与大气层之间多次反射和折射，从而实现远距离通信。这种通信方式具有机动灵活、传输距离远、坚固耐用、快速组网的特点，因此非常适合在应急通信中使用。

在应急通信中，短波通信可以用于各种场合，如野外搜救、地震救援等。在野外搜救中，当超短波覆盖不到时，短波通信可以作为应急通信手段，为搜救部队提供通信支持。在地震救援中，当有线固定通信和无线移动通信全部中断时，短波通信设备可以依靠电瓶或小型发电机提供电源，简单架设就能够实现通信，保障通信联络畅通以实现应急救援。

1.3.5 物联网技术

物联网技术（Internet of Things，IOT）起源于传媒领域，被视为信息科技产业的第三次革命。它是指通过信息传感设备，按照约定的协议，将任何物体与网络相连接，使这些物体能够通过信息传播媒介进行信息交换和通信，从而实现智能化识别、定位、跟踪、监管等功能的技术。

物联网的核心在于将各种具备"内在智能"的传感器、移动终端、工业系统、数控系统、家庭智能设施、视频监控系统等设备以及携带无线终端的个人与车辆等"智能化物件或动物"或"智能尘埃"，通过互联网、内网、专网等网络实现互联互通。这种连接不仅限于传统的计算机、手机等设备，还包括各种智能家电、传感器、监控设备等非传统设备。

此外，物联网技术的发展也受到了 5G 技术、边缘计算、安全与隐私保护等因素的影响。5G 技术的到来极大地促进了物联网技术的发展，而边缘计算则通过使计算更靠近网络边缘，减少了网络延迟，提高了可靠性和实时决策能力。随着物联网设备数量的增加，保护设备和数据的安全性也变得尤为重要。

总的来说，物联网技术通过实现物体的智能化连接和信息交换，为各个领域带来了更加智能化和高效的管理和控制方式，是信息科技产业的重要组成部分。

1. 物联网的网络架构

物联网的网络架构一般分为三个层次，即感知层、网络层和应用层，如图 1.4 所示。

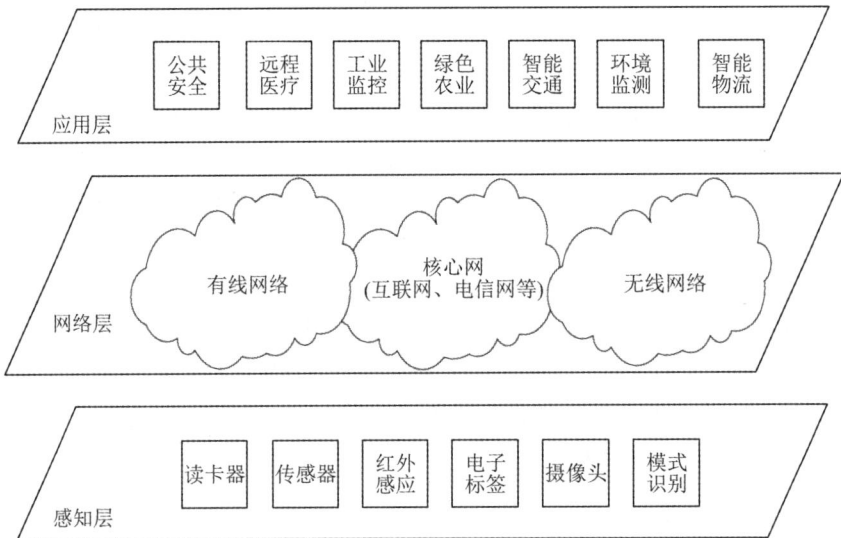

图 1.4　物联网的网络架构

（1）感知层。感知层实现人和物的信息采集与识别，采用的关键技术包括传感网、射频识别、GPS、模式识别等。感知层设备要求低功耗、低成本和小型化，具有高灵敏度、高精确度的感知能力。

（2）网络层。网络层实现物联网信息的网络传送，包括接入网和核心网。接入网包括各种有线接入、无线接入等手段；核心网融合了互联网和电信网的异构网络。网络层要求具有业务 IP 化、网络扩展性、无缝移动性等能力。

（3）应用层。应用层实现物联网信息的存储、分析和处理，采用的关键技术包括云计算、智能信息处理等，其物联网应用面向公共安全、远程医疗、工业监控、绿色农业、智能交通、环境监测、智能物流等领域,不同领域的应用存在一定差异,具有一定的应用相关性。

2. 物联网的特点

与传统的通信网络相比,物联网主要具有以下特点。

(1)感知识别普适化。物联网前端部署了大量不同类型的传感设备,每个设备都是一个信息源,所采集的信息内容和格式不尽相同,无所不在的感知与识别将物理世界数字化、信息化。

(2)异构互连化。物联网中的设备、技术、网络、系统和平台种类多样,异构性强,之间通常利用网关进行互联互通。

(3)应用智能化。物联网利用云计算和智能信息处理技术,实现预警预测、远程控制、决策支持等智能应用。

目前,移动通信标准组织,如 3GPP(3rd Generation Partnership Project,第三代合作伙伴计划)也正在研究机器型通信(Machine Type Communication,MTC)的特殊应用场景与需求,将提出相应的解决方案。MTC 终端量大面广,与传统的人与人通信模式相比,其需求和特点如速率、延迟、可靠性、功耗、成本等变化范围大;MTC 存在一些特殊需求,如海量 MTC 终端接入和连接保持、终端的低移动性、数据传输的可控和时间容忍性、极低的功率消耗、小数据量传输、在线通信时间差别大等。

3. 物联网技术在应急通信指挥中的应用

物联网技术在应急通信指挥中主要用于现场信息采集和智能监控,包括感知现场信息、在突发事件下对前端设备进行智能的远程控制等,这在很大程度上依赖无线传感网络技术。

基于物联网技术的应急通信指挥应用是一套整体解决方案,涉及技术、系统、网络、管理、安全等方面,在感知能力方面具有更多优势,例如,物联网感知层采用无线传感网络技术、光纤传感网技术、RFID 电子标签、红外感应、摄像头等多种感知手段,能够实现语音、数据、图像、视频等多样化业务类型的实时感知。

1.3.6 应急通信车

应急通信车是一个可移动的通信系统,通过车载平台搭建通信网络,实时处理现场传输过来的语音、视频、图片等信息,实现现场各种不同制式、不同频段的通信网络的互联互通,以及与远程指挥中心之间的通信,构成统一的应急指挥平台,进行全方位高效有序的指挥和调度。

由于应急通信车具有布置与开通速度快、机动性高、运用灵活、调度方便、与现有通信网络接入便捷、自带电源设备等特点,因此,在大多数自然灾害、突发事件和重大事件发生的情况下,应急通信车是实现现场应急通信的首选方式之一。在 2008 年的冰雪灾害、汶川地震、奥运保障等一系列重大事件的现场,都能看到各式各样的应急通信车。

应急通信车一般由现有车辆根据需要改装而成,包括车辆部分、车载部分和监控部分。车辆部分通常是应急通信车的基础,其功能主要是承载和运输。车载部分通常是改装后的车辆上增加的设备，一般包括电源设备、通信设备、传输设备（天线设备）、天线桅杆（塔）、空调设备、接地系统、多媒体设备、灯光设备等，是构成应急通信平台、实现应急通信功能的核心设备和辅助设备的总和。监控部分通常是改装后的各项监测和控制系统，一般由车内监控系统、通信监控系统和车外环境监控系统组成。

应急通信车具有应急平台综合应用、卫星通信功能、视频会议、现场无线组网覆盖、图像接入、语音通信与综合接入调度指挥、光纤接入、公用无线网络接入、导航定位、野外供电、现场照明、广播等功能。

从功能上看，应急通信车的主体是通信系统，此外还有安全支撑系统、导航定位系统等辅助系统。通信系统包括卫星通信子系统、无线公网通信子系统、现场覆盖无线网状网络子系统、光纤通信子系统、语音通信与综合接入调度指挥子系统、计算机网络系统、视频会议系统、图像接入系统等。

（1）通信系统中，卫星通信子系统按照天线的移动性可以分为动中通卫星通信系统和静中通卫星通信系统。现场覆盖无线网状网络子系统通过自组织等技术可以在现场快速建立网络。光纤通信系统是有线通信系统，在应急中作为无线通信的互补。语音通信与综合接入调度指挥子系统能够提供语音通信业务并实现多种制式的通信系统的互联互通。计算机网络系统能够构建车载局域网。视频会议系统是现场与上级指挥中心之间进行视频会议、处置决策的基础支撑。图像接入系统依托于通信网络将现场图像采集回传。

（2）安全支撑系统实现保护网络安全和信息安全的功能，防止非法入侵。

（3）导航定位系统主要由卫星定位装置、导航软件及显示终端组成，实现导航定位。

1.4　通　信　网

通信网是由一定数量的节点（包括终端设备和交换设备）和联结节点的传输链路相互有机地组合在一起，协同工作，以实现两个或多个用户间信息传输的通信体系。也就是说，通信网是由相互依存、相互制约的许多要素组成的、用以完成规定功能的有机整体。

1.4.1　通信网的概念

1. 通信网的定义和构成

1）通信网的定义

通信网是一个复杂而庞大的系统，对用户而言，通信网是一个信息服务设施，甚至是一个娱乐服务设施，用户可以用它获取信息、发送信息、进行娱乐活动等；对工程师而言，通信网则是由各种软件和硬件设施按照一定的规则互联在一起，完成信息传递任务的系统。

2）通信网的构成要素

通信网是由软件和硬件按特定方式构成的一个通信系统，每一次通信都需要软硬件设施的协调配合来完成。通信网的硬件构成要素包括终端设备、交换设备和传输链路，它们分别完成通信网的基本功能，即接入、交换和传输。通信网的软件构成要素包括信令方案、各种协议、网络结构、路由方案、编号方案、资费制度与质量标准等规定。本书重点介绍通信网的硬件构成。

（1）终端设备。终端设备是用户与通信网之间的接口设备，除对应模型中的信源和信宿之外，还包括一部分变换和反变换装置。最常见的终端设备有电话机、传真机、计算机、视频终端和 PBX(Private Branch Exchange，用户交换机)等，它们是通信网上信息的产生者，也是通信网上信息的使用者，其主要功能有：

① 将待传送的信息和在传输链路上传送的信号进行相互转换。在发送端将信源产生的信息转换成适合在传输链路上传送的信号，而在接收端则完成相反的变换。

② 信号处理设备将信号与传输链路相匹配。

③ 完成信令的产生和识别，以完成一系列控制作用。

（2）交换设备。交换设备是构成通信网的核心要素，最常见的有电话交换机、分组交换机、路由器、转发器等。交换设备主要负责汇集、转接和分配终端设备产生的用户信息，其主要功能有：

① 用户业务的集中和接入功能，通常由各类用户接口和中继接口组成。

② 交换功能，通常由交换矩阵完成任意入线到出线的数据交换。

③ 信令功能，负责呼叫控制和连接的建立、监视、释放等。

④ 其他控制功能，包括路由信息的更新和维护、计费、话务统计、维护管理等。

（3）传输链路。传输链路为信息的传输提供传输信道，并将网络节点连接在一起，除主要对应通信系统模型中的信道部分之外，还包括一部分变换和反变换装置。为了提高物理链路的使用效率，传输链路采用了多路复用技术，如频分复用、时分复用、波分复用等。另外，为保证交换设备能正确接收和识别传输链路的数据流，交换设备必须与传输链路协调一致，这包括保持帧同步和位同步、遵守相同的传输体制(如 PDH 和 SDH)等。

2. 通信网的类型

按照不同的方式，通信网分为不同的类型。

（1）按照业务类型，通信网分为电话通信网(如固定电话通信网、移动通信网等)、数据通信网(如 X.25、Internet、帧中继网等)、广播电视网等。

（2）按照空间距离，通信网分为广域网(Wide Area Network，WAN)、城域网(Metropolitan Area Network，MAN)和局域网(Local Area Network，LAN)。

（3）按照信号传输方式，通信网分为模拟通信网和数字通信网。

（4）按照组网方式，通信网分为固定通信网和移动通信网。

（5）按照服务范围，通信网分为本地网、长途网和国际网。

（6）按照运营方式，通信网分为公用通信网和专用通信网。

3. 通信网的物理拓扑结构

端局至汇接局的传输设备一般称为中继电路。端局至终端用户的传输设备称为用户线路。端局用户既可通过端局交换设备与本局范围内的用户相互接续，也可通过端局和汇接局交换设备与本地区任一端局的用户完成接续。一般将这种类型的网称为汇接式的星形网。所谓拓扑结构，就是指构成通信网的节点之间的互连方式。目前，通信网的基本拓扑结构有 6 种形式，分别是网状网、星形网、环形网、线形网、总线网、复合型网，它们各有特点，各有应用场合，如图 1.5 所示。

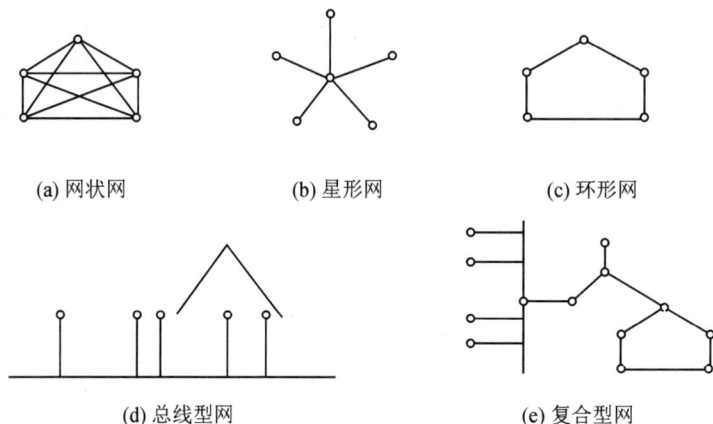

(a) 网状网　　　　　(b) 星形网　　　　　(c) 环形网

(d) 总线型网　　　　　　　(e) 复合型网

图 1.5　通信网的物理拓扑结构

1）网状网

网状网是一种完全互连的网，网内任意两节点间均由直达线路连接。网状网是一种经济性较差的网络结构，但这种网络的冗余度较大，网络可靠性高，任意两点间可直接通信。网状结构通常用于节点数目少，又有很高的可靠性要求的场合。

2）星形网

当节点数较多时，星形网较网状网节省大量的传输链路，但星形网需要设置转接中心，其他节点都需要与转接节点由线路互连。星形网降低了传输链路的成本，提高了线路的利用率；但是网络的可靠性差，一旦中心转接节点发生故障或转接能力不足，全网的通信系统都会受到影响。一般，当传输链路费用较高，转接交换设备费用相对较低时才采用这种网络结构。

3）环形网

环形网中所有节点首尾相连，组成一个环。N 个节点的环网需要 N 条传输链路。环形网可以是单向环也可以是双向环。其结构简单，易于实现，而且可采用自愈环对网络进行自动保护，因此稳定性比较高，在计算机通信网中应用较多。

4）总线型网

总线型网属于共享传输介质型网络，总线型网中的所有节点都连至一个公共的总线上，任何时候只允许一个用户占用总线发送或接收数据。总线型网络结构需要的传输链路少，增减节点比较方便，但稳定性较差，网络范围也受到限制，主要用于计算机局域网、电信接入网等网络中。

5）复合型网

复合型网是由网状网和星形网复合而成的，它以星形网为基础，在业务量较大的转接交换中心之间采用网状网结构，因而整个网络结构比较经济，且稳定性较好。复合型网具有网状网和星形网的优点，是通信网中普遍采用的一种网络结构，但在网络设计时应以交换设备和传输链路的总费用最小为原则。

1.4.2　通信网的交换技术

一个最简单的通信系统只有两个用户终端和连接这两个终端的传输线路。这种通信系统所实现的通信方式是点到点的通信方式。随着用户数目的增加，为了使通信资源得到合理的分配，在通信网中引入了交换技术。

1. 交换技术概述

根据网络传递用户信息时是否需要预先建立源端到目的端的连接，网络使用的交换技术分为两类，即面向连接型和无连接型，使用相应交换技术的网络分别称为面向连接型网络和无连接型网络。

在面向连接型的网络中，两个通信节点间数据交换过程包括连接建立、数据传输和连接释放三个阶段，其中连接建立和连接释放阶段传递控制信息，用户信息则在数据传输阶段传输。最复杂和最重要的阶段是连接建立阶段，该阶段要确定从源端到目的端的连接路由，并在沿途的交换节点中保存该连接的状态信息。在无连接型的网络中，分组数据传输前，不需要在源端和目的端之间先建立通信连接，可以直接通信。无论是否来自同一数据源，交换节点都将分组看成互不依赖的基本单元，独立地处理每一个分组，并为其寻找最佳转发路由，因而来自同一数据源的不同分组可以通过不同的路径到达目的地。

交换式网络总是以交换节点为核心来组建的。一个交换节点要完成任意入线的信息到指定出线的交换功能，基本的前提是网络中的每一个交换节点都必须拥有当前网络拓扑结构的信息。面向连接型网络和无连接型网络的交换节点的交换实现有较大差别。

面向连接型网络中，连接建立阶段传递的控制数据中包含目的地址和连接标志，沿途交换节点以目的地址找到目的地，用户数据只需携带一个短连接标志，交换节点根据这些就可实现快速的数据交换。在无连接型网络中，由于无须建立连接，每个分组都携带目的地址，交换节点只需要根据路由表就可以完成从入端口到出端口的交换。相比而言，面向连接型要比无连接型的交换节点设备复杂。

2. 主要交换技术

两端用户通过信道直接连接进行数据交换的方式是点对点的通信，然而多个用户之间要进行数据通信，通常是将各个用户终端通过一个具有交换功能的网络连接起来，使得任何接入该网的两个用户终端由网络来实现适当的交换操作。目前，广域通信网上使用的交换技术主要有电路交换、分组交换、帧中继和 ATM(异步传输模式)技术。电路交换和分组交换是通信网中最基本的交换技术，后来发展的帧中继、ATM 技术以及各种 IP 交换技术和 MPLS 技术都是基于这两种技术综合或改进的。交换技术总的发展趋势是信道利用率越来越高，支持可变速率和多媒体业务，同时也有相应协议体系保证服务的质量。

1) 电路交换

电路交换(Circuit Switching，CS)是一种面向连接的技术。数据通信中的电路交换指的是 2 台计算机或终端在互相通信之前需预先建立起一条实际的物理链路，在通信中自始至终使用该条链路进行数据信息传输，并且不允许其他计算机或终端同时共享该链路，通信结束后再拆除这条物理链路。

实现电路交换的主要设备是电路交换机，它由交换电路部分和控制电路部分构成。交换电路部分用来实现主叫用户和被叫用户的连接，其核心是交换网，交换网可以采用空分交换方式和时分交换方式；控制部分的主要功能是根据主叫用户的选线信号控制交换电路完成接续。

电路交换的主要特点是：信息的传输延时小，在一次接续中，传输延时固定不变；交换机对用户的数据信息不进行存储、分析和处理，因此，交换机在处理方面的开销比较小，传送用户数据信息时不必附加许多控制信息，信息传输的效率比较高；但是电路资源被通信双方独占，电路利用率低，这是电路交换的主要缺点。电路交换适合实时性要求高的通信业务，传统电话通信网采用这种方式，它很好地解决了实时话音通信问题。

2）分组交换

分组交换（Packet Switching，PS）也称为包交换，是把要传送的数据信息分割成若干个比较短的、规格化的数据段，这些数据段称为分组（或称包），然后加上分组头，采用存储-转发的方式进行交换和传输；在接收端，将这些分组按顺序进行组合，还原成原数据信息。由于分组的长度较短，具有统一的格式，便于在交换机中存储和处理，分组进入交换机后只在主存储器中停留很短的时间进行排队和处理，一旦确定了新的路由，就很快传输到下一个交换机或用户终端。

由于每个分组都带有地址信息和控制信息，因此分组可以在网内独立地传输，并且在网内可以以分组为单位进行流量控制、路由选择和差错控制等通信处理。根据网络处理分组方式的不同，分组交换中的传输方式分为两种，数据报方式和虚电路方式。

（1）数据报方式。数据报方式属于无连接方式，它类似于报文交换方式，将每个分组单独当作一份报文对待，分组交换机为每一个数据分组独立地寻找路径，同一终端送出的不同分组可以沿着不同的路径到达终点。在网络终端，分组的顺序可能不同于发端，需要重新排序。

数据报方式的特点是：协议简单，无需建立连接，用户之间的通信不需要经历呼叫建立和呼叫拆除阶段，对于数据量小的通信来说，传输效率比较高；对网络拥塞或故障的适应能力较强，一旦某个经由的节点出现故障或网络的一部分形成拥塞，数据分组就可以另外选择传输路径；与虚电路方式相比，数据分组的传输延时大，且存在时延抖动问题。

由此可见，数据报方式不适合大数据量、实时性要求高的业务，目前主要用于信令、控制管理信息和短消息等的传递。

（2）虚电路方式。虚电路方式是一种面向连接的分组交换方式，是 2 个用户终端设备在开始互相传输数据之前必须通过网络建立一条逻辑上的连接（称为虚电路），一旦这种连接建立以后，用户发送的数据（以分组为单位）将通过该路径按顺序通过网络传送到终端。当通信完成之后，用户发出拆连请求，网络拆除连接。

虚电路方式的特点是：一次通信具有呼叫建立、数据传输和呼叫拆除 3 个阶段，对于数据量较大的通信来说，传输效率较高；终端之间的路由在数据传送前已被决定，但分组还要在每个节点上存储、排队，等待输出；数据分组按已建立的路径顺序通过网络，在网络终端不需要对分组重新排序，分组传输延时小，而且不容易产生数据分组的丢失；但是当网络中由于线路或设备故障可能使虚电路中断时，需要重新呼叫建立新的连接。

3）帧中继

帧中继(Frame Relay，FR)技术是在 X.25 分组交换技术的基础上演变而来的一种快速分组交换技术，省略了 X.25 的分组级，避免了分组层的报文分组和重组，且帧长可变。FR 仅完成 OSI 物理层和链路层的核心层的功能，在 OSI 第 2 层上用简化的方法传送和交换数据单元(单位是帧)，它以链路层的帧为基础实现多条逻辑链路的统计复用和转换，没有网络层，因此称为帧中继。FR 将流量控制、纠错等功能留给智能终端去完成，大大简化了节点机之间的协议，缩短了传输延时，提高了传输效率。

帧中继技术只提供最简单的通信处理功能，如帧开始和帧结束的确定以及帧传输差错检查。当帧中继交换机接收到一个损坏帧时只将其丢弃，帧中继技术不提供确认和流量控制机制。

帧中继的特点是：帧中继采用统计复用技术向用户提供共享的网络资源，大大提高了网络资源的利用率；由于 FR 简化了节点机之间的协议处理，因此能向用户提供高速率、低延时的业务；可以有效地利用网络资源，可以经济地将网络空闲资源分配给用户使用，用户也可以经济、灵活地接入帧中继网，并在其他用户有突发性数据传送时共享网络资源；因此光纤传输线路质量好，保证了网络传输的可靠性，即使有少量错误也可以由智能终端进行端到端的恢复。另外，网络中采用了永久虚电路管理和拥塞管理，保证了网络自身的可靠性；由于 FR 协议十分简单，对现有数据网上的硬件设备稍加修改并对软件进行升级就可以实现，而且操作简便，实现起来灵活方便。在用户接入方面，帧中继网能为多种业务类型提供共用的网络传送能力，且对高层协议保持透明，用户可方便接入，兼容性好。

4）异步传输

异步传输模式技术(Asynchronous Transfer Mode，ATM)是以分组传送模式为基础并融合了电路传送模式高速化的优点发展而成的一种高速分组传送模式，ATM 克服了同步传输模式 STM 不能适应任意速率业务，难以导入未知新业务的缺点；同时又简化了分组通信中的协议，并由硬件对简化的协议进行处理，交换节点不再对信息进行流控和差错控制，从而极大地提高了网络的传输处理能力。其主要的设计目标是在一个网络平台上用分组交换技术来实现话音、数据、图像等业务的综合传送交换。

ATM 本质上是一种高速分组传送模式。将语音、数据和图像等所有的数字信息分解成长度一定的数据块，并在各数据块之前装配地址、丢失优先级等控制信息(即信头)构成信元。因为需要排队等待空信元到来时才能发送信息，所以 ATM 是以信元为单位进行存储和交换的。

ATM 的主要特点是：网络中链路传输质量很高，不需要进行逐段链路上的流量控制和差错处理，网络中适当的资源分配和队列容量的设计就能使引起分组丢失的队列溢出得到有效控制，从而降低分组丢失率；信息从终端传送到网络之前，必须先根据用户的请求建立连接，如果系统的现有资源能够满足用户的需求，则预留其资源，并建立连接；一旦信息传送结束，系统就释放所占用的资源。如果无法满足用户需求，则拒绝连接。这种面向连接的工作方式，使网络在任何时候都能保证最小的分组丢失率；ATM 个节点的分组头的处理相当简单，形成了很小的处理时延和排队时延，从而加快了处理速度；由于使用定长分组，在提高交换速度和降低复杂性方面远比使用变长分组优越。

3．软交换

1）软交换定义

广义上，软交换是以软交换设备为控制核心的软交换网络；狭义上，软交换特指位于控制层的软交换设备。我国工业和信息化部对软交换的定义为："软交换是网络演进以及下一代分组网络的核心设备之一，它独立于传送网络，主要完成呼叫控制、资源分配、协议处理、路由、认证、计费等主要功能，同时可以向用户提供现有电路交换机所能提供的所有业务，并向第三方提供可编程能力。"

2）软交换的功能

软交换技术在电信网络中扮演着关键角色，它为下一代网络（Next Generation Network，NGN）提供了多种功能。以下是软交换的一些主要功能。

（1）媒体网关接入功能。软交换作为分组网络和外部网络之间的接口设备，提供媒体流映射或代码转换的功能。这包括公共交换电话网络（Public Switched Telephone Network，PSTN）和综合业务数字网（Integrated Services Digital Network，ISDN）IP 中继媒体网关、ATM 媒体网关、用户媒体网关和综合接入网关等。

（2）呼叫控制和处理功能。软交换提供基本业务和多媒体业务呼叫的建立、保持和释放的控制功能。这包括呼叫处理、连接控制、智能呼叫触发检出和资源控制等。

（3）业务提供功能。软交换能够实现 PSTN/ISDN 交换机所提供的全部业务，包括基本业务和补充业务，还可以与现有的智能网配合提供智能网业务以及与第三方合作提供多种增值业务和智能业务。

（4）互联互通功能。软交换技术能够实现与现有网络的协同工作、互联互通，包括通过信令网关实现分组网与现有 7 号信令网的互通，以及与其他软交换技术互联等。

（5）协议功能。软交换采用各种标准协议与媒体网关、应用服务器、终端和网络进行通信，如 H.323、SIP、H.248、MGCP、SIGTRAN、RTP、INAP 等。

（6）资源管理功能。软交换提供资源管理功能，包括资源的分配、释放、配置和控制，资源状态的检测，资源使用情况统计以及设置资源的使用门限等。

（7）计费功能。软交换具有采集详细话单及复式计次功能，并能够按照运营商的需求将话单传送到相应的计费中心。

（8）认证与授权功能。软交换支持本地认证功能，可以对所管辖区域内的用户、媒体网关进行认证与授权，防止非法用户/设备的接入并能够与认证中心连接进行接入认证与授权。

（9）地址解析功能。软交换设备能够完成 E.164 地址至 IP 地址、别名地址至 IP 地址的转换功能，可以完成重定向的功能。

（10）话音处理功能。软交换设备可以控制媒体网关是否采用语音信号压缩，并提供可以选择的话音压缩算法，如 G.729、G.723.1 算法，可选 G.726 算法。同时，可以控制媒体网关是否采用回声抵消技术，可对话音包缓存区的大小进行设置，以减少抖动对话音质量带来的影响。

软交换技术通过这些功能，实现了呼叫控制与媒体传输的分离，为电信网络提供了灵活性和可扩展性，同时也为第三方开发新应用和新业务提供了开放的平台。

1.4.3 现代通信网

一个完整的现代通信网除有传递各种用户信息的业务网之外，还需要有若干支撑网，以使网络更好地运行。业务网和支撑网之间存在着传输链路，随着现代通信网的发展，传输链路越来越复杂，于是接入网的概念被提出。此外，网络智能化的发展趋势又催生出了智能网的概念。

1. 业务网

业务网，也称用户信息网，是现代通信网的主体，是向用户提供诸如电话、电报、传真、数据、图像等各种电信业务的网络。其功能业务网可分为用户接入网、交换网和传输网三个部分。按照通信网发展的现状，业务网可分为电话通信网、数据通信网、有线电视网以及 ISDN 综合业务数字网。

1) 电话通信网

电话通信网是最早发展起来的，覆盖面积广，是其他通信网的基础，主要是为话音业务的传送、转接而设置的网络。电话网以 SDH 系统干线传输和中继传输为主，以数字程控交换机(交换局)为话音信号的转接点而设置等级结构。等级结构的设置与很多因素有关，如数字传输技术、服务质量、经济性与可行性等。我国的电话网可分为本地电话网和长途电话网。

2) 数据通信网

数据通信网是计算机与计算机或计算机与终端之间利用通信线路进行信息传输和交换的通信方式，包括数据的传输和数据在传输前后的处理。数据通信网是继电报和电话通信之后发展起来的一种新的通信形式，是计算机与通信技术紧密结合的产物。计算机通信是指计算机与计算机之间，或计算机与终端设备之间为共享硬件、软件和数据资源而协同工作，以实现数据信息传递的通信方式。

3) 有线电视网

有线电视(Cable Television，CATV)系统是通过有线线路在电视中心和用户终端之间传送图像和声音信息的闭路电视系统。CATV 的信号传输方式及运行方式均和一般的电视广播不同，但为了保持和电视机兼容，CATV 保留了无线广播电视制式和信号调制方式。有线电视网络可分为广播型和双向交互型两大类。

CATV 系统共由 3 部分组成：前端放大器(信源)、电缆分配网络(信道)和用户终端(信宿)。前端放大器是 CATV 网络的中心，主要产生各种电视节目信号，CATV 中心将所有的这些节目信号转换到 CATV 电缆工作的频带内，然后由混合器加以混合，再由电缆分配网络传输到各处的用户终端中。电缆分配网络由传输线、分配器和分支线组成。为了补偿电缆传输的损耗,在电缆分配网络中,每隔一定的距离就要设置一个放大器,如干线放大器、分配放大器、分支放大器等。最普通的用户终端就是家用电视机。在 CATV 系统中,用户终端也被称为信宿,是最终接收有线电视信号的设备。在某些加密的 CATV 系统中,除电视机外还有解密器,如果是双向 CATV 系统则还需要增加上行通信的发射机和接收机,如果 CATV 系统中具有视频点播(Video on Demand,VOD)功能,则用户端还需要设置 VOD 解码器。

4)ISDN 综合业务数字网

ISDN 综合业务数字网(Integrated Services Digital Network)是在电话综合数字网(IDN)基础上发展起来的一种电信网络形态。它提供端对端的数字链接,用来支持话音和非话音在内的综合数字业务,并通过标准化多用途用户的接入网络。它又可分为窄带综合业务数字网(N-ISDN)和宽带综合业务数字网(B-ISDN)两类。

2. 支撑网

各种类型的通信网要正常工作和运行,使通信不中断和互通,必须要有协调工作,有保障、支持的系统,这一系统称为通信网的支撑系统,又称为支撑网。换句话说,支撑网是使业务网正常运行,增强网络功能,提供全网服务质量以满足用户要求的网络。支撑网包括信令网、同步网和管理网。

(1)信令网。在采用公共信道信令系统之后,除原有的用户业务之外,还有一个寄生、并存的起支撑作用的专门传送信令的网络——信令网。信令网的功能是实现网络节点间(包括交换局、网络管理中心等)信令的传输和转接。

(2)同步网。实现数字传输后,在数字交换局之间、数字交换局和传输设备之间均需要实现信号时钟的同步。同步网的功能是实现这些设备之间的信号时钟同步。

(3)管理网。管理网是为提高全网质量和充分利用网络设备而设置的。网络管理是实时或近实时地监视电信网络(即业务网)的运行,必要时采取控制措施,以达到在任何情况下,最大限度地使用网络中一切可以利用的设备,使尽可能多的通信得以实现。

习 题

1.1 什么是应急通信?

1.2 应急通信有什么特点?

1.3 应急通信的主要技术有哪些?

1.4 常用应急通信系统有哪些?

1.5 什么是通信网?通信网主要采用了哪些技术?

第2章

通信系统的基本原理和模型

本章介绍通信的基本概念，通信系统的基本模型以及数字通信系统的优点，主要介绍应急通信系统的信息采集技术、数字调制方式、信道编/解码、扩频通信技术及常用多址方式。应急通信系统的性能很大程度上取决于无线传输技术的合理应用与性能发挥情况。

2.1 通信的概念

通信的目的是传递消息中所包含的信息。消息(Message)是物质或精神状态的一种反映，在不同时期具有不同的表现形式，例如，话音、文字、音乐数据、图片或活动图像等都是消息。人们接收消息，关心的是消息中所包含的有效内容，即信息(Information)。通信则是进行信息的时空转移，即把消息从一方传送到另一方。基于这种认识，"通信"也就是"信息传输"或"消息传输"。实现通信的方式和手段很多，如通用的手势和语言，古代的烽火台和击鼓传令，现代的电报、电话、广播、电视、遥控、遥测、因特网、数据和计算机通信等，这些都是消息传递的方式和信息交流的手段。

在电通信系统中，消息的传递是通过电信号来实现的。例如，莫尔斯电报是利用发报机和收报机，以点、划和空格的形式传送信息。电通信方式具有迅速、准确、可靠且不受时间、地点、距离限制的特点，从19世纪到如今的200多年来得到了飞速发展和广泛应用。经过长期的快速发展，现代通信技术取得了长足的进步。从发展趋势看，现代通信系统主要朝着大容量、远距离、多用户、宽频带、高保密性、高效率、高可靠性、高灵活性的数字化、智能化和综合化的方向发展。

2.2 通信系统的基本模型

通信系统的作用是将信息从信源发送到一个或多个目的地。对于电通信来说，首先要把消息转变成电信号，然后经过发送设备将信号送入信道，在接收端利用接收设备对接收信号作相应的处理后，送给信宿再转换为原来的消息。

2.2.1 通信系统的一般模型

通信系统的一般模型包括信息源，发送设备、信道、接收设备和受信者五部分，如图 2.1 所示。

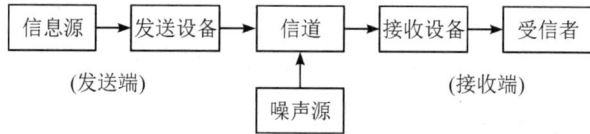

```
信息源 → 发送设备 → 信道 → 接收设备 → 受信者
      (发送端)        ↑              (接收端)
                    噪声源
```

图 2.1 通信系统的一般模型

1. 信息源

信息源(简称信源)的作用是把各种消息转换成原始电信号。根据消息的种类不同，信源可分为模拟信源和数字信源。模拟信源输出连续的模拟信号，如话筒(声音→音频信号)和摄像机(图像→视频信号)；数字信源则输出离散的数字信号，如电传机(字符→数字信号)、计算机等各种数字终端。模拟信源送出的信号经数字化处理后也可成为数字信号。

2. 发送设备

发送设备的作用是产生适合在信道中传输的信号，即使发送信号的特性与信道特性相匹配，并具有抗信道干扰能力，同时具有足够的功率以满足远距离传输的需要。发送设备包括变换放大器、滤波器、编码器、调制器等。对于多路传输系统，发送设备中还包括多路复用器。

3. 信道

信道是一种物理媒质，用来将来自发送设备的信号传送到接收端。在无线信道中，信道可以是自由空间；在有线信道中，信道可以是明线电缆和光纤。有线信道和无线信道均有多种物理媒质。信道除了给信号提供通路，也会对信号产生各种干扰和噪声。信道的固有特性及引入的干扰与噪声直接关系到通信的质量。

图 2.1 中的噪声源是信道中的噪声及分散在通信系统其他各处的噪声的集中表示。噪声通常是随机的，形式多样，它的出现干扰了正常信号的传输。

4. 接收设备

接收设备的功能是将信号放大和反变换(如译码、解调等)，其目的是从受到减损的接收信号中正确恢复出原始电信号。对于多路复用信号，接收设备中还包括解除多路复用实现正确分路的功能。此外，它还要尽可能减小在传输过程中噪声与干扰所带来的影响。

5. 受信者

受信者(简称信宿)是传送消息的目的地，其功能与信源相反，即把原始电信号还原成相应的消息，如扬声器等。

图 2.1 概括地描述了一个通信系统的组成，反映了通信系统的共性。根据研究的对象以及所关注的问题不同，各部分的内容和作用相应地不同，因而有不同形式的通信系统模型。今后的讨论就是围绕着通信系统模型而展开的。

2.2.2　模拟通信系统模型和数字通信系统模型

通信传输的消息是多种多样的,可以是符号、话音、文字、数据、图像等各种不同的消息。这些消息可以分成两大类,一类为连续消息,另一类为离散消息。连续消息是指消息的状态是连续变化或不可数的,如连续变化的话音、图像等;离散消息则是指消息的状态是可数的或离散的,如符号、数据等。

消息的传递是通过它的物理载体——电信号来实现的,即把消息寄托在电信号的某参量上(如连续波的幅度、频率或相位;脉冲波的偏度宽度或位置)。按信号参量的取值方式不同,信号可分为两类:模拟信号和数字信号。如果电信号的参量取值连续,则称之为模拟信号。例如,话筒送出的输出电压包含有话音信息,并在给定的取值范围内连续变化,如图2.2(a)所示。模拟信号有时也称连续信号,这里连续的含义是指信号的某参量连续变化或者说在某一取值范围内可以取无穷多个值,而不一定在时间上也连续,如图2.2(b)所示的抽样信号。

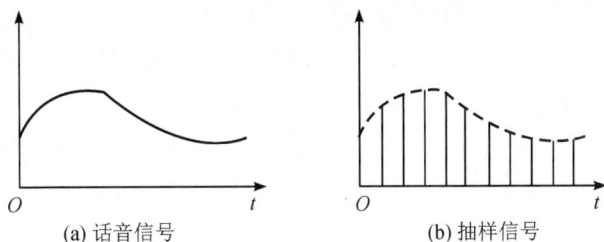

(a) 话音信号　　　　　　　　　　(b) 抽样信号

图 2.2　话音信号与抽样信号

如果电信号的参量仅可能取有限个值,则称之为数字信号,如电报信号、计算机输入/输出信号、PCM信号等。数字信号有时也称离散信号,这个离散是指信号的某一参量是离散变化的,而不一定在时间上也离散,如图2.3的二进制数字调相(2PSK)信号所示。

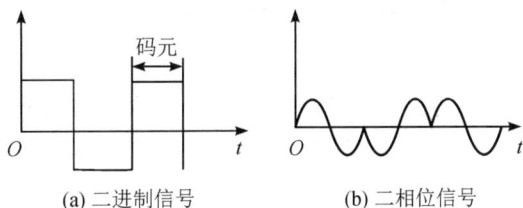

(a) 二进制信号　　　　　　　　　(b) 二相位信号

图 2.3　二进制数字调相信号

通常,按照信道中传输的是模拟信号还是数字信号,相应地把通信系统分为模拟通信系统和数字通信系统。

1. 模拟通信系统模型

模拟通信系统模型是用模拟信号传递信息的通信系统模型,如图2.4所示,该模型包含两种重要变换。

第一种变换是:在发送端把连续消息变换成原始电信号,在接收端进行相反的变换,这种变换由信源和信宿完成。这里所说的原始电信号通常称为基带信号,基带的含义是信号的频谱从零频附近开始，如话音信号的频率范围为 300～3400 Hz，图像信号的频率范围为 0～6 MHz，有些信道可以直接传输基带信号，而以自由空间为信道的无线电传输却无法直接传输这些信号。

第二种变换是：把基带信号变换成适合在信道中传输的信号，并在接收端进行相反的变换。完成这种变换和反变换的通常是调制器和解调器。经过调制的信号称为已调信号，它应有两个基本特征：一是携带信息，二是适合在信道中传输。已调信号的频谱通常具有带通形式，因此已调信号又称带通信号（也称为频带信号）。

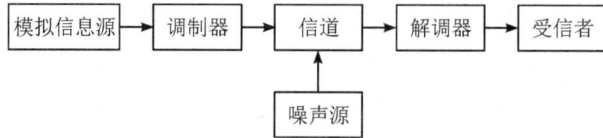

图 2.4　模拟通信系统模型

除了上述的两种变换，实际的通信系统模型中可能还有滤波放大、天线辐射等过程。由于上述两种变换起主要作用，而其他过程不会使信号发生质的变化，只是对信号进行放大和改善，信号特性等在通信系统模型中一般被认为是理想的而不予讨论。

2. 数字通信系统模型

数字通信系统（Digital Communication System，DCS）模型是利用数字信号作为载体传递信息的通信系统模型，如图 2.5 所示。数字通信涉及的技术问题很多，主要有信源编码与信源译码、信道编码与信道译码、调制与解调以及加密与解密等。

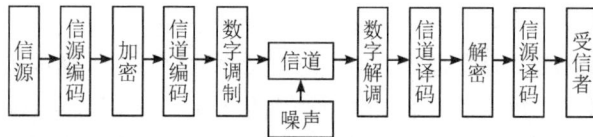

图 2.5　数字通信系统模型

1）信源编码与信源译码

信源编码有两个基本功能。一是提高信息传输的有效性即通过某种数据压缩技术来减少码元数目和降低码元速率，码元速率决定了传输所占的带宽，而传输带宽反映了通信的有效性。二是完成模/数（A/D）转换，即当信息源提供模拟信号时，信源编码器将其转换成数字信号，以实现模拟信号的数字化传输。信源译码是信源编码的逆过程。

2）信道编码与信道译码

信道编码的目的是增强数字信号的抗干扰能力。数字信号在信道中传输时受到噪声等影响后会引起差错。为了减小差错，信道编码器对传输的信息码元按一定的规则加入保护成分（监督元），组成所谓"抗干扰编码"。接收端的信道译码器按相应的逆规则进行解码，从中发现错误或纠正错误，提高通信系统的可靠性。

3）加密与解密

在需要实现保密通信的场合，为了保证所传信息的安全，人为地将被传输的数字序列扰乱，即加上密码，这种处理过程叫加密。在接收端利用与发送端相同的密码对收到的数字序列进行解密,恢复原来信息。

4) 数字调制与解调

数字调制就是把数字基带信号的频谱搬移到高频,形成适合在信道中传输的带通信号。基本的数字调制方式有振幅键控(ASK)、频移键控(FSK)、相移键控(PSK)、相对(差分)相移键控(DPSK)。在接收端可以采用相干解调或非相干解调还原数字基带信号。对高斯噪声下的信号检测,一般用相关器或匹配滤波器来实现。

5) 同步

同步是使收发两端的信号在时间上保持步调一致,是保证数字通信系统有序准确、可靠工作的前提条件。按照同步的功能不同,同步分为载波同步、位同步、群(帧)同步和网同步。

需要说明的是,图 2.5 是数字通信系统的一般化模型,实际的数字通信系统不一定包括图中的所有环节。例如,在数字基带传输系统中,无需调制和解调。此外,模拟信号经过数字编码后可以在数字通信系统中传输,数字电话系统就是以数字方式传输模拟话音信号的例子。当然,数字信号也可以通过传统的电话网来传输,但需要调制解调器。

2.2.3　数字通信的特点

目前,无论是模拟通信还是数字通信,在不同的通信业务中都得到了广泛的应用。但是,数字通信的发展速度已明显超过模拟通信,成为当代通信技术的主流。与模拟通信相比,数字通信具有以下优点。

(1) 抗干扰能力强且噪声不积累。数字通信系统中传输的是离散取值的数字波形,接收端的目标不是精确地还原被传输的波形,而是从受到噪声干扰的信号中判决出发送端所发送的是哪一个波形。以二进制为例,信号的取值只有两个,这时在接收端能正确判决发送的信号是两个状态中的哪一个即可。在远距离传输时,微波中继通信各中继站可利用数字通信特有的抽样判决再生的接收方式,使数字信号再生且噪声不积累。而模拟通信系统中传输的是连续变化的模拟信号,它要求接收机能够高度保真地重现原信号波形,一旦信号叠加上噪声后,即使噪声很小,也很难完全消除。

(2) 传输差错可控。在数字通信系统中,可通过信道编码技术进行检错与纠错,降低误码率,提高传输质量。

(3) 便于用现代数字信号处理技术对数字信息进行处理、变换、存储。这种数字处理的灵活性表现为可以将不同信源的信号综合到一起传输。

(4) 易于集成,使通信设备微型化,重量轻。

(5) 易于加密处理,且保密性好。

数字通信的缺点是,一般需要较大的传输带宽。以电话为例,一路模拟电话通常只占据 4 kHz 带宽,但一路接近同样话音质量的数字电话可能要占据 20～60 kHz 的带宽。另外,数字通信对同步要求高,系统设备复杂。但是,随着微电子技术、计算机技术的广泛应用以及超大规模集成电路的出现,数字系统的设备复杂程度大大降低。同时高效的数据压缩技术以及光纤等大容量传输介质的使用正逐步使带宽问题得到解决。因此,数字通信的应用必将会越来越广泛。

2.3 信息采集

在保障现场应急通信网络畅通的基础上，为全面采集现场的数据、语音、图片/图像/视频、目标定位等信息，通常需要综合利用多种技术手段，如传感器、射频识别、音频终端、摄像机、GPS 等，并实现多源数据融合。

2.3.1 传感器

传感器(Sensor)是一种能将特定的被测信息(包括物理量、化学量、生物量等)按一定规律转换成某种可用信号输出的器件或装置。所谓的可用信号是指便于处理、传输的信号，如电信号、光信号。目前，电信号是最易处理和便于传输的信号，因此，当前大多数的传感器是将外界非电信息转换成电信号输出的器件。

目前，常用的传感器包括光敏传感器、温敏传感器、湿敏传感器、磁敏传感器、力敏传感器、气敏传感器、超声波传感器、光纤传感器与固态图像传感器等。

传感器主要用于对现场的温度、湿度、雨量、流量、地表水位/地下水位、声波、深部位移、泥位、压力、震动、倾斜、位置等信息进行实时采集，并在极端条件下实现对有毒气体、有毒害物质的移动式非接触探测与识别。

数据采集技术将向仪器设备小型化、多参数快速采集、多功能、精确定位等方向发展。例如，智能传感器(Smart Sensor)是一种以微处理器为核心单元，具有检测、判断、信息存储与处理等功能的传感器。

2.3.2 音频采集

音频采集对模拟的、连续语音信号进行采样、量化和编码后将其转换成数字信号，然后再进行记录、传输及其他加工处理。重放时，再将这些记录的数字音频信号还原为模拟信号，获得连续的声音。音频信号的编解码标准主要包括 ITU 制定的 H.26X 系列，GSM 和 3GPP 移动通信组织制定的 GSM、AMR 系列，ISO/IEC 制定的 MPEG-X 系列等。

目前，对现场各种声音的常用音频采集设备主要包括数码录音笔、微型录音机等。

1. 数码录音笔

数码录音笔是数字录音器的一种，造型如笔，携带方便，同时拥有多种功能，如激光笔功能、MP3 播放等。与传统录音机相比，数码录音笔通过数字存储的方式来记录音频。

2. 微型录音机

微型录音机是将声音记录下来以便重放的微型机器。它以硬磁性材料为载体，利用磁性材料的剩磁特性将声音信号记录在载体中，一般都具有重放功能。

3. 录音电话机

录音电话机通过监测电话线路上的语音通信信号，将这些信号(模拟的或数字的)转化为可以保存和回放的介质。

4. 智能手机

随着技术进步，智能手机具有录音功能，在一些特殊场景下，可作为现场音频采集终端。

上述音频采集设备在现场的监听等方面具有重要作用。例如，在劫持人质现场，对谈判专家、劫匪的对话进行录音，便于后方专家分析和指挥人员决策。

2.3.3　图片/图像/视频采集

图片/图像/视频采集是指按照光学成像原理，从景物中获取不同形式的视觉影像。目前，视频编解码标准主要包括 ISO/IEC 制定的 MPEG 系列、ITU 制定的 H.26X 系列等以及中国制定的音视频编码标准(Audio Video Standard，AVS)。

从技术角度看，过去采用胶卷记录影像，如早期的照相机。目前，普遍流行的数码产品，如数码照相机、数码摄像机等采用电荷耦合器件(Charge Coupled Device，CCD)或者互补性。金属氧化半导体(Complementary Metal-Oxide Semiconductor，CMOS)作为电子数据的存储介质，能够与计算机直接进行图片/图像/视频交换。

从平台角度看，图片/图像/视频采集方式可分为三类：地面平台(如固定支架、机动车等)、航空平台(如气球、飞机等)和航天平台(如人造卫星、飞船、空间站、火箭等)。利用固定或者移动的平台搭载图片/图像/视频采集设备，如照相机、摄像机以及遥感器等，能够获取现场目标照片、航拍图像视频等信息。

对于摄像机的现场视频采集应用，根据不同的实际需要选择不同的设备，如室内环境可能只需选择摄像机、镜头，室外摄像机可能需要配置防护罩、支架和辅助灯光等，如果需要进行大范围监视，则需要给摄像机配置云台和变焦镜头。

另外，遥感是在高空或者远距离处，利用遥感器接收物体辐射的电磁波信息，经加工处理，变成可识别的图像电子计算机用的记录磁带，揭示被测物体的性质、形状和变化动态。遥感具有可获取大范围资料、信息量大、快速、周期短、受限制少等特点，可用于现场的遥感测绘、地图保障、大气遥感、水文遥感、地质遥感等。例如，在 2013 年中国"4·20"雅安地震期间，国防科技工业局在地震后根据卫星轨道和机动能力，立即紧急启动 5 颗卫星，担负雅安地区遥感数据成像任务，并向地震局、国家减灾委员会和国家测绘地理信息局等有关部门提供了震前中国卫星拍摄的灾区图片。

随着技术进步，智能手机已具有拍照和录像功能，在一些特殊场景下，可作为现场图片、视频采集终端。随着移动互联网和社交媒体(如微信、微博等)在民众中发展和普及，在2013 年中国"4·20"雅安地震期间，公众利用智能手机的拍照和录像功能提供有关人员、道路的照片、地图及其他关键任务信息，并可共享和实时更新。

2.3.4　其他信息采集设备

其他信息采集设备如生命探测仪和移动数据采集终端都得到了广泛应用。

1. 生命探测仪

生命探测仪是通过感应人体所发出超低频电波产生的电场(由心脏产生)来找到"活人"的位置。通过配备特殊电波过滤器可将其他动物，即不同于人类的频率加以过滤去除，使生命探测仪只感应到人类所发出的频率产生的电场。

生命探测仪主要用于在现场搜救被掩埋在倾倒大楼瓦砾中的灾民、穿透墙壁侦测恐怖分子与人质的位置以及探测进出海关的货柜和车辆夹层是否有偷渡人员等。例如，在 2008 年中国"5•12"汶川大地震期间，利用生命探测仪进行探测，搜救出数万名被困灾民，其中搜救出的灾民掩埋时间最长为 216 多个小时。

2. 移动数据采集终端

PDT(Portable Data Terminal，PDT，移动数据采集终端)通过读取物品上的各种识别码作为信息快速采集手段，也称为便携式条码扫描终端。另外，PDT 将计算机技术与 RFID、条形码或二维码等技术结合，相当于一台小型的计算机，集激光扫描、汉字显示、数据采集、数据处理、数据通信等功能于一体。PDT 在现场对救援物资调度与危险物品的快速查询、识别与定位等方面具有重要作用。

2.4　通信信道及其分类

信道是指以传输媒介(质)为基础的信号通路。具体地说，信道是由有线或无线电线路提供的信号通路；抽象地说，信道是指定的一段频带，它让信号按希望的方式通过。信道的作用是传输信号。

由信道的定义可看出，信道可分成两类：狭义信道和广义信道。

狭义信道按具体媒介的不同类型可分为有线信道和无线信道。有线信道是传输媒介为明线、对称电缆、同轴电缆、光缆及波导等一类能够看得见的媒介。无线信道的传输媒介是自由空间，包括短波电离层、对流层散射等，通过媒介的反射作用实现通信的信道。

广义信道按照其功能可分为调制信道和编码信道两类。调制信道是信号从调制器的输出端传输到解调器的输入端经过的部分。对于调制和解调的研究者来说，信号在调制信道上经过的传输媒质和变换设备都对信号做出了某种形式的变换，研究者只关心这些变换的输入和输出的关系，并不关心实现这一系列变换的具体物理过程。这一系列变换中输入与输出之间的关系，通常用多端口时变网络作为调制信道的数学模型进行描述。编码信道是指数字信号由编码器输出端传输到解码器输入端经过的部分。对于编/解码的研究者来说，编码器输出的数字序列经过编码信道上的一系列变换之后，在解码器的输出端成为另一组数字序列，研究者只关心这两组数字序列之间的变换关系，而并不关心这一系列变换发生的具体物理过程，甚至并不关心信号在调制信道上的具体变化。编码器输出的数字序列与解码器输入的数字序列之间的关系通常用多端口网络的转移概率作为编码信道的数学模型进行描述。

2.5　数字调制与信号处理

综合考虑组网灵活性和抗摧毁能力等指标，无线传输是应急通信不可或缺的主要传输方式。应急通信中的无线传输技术与常规数字无线通信中的技术类似，只是应用场景有所不同。本节针对应急通信系统的特点和需求，具体介绍适用于该系统的各项无线传输关键技术，包括数字调制方式、信道编码/信道解码、扩频通信技术、正交频分复用和多天线技术等，另外也涉及无线光通信、超宽带通信和认知无线电等各项无线传输新技术。

　　应急通信系统的性能很大程度上取决于无线传输技术的合理应用与性能发挥。因此，下面将对各项技术的基本原理进行阐述和分析。

2.5.1　二进制数字调制

　　应急通信系统通过无线传输手段传输所采集的信息数据时，必须用基带信号对载波波形的某些参数进行控制，使载波的这些参量随基带信号的变化而变化，即所谓的载波调制。

　　从原理上来说，受调载波的波形可以是任意的，只要已调信号适合信道传输就可以了。但实际上，在大多数数字通信系统中，都选择正弦信号作为载波。这是因为正弦信号形式简单，便于产生与接收。和模拟调制一样，数字调制也有调幅、调频和调相三种基本形式，并可以派生出多种其他形式。

　　在二进制时，数字调制信号有振幅键控(Amplitude Shift Keying，ASK)、移频键控(Frequency Shift Keying，FSK)和移相键控(Phase Shift Keying，PSK)三种基本信号形式。下面分别介绍这三种二进制数字调制的原理，并介绍几种有代表性的新型调制技术。

1. 二进制振幅键控

　　振幅键控是正弦载波的幅度随数字基带信号而变化的数字调制。当数字基带信号为二进制时，则为二进制振幅键控(2ASK)。2ASK 是利用代表数字信息"0"或"1"的基带矩形脉冲去键控一个连续的载波，使载波时断时续地输出。有载波输出时表示发送"1"，无载波输出时表示发送"0"。

　　2ASK 信号可表示为

$$e_{2ASK}(t) = s(t)\cos\omega_c t \tag{2.1}$$

式中，ω_c 是载波角频率，$s(t)$ 是单极性基带脉冲序列。

　　2ASK 典型波形如图 2.6 所示。

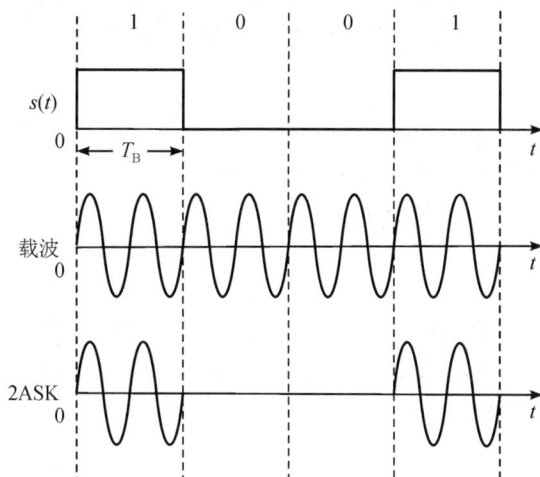

图 2.6　2ASK 信号波形

图中，T_B 为码元持续时间。

二进制振幅键控的接收可分为非相干解调（包络检波法）与相干解调（同步检测法），如图 2.7 所示。

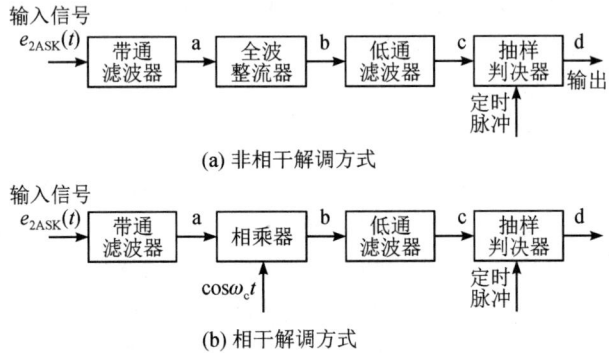

(a) 非相干解调方式

(b) 相干解调方式

图 2.7 2ASK 信号的接收系统组成框图

2. 二进制频移键控

频移键控利用载波的变化频率来传递数字信息。在 2FSK 中，载波的频率随二进制基带信号在 f_1 和 f_2 两个频率点间变化，故其表达式为

$$e_{2\text{FSK}}(t) = \begin{cases} A\cos(\omega_1 t + \varphi_n), & \text{发送 1 时} \\ A\cos(\omega_2 t + \theta_n), & \text{发送 0 时} \end{cases} \quad (2.2)$$

设信源发出的是由二进制符号 0、1 组成的序列，那么，2FSK 信号便是 0 符号对应载频 ω_1，而 1 符号对应载频 ω_2（与 ω_1 不同的另一载频）的已调波形，ω_1 与 ω_2 之间的改变是瞬间完成的，2FSK 信号如图 2.8 所示。

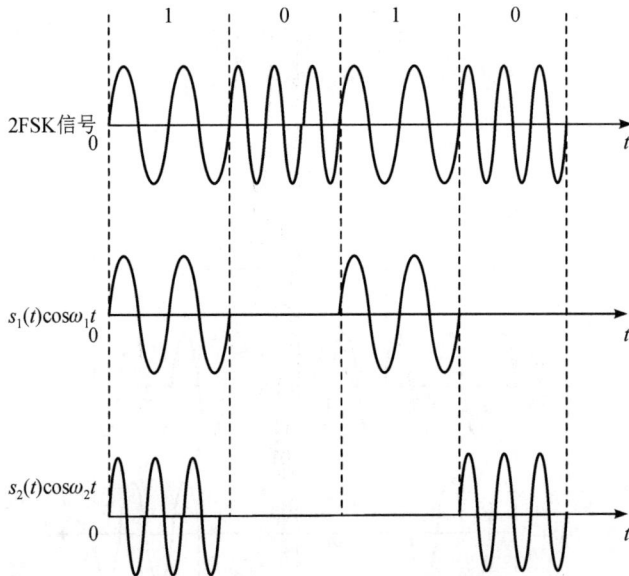

图 2.8 2FSK 信号的时间波形

2FSK 信号的常用解调方法是非相干检测法和相干检测法，如图 2.9 所示。

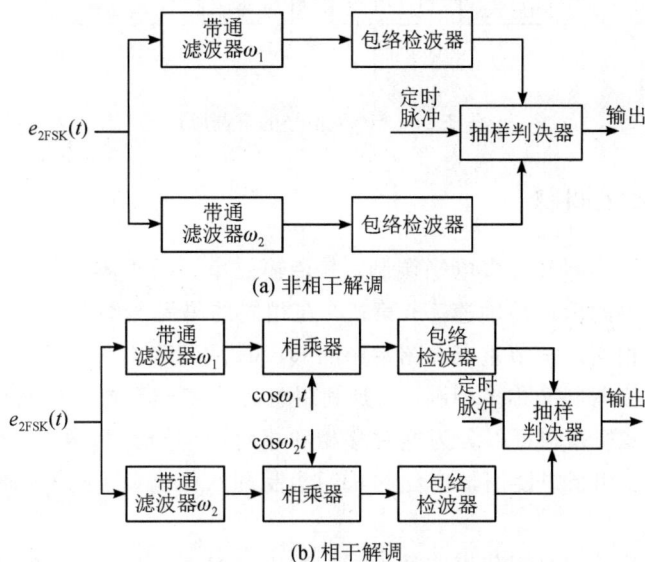

(a) 非相干解调

(b) 相干解调

图 2.9　2FSK 信号解调方法

3. 二进制移相键控(2PSK)

二进制移相键控(2PSK)方式是受键控的载波相位按基带脉冲而改变的一种数字调制方式。在 2PSK 中，通常用初始相位 0 和 π 分别表示二进制"1"和"0"。因此，2PSK 信号的时域表达式为

$$e_{2PSK}(t) = A\cos(\omega_c t + \varphi_n) \tag{2.3}$$

式中，φ_n 表示第 n 个符号的绝对相位

$$\varphi_n = \begin{cases} 0, & \text{发送 0 时} \\ \pi, & \text{发送 1 时} \end{cases} \tag{2.4}$$

因此，式(2.3)可以改写为

$$e_{2PSK}(t) = \begin{cases} A\cos\omega_c t, & \text{概率为 } P \\ -A\cos\omega_c t, & \text{概率为 } 1-P \end{cases} \tag{2.5}$$

2PSK 信号的典型波形如图 2.10 所示。

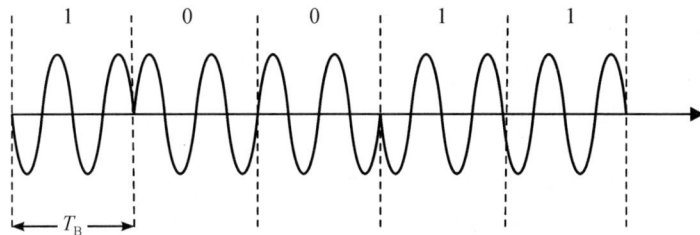

图 2.10　2PSK 信号的典型波形

2PSK 信号的解调通常采用相干解调法，解调器原理框图如图 2.11 所示。

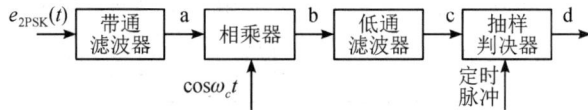

图 2.11   2PSK 信号的解调原理

2.5.2   多进制数字调制

多进制数字振幅调制又称多电平调制。其传输效率高的根本原因是：第一，它可以比二进制系统有高得多的信息传输速率；第二，在相同的码元传输速率下，多电平调制信号的带宽与二电平的相同。本节重点介绍常用的 QPSK 调制和 QAM 调制。

多进制数字相位调制又称多相制，它是利用载波的多种不同相位或相位差来表征数字信息的调制方式。多相调制可以分为绝对移相和相对（差分）移相两种。在实际通信中，大多采用相对移相。多相制中使用最广泛的是四相制和八相制。因此，下面以四相制为例来说明多相制的原理。

由于四种不同的相位可以代表四种不同的数字信息，因此，对于输入的二进制数字序列应该先进行分组，将每两个比特编为一组；然后用四种不同的载波相位去表征它们。例如，若输入二进制数字信息序列为 101101001……，则可将它们分成 10，11，01，00 等，然后用四种不同的相位来分别代表它们。

1. 四相绝对移相键控

四相绝对移相键控（Quadrature Phase Shift Keying，QPSK）调制利用载波的四种不同相位来表征数字信息。由于每一种载波相位代表两个比特信息，因此每个四进制码元又被称为双比特码元。把组成双比特码元的前一信息比特用 a 代表，后一信息比特用 b 代表。双比特码元中两个信息比特通常是按格雷码排列的，它与载波相位的关系如表 2-1 所示。

表 2-1   与载波相位的关系

双比特码元		载 波 相 位	
a	b	A 方式	B 方式
0	0	0°	225°
1	0	90°	315°
1	1	180°	45°
0	1	270°	135°

用格雷码排列的 QPSK 信号的星座图如图 2.12 所示，产生 QPSK 信号的流程图如图 2.13 所示。图中，串/并转换器将输入的二进制序列依次分为两个并行的双极性序列。设两个序列中的二进制数字分别为 a 和 b，每一对（a，b）称为一个双比特码元。双极性的 a 和 b 脉冲通过两个平调制器分别对同相载波及正交载波进行二相调制，将两路输出叠加得到四相移相信号。QPSK 信号的解调通常采用相干解调法，在接收端用两路正交的相干载波去解调，得到两路正交的 QPSK 信号，经并/串转换即可得到解调后的数据。

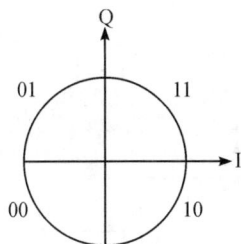

图 2.12 用格雷码排列的 QPSK 信号的星座图

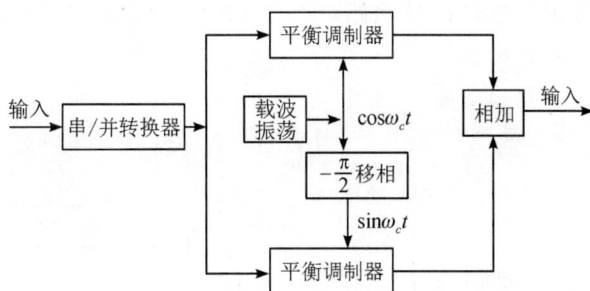

图 2.13 产生 QPSK 信号的流程图

2. 正交振幅调制

所谓正交振幅调制(Quadrature Amplitude Modulation,QAM)是用两个独立的基带波形对两个相互正交的同频载波进行抑制载波的双边带调制,利用这种已调信号在同一带宽内频谱正交的性质来实现两路并行的数字信息传输。

正交振幅调制的一般表达式为

$$s(t) = A_m \cos\omega_c t + B_m \sin\omega_c t \qquad (2.6)$$

式(2.6)由两个相互正交的载波构成,每个载波被一组离散的振幅$\{A_m\}$、$\{B_m\}$所调制,故称这种调制方式为正交振幅调制。式中,$m = 1, 2, \cdots, M$(M 为 A_m 和 B_m 的电平数),$\cos\omega_c t$ 通常称为同相信号或称 I 信号,$\sin\omega_c t$ 称为正交信号或称 Q 信号。

QAM 中的振幅 A_m 和 B_m 可以表示为

$$\begin{cases} A_m = d_m A \\ B_m = c_m B \end{cases} \qquad (2.7)$$

式中,A 是固定的振幅,(d_m, c_m)是已调信号在信号空间的坐标点,(d_m, c_m)由输入信号确定。

十六进制正交振幅调制(16QAM)信号是当前多被建议用于数字通信中的一种 QAM 信号。下面以这种信号为例分析 QAM 调制方式的原理。

16QAM 的星座图如图 2.14 所示。

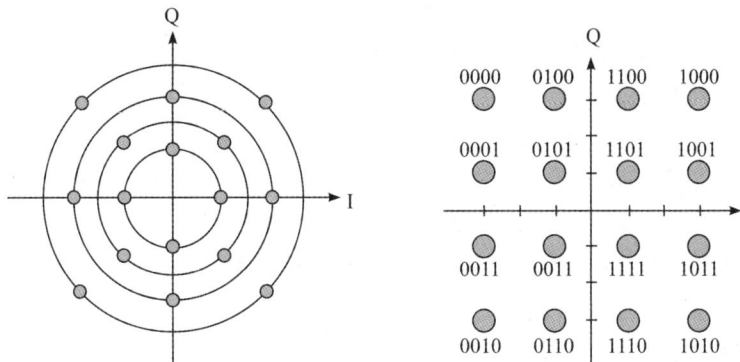

图 2.14 16QAM 星座图

16QAM 调制框图如图 2.15 所示。在调制端,基带信号先进行串/并变换,然后经过星座映射，形成 I、Q 两路，经过升余弦滤波器，与载波相乘。最后将两路信号相加就可以得到已调输出信号 $s(t)$。

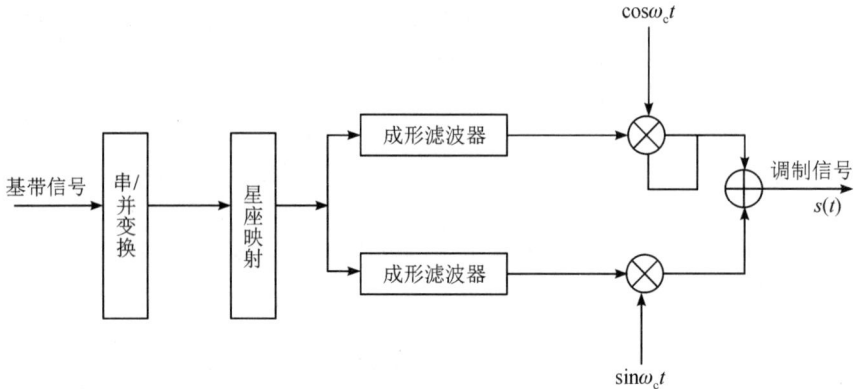

图 2.15　16QAM 调制框图

目前，对 QAM 的解调方法有很多，在数字电路中，主要用全数字解调的方法来实现。QAM 全数字解调示意如图 2.16 所示。

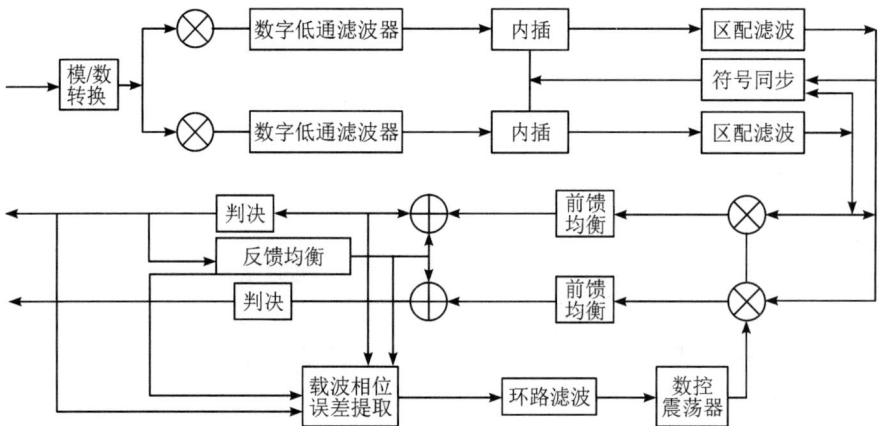

图 2.16　QAM 全数字解调示意图

全数字解调从接收模拟调制信号开始，该信号首先被送入模数转换器（A/D），在固定频率的采样时钟下进行数字化，转换为数字信号。此过程不需要数字信号处理部分提供额外的振荡控制信号，因为采样时钟已经提供了必要的同步。

数字化后的信号与两个固定频率且正交的载波信号相乘，这一步骤用于与接收信号中的载波进行同步。乘法操作后的信号通过数字低通滤波器进一步滤波，以去除高频成分，从而获得数字基带信号。此时，基带信号可能存在定时误差和载波相位误差，这些误差可能由于信道的多径效应或同步偏差而产生。

为了纠正这些误差，数字信号将经过一系列数字信号处理步骤。先使用符号同步技术来校正定时误差，确保信号采样与传输符号的边界对齐。然后，通过前馈均衡器和判决反馈均衡器来调整信号，以补偿信道引起的干扰和失真。

软判决技术结合相位环路滤波器来估计并补偿载波相位误差，而数控振荡器则用于生成精确的载波频率和相位，以进一步改善信号同步。误差提取环节将评估解调过程中的误差，并利用这些信息来优化信号处理算法。

最终，经过这些处理步骤，解调器能够准确地恢复出传输的数字信号。整个流程是高度数字化和自动化的，确保在各种信道条件下都能提供高质量的通信服务，从而实现从模拟调制信号到数字信号的准确转换和解调。

2.6　信道编码

应急通信系统的工作环境通常比较复杂，在采用无线传输方式时，复杂的电磁环境或地理特征会导致系统性能的迅速恶化。为了改善系统性能，减小系统传输的误码率，需要采用能够提高应急通信系统通信可靠性的相应技术手段。按照所用资源的不同，提高可靠性的处理方法可以在时域、频域和空域分别进行。本节主要讨论时域上的可靠性提高方法，即信道编码技术。

1948 年，香农发表了著名的论文《通信的数学理论》，其中香农第二定理也称信道编码定理，香农指出：当数据在噪声信道上的传输速率 R 小于该噪声信道的容量 C 时，则一定存在一种信道编码方案使得在接收端出错的概率任意小。也就是说，在通信系统的发送端在传输信息序列中添加冗余符号，使传输符号之间具有一定的相关性，接收端的信道解码器通过利用这种相关性可以消除传输中的差错，从而实现高可靠的信息传输。因此，信道编码技术也称纠错编码技术。

2.6.1　基本原理

由于无线信道的传输特性十分复杂，会导致信号波形畸变，在接收端就可能发生码元错误判决。当误码率达到一定程度时，就无法进行正常通信，因此在无线通信系统中一般都要采用降低误码的措施。信道编码就是一种有效的方法，得到了广泛的应用。

信道编码实现检错和纠错的原理是：在发送端的信息码元中加入一定的监督码元，这些监督码元与信息码元之间存在着特定的关系，用来指示信息码元有无错误。在接收端利用这些监督码元来检测并纠正信号通过信道传输后产生的错误。香农虽然指出了可以通过差错控制码在信息传输速率不大于信道容量的前提下实现可靠通信，但却没有给出具体差错控制编码的方法。多年来经过研究者的不懈努力，各种差错控制编码方案不断涌现。下面，简略介绍几种代表性的信道编码方案。

2.6.2　线性分组码

本节介绍线性分组码的基本概念，监督矩阵和生成矩阵、线性分组码的译码及汉明码。

1. 线性分组码的基本概念

线性分组码是可以用一组线性方程来表示信息码元与监督码元之间的关系的分组码。即在 (n,k) 分组码中，每一个监督码元都是码组中某些信息码元按模 2 和而得到的。线性分组码是一类重要的纠错码，应用很广。

一般来说，若码长为 n，信息位数为 k，则监督位数 $r=n-k$。如果希望用 r 个监督位构造出 r 个监督关系式来指示一位错码的 n 种可能位置，那么要求

$$2^r-1 \geqslant n \quad \text{或} \quad 2^r \geqslant k+r+1 \tag{2.8}$$

现以 $(7,4)$ 分组码为例来说明线性分组码的特点。设其码字为 $\boldsymbol{A}=[a_6, a_5, a_4, a_3, a_2, a_1, a_0]$，其中，$a_6$、$a_5$、$a_4$、$a_3$ 为信息码元，a_2、a_1、a_0 为监督码元，可用下列线性方程组来表述这种线性分组码产生的 3 个监督码元，即

$$\begin{cases} a_2=a_6+a_5+a_4 \\ a_1=a_6+a_5+ \quad a_3 \\ a_0=a_6+ \quad a_4+a_3 \end{cases} \tag{2.9}$$

显然，式 (2.9) 中的三个方程是线性无关的。经计算可得 $(7,4)$ 码的 16 种许用码字，如表 2-2 所示。

表 2-2 (7，4)码的 16 种许用码字

序号	码字		序号	码字	
	信息码元	监督码元		信息码元	监督码元
0	0000	000	8	1000	111
1	0001	011	9	1001	100
2	0010	101	10	1010	010
3	0011	110	11	1011	001
4	0100	110	12	1100	001
5	0101	101	13	1101	010
6	0110	011	14	1110	100
7	0111	000	15	1111	111

2. 监督矩阵和生成矩阵

1) 监督矩阵

将式 (2.9) 所述的 $(7,4)$ 码的三个监督关系改写为

$$\begin{cases} 1 \cdot a_6+1 \cdot a_5+1 \cdot a_4+0 \cdot a_3+1 \cdot a_2+0 \cdot a_1+0 \cdot a_0=0 \\ 1 \cdot a_6+1 \cdot a_5+0 \cdot a_4+1 \cdot a_3+0 \cdot a_2+1 \cdot a_1+0 \cdot a_0=0 \\ 1 \cdot a_6+0 \cdot a_5+1 \cdot a_4+1 \cdot a_3+0 \cdot a_2+0 \cdot a_1+1 \cdot a_0=0 \end{cases} \tag{2.10}$$

这组线性方程可用矩阵形式表示为

$$\begin{bmatrix} 1 & 1 & 1 & 0 & 1 & 0 & 0 \\ 1 & 1 & 0 & 1 & 0 & 1 & 0 \\ 1 & 0 & 1 & 1 & 0 & 0 & 1 \end{bmatrix} \cdot [a_6, a_5, a_4, a_3, a_2, a_1, a_0]^{\mathrm{T}} = \begin{bmatrix} 0 \\ 0 \\ 0 \end{bmatrix} \tag{2.11}$$

并简记为

$$\boldsymbol{HA}^{\mathrm{T}}=\boldsymbol{0}^{\mathrm{T}} \quad \text{或} \quad \boldsymbol{AH}^{\mathrm{T}}=\boldsymbol{0} \tag{2.12}$$

式中，A^T 是 A 的转置矩阵；0^T 是 $0=[0\quad 0\quad 0]$ 的转置矩阵；H^T 是 H 的转置矩阵。

$$H=\begin{bmatrix} 1 & 1 & 1 & 0 & 1 & 0 & 0 \\ 1 & 1 & 0 & 1 & 0 & 1 & 0 \\ 1 & 0 & 1 & 1 & 0 & 0 & 1 \end{bmatrix} \tag{2.13}$$

H 称为(7,4)码的监督矩阵，或称一致校验矩阵。一旦 H 给定，信息位和监督位之间的关系也就确定了。(n,k)线性分组码的监督矩阵 H 是 $r\times n$ 阶矩阵，每行之间是彼此线性无关的。监督矩阵可以分成两部分，即

$$H=\begin{bmatrix} 1 & 1 & 1 & 0 & \vdots & 1 & 0 & 0 \\ 1 & 1 & 0 & 1 & \vdots & 0 & 1 & 0 \\ 1 & 0 & 1 & 1 & \vdots & 0 & 0 & 1 \end{bmatrix}=[PI_r] \tag{2.14}$$

式中，P 为 $r\times k$ 阶矩阵，I_r 为 $r\times r$ 阶单位矩阵。具有$[PI_r]$形式的 H 矩阵称为典型监督矩阵。

2）生成矩阵 G

生成矩阵 G 是在已知信息码元时确定相应的许用码字 $A=[a_6,a_5,a_4,a_3,a_2,a_1,a_0]$ 的矩阵。由式(2.9)可以产生监督码元 a_2、a_1、a_0，只要在其中添上信息码元的方程即可得到许用码字 A：

$$\begin{cases} a_6=a_6 \\ a_5=\quad\quad a_5 \\ a_4=\quad\quad\quad\quad a_4 \\ a_3=\quad\quad\quad\quad\quad\quad a_3 \\ a_2=a_6+a_5+a_4 \\ a_1=a_6+a_5+\quad\quad a_3 \\ a_0=a_6+\quad\quad a_4+a_3 \end{cases} \tag{2.15}$$

将式(2.15)写成矩阵形式，为

$$\begin{bmatrix} a_6 \\ a_5 \\ a_4 \\ a_3 \\ a_2 \\ a_1 \\ a_0 \end{bmatrix}=\begin{bmatrix} 1 & 0 & 0 & 0 \\ 0 & 1 & 0 & 0 \\ 0 & 0 & 1 & 0 \\ 0 & 0 & 0 & 1 \\ 1 & 1 & 1 & 0 \\ 1 & 1 & 0 & 1 \\ 1 & 0 & 1 & 1 \end{bmatrix}\cdot\begin{bmatrix} a_6 \\ a_5 \\ a_4 \\ a_3 \end{bmatrix} \tag{2.16}$$

即

$$A^T=G^T\cdot\begin{bmatrix} a_6 \\ a_5 \\ a_4 \\ a_3 \end{bmatrix} \tag{2.17}$$

变换为

$$A = [a_6 a_5 a_4 a_3] \cdot G \tag{2.18}$$

其中，

$$G = \begin{pmatrix} 1 & 0 & 0 & 0 & \vdots & 1 & 1 & 1 \\ 0 & 1 & 0 & 0 & \vdots & 1 & 1 & 0 \\ 0 & 0 & 1 & 0 & \vdots & 1 & 0 & 1 \\ 0 & 0 & 0 & 1 & \vdots & 0 & 1 & 1 \end{pmatrix} = [I_k Q] \tag{2.19}$$

G 称为生成矩阵。由 G 和信息码元就可以产生全部码字。(n, k) 线性分组码的生成矩阵 G 为 $k \times n$ 阶矩阵，各行也是线性无关的。生成矩阵也可以分为两部分，其中，Q 为 $k \times r$ 阶矩阵，I_k 为 k 阶单位阵。将具有 $[I_k Q]$ 形式的 G 矩阵称为典型生成矩阵。

3）监督矩阵 H 和生成矩阵 G 之间的关系

由上述分析可知，监督矩阵 H 和生成矩阵 G 之间有一一对应的关系。由于 G 的每一行都为码字，因此它必然满足式（2.12），即

$$HG^{\mathrm{T}} = \mathbf{0}^{\mathrm{T}} \tag{2.20}$$

即

$$[PI_r] \cdot [I_k Q]^{\mathrm{T}} = [PI_r] \cdot \begin{bmatrix} I_k \\ Q \end{bmatrix} = [PI_k + I_r Q] = [P \oplus Q^{\mathrm{T}}] = \mathbf{0}^{\mathrm{T}} \tag{2.21}$$

式中，$\mathbf{0}$ 为 $k \times (n-k)$ 阶零矩阵，"＋"为模 2 加。只有当 $P = Q^{\mathrm{T}}$ 时，式（2.21）才等于 $\mathbf{0}$。因此，监督矩阵 H 为

$$H = [PI_r] = [Q^{\mathrm{T}} I_r] \tag{2.22}$$

同样，生成矩阵 G 为

$$G = [I_k Q] = [I_k P^{\mathrm{T}}] \tag{2.23}$$

因此，只要得到了监督矩阵 H，生成矩阵 G 就确定了，反之亦然。

3. 线性分组码的译码

设发送码字 $A = [a_{n-1}, a_{n-2}, \cdots, a_1, a_0]$，它符合 $AH^{\mathrm{T}} = \mathbf{0}$。由于在传输过程中可能发生误码，设接收码字 $B = [b_{n-1}, b_{n-2}, \cdots, b_1, b_0]$，因此收发码字之差为

$$E = B - A \tag{2.24}$$

式中，$E = [e_{n-1}, e_{n-2}, \cdots, e_1, e_0]$ 称为错误图样或误差矢量，且

$$e_i = \begin{cases} 0, & b_i = a_i \\ 1, & b_i \neq a_i \end{cases} \tag{2.25}$$

E 矩阵中哪位出现 1，就表示接收码字 B 中相应的码元出错了。接收端利用监督矩阵来检测接收码字 B 中的错误。令 $S = BH^{\mathrm{T}}$，称 S 为伴随式或校正子，则

$$S = BH^{\mathrm{T}} = (A + E)H^{\mathrm{T}} = AH^{\mathrm{T}} + EH^{\mathrm{T}} = EH^{\mathrm{T}} \tag{2.26}$$

由此可见，伴随式 S 与错误图样 E 之间有确定的线性变换关系，与发送码字 A 无关。接收端译码器的任务就是从伴随式确定错误图样，然后从接收到的码字中减去错误图样。

上述 $(7, 4)$ 码的伴随式与错误图样的对应关系如表 2-3 所示。从表 2-3 可以看出，伴随式 S 有 2^r 种不同的形式，可以代表 $2^r - 1$ 种错误图样。为了用伴随式指明单个错误的位置以便纠正，必须要求 $2^r - 1 \geqslant n$。

表 2 – 3　(7，4)码伴随式与错误图样的对应关系

错误码位	E							S		
	e_6	e_5	e_4	e_3	e_2	e_1	e_0	S_1	S_2	S_3
—	0	0	0	0	0	0	0	0	0	0
b_0	0	0	0	0	0	0	1	0	0	1
b_1	0	0	0	0	0	1	0	0	1	0
b_2	0	0	0	0	1	0	0	1	0	0
b_3	0	0	0	1	0	0	0	0	1	1
b_4	0	0	1	0	0	0	0	1	0	1
b_5	0	1	0	0	0	0	0	1	1	0
b_6	1	0	0	0	0	0	0	1	1	1

4．汉明码

汉明码是一种可以纠正单个错误的线性分组码。用来纠正单个错误时，汉明码所用的监督码元个数最少，效率最高。

汉明码的特点如下：

(1) 监督码元个数为 r，码长满足 $n=2^r-1$，则信息码元个数 $k=n-r$，$r \geqslant 2$ 且为正整数。给定 r 后，就可确定 n 和 k。

(2) 无论码长 n 为多少，汉明码的最小码距均为 $d_0=3$，因此它只能纠 1 位错码。汉明码可用于 FEC 系统，一般不用于 ARQ、HEC 系统。

(3) 编码效率为

$$R=\frac{k}{n}=\frac{2^r-1-r}{2^r-1}=1-\frac{r}{n}$$

可以看出，随着码长的增加，编码效率也随之增加。

汉明码的监督矩阵有 r 行、n 列，它的 n 列分别由除全 0 之外的 2^r-1 种 r 位码组构成，每个码组在不同的列中出现且仅出现一次。

汉明码的译码也是先计算伴随式再确定错误图样并加以纠正。汉明码中伴随式的非零形式与错误图样一一对应，而且伴随式的图样除全 0 外为 2^r-1 个，正好与码长相等，故称完备码。

2.6.3　卷积码

本节介绍卷积码的基本概念和译码。

1．卷积码的基本概念

卷积码又称连环码，是 1955 年提出来的一种纠错码，它和分组码有明显的区别，属于非分组码。在 $(n，k)$ 线性分组码中，本组 $r=n-k$ 个监督元仅与本组的 k 个信息元有关，与其他各组无关，也就是说分组码编码器本身并无记忆性。卷积码则不同，每个 $(n，k)$ 码段(也称子码，通常较短)内的 n 个码元不但与该码段内的信息元有关，而且与前面 m 段的信息元有关。卷积码常用符号 (n, k, m) 表示。其中，n 为码长，k 为码组中信息码元的个数，m 为相互关联的码组的个数。图 2.17 所示的是 $(2, 1, 2)$ 卷积码的编码器，它由移位寄存器、模 2 加法器及开关电路组成。

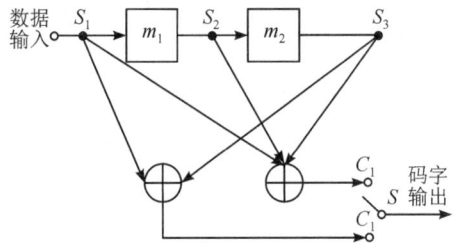

图 2.17 $(2, 1, 2)$ 卷积码编码器

起始状态下，各级移位寄存器清 0，即 $S_1 S_2 S_3$ 为 000。S_1 等于当前输入数据，而移位寄存器状态 $S_2 S_3$ 存储以前的数据，输出码字 C 为

$$\begin{cases} C_1 = S_1 \oplus S_2 \oplus S_3 \\ C_2 = S_1 \oplus S_3 \end{cases} \tag{2.27}$$

当输入数据 $D = [1\,1\,0\,1\,0]$ 时，输出码字可以计算出来，具体计算过程如表 2-4 所示。另外，为了保证全部数据通过寄存器，还必须在数据位之后加 3 个"0"。

表 2-4 $(2, 1, 2)$ 编码器的工作过程

S_1	1	1	0	1	0	0	0	0
$S_3 S_2$	00	01	11	10	01	10	00	00
$C_1 C_2$	11	01	01	00	10	11	00	00
状态	a	b	d	c	b	c	a	a

从上述的计算可知，每一位数据影响 $m+1$ 个输出子码，称 $m+1$ 为编码约束度。每个子码有 n 个码元，在卷积码中有约束关系的最大码元长度则为 $(m+1)n$，称为编码约束长度。$(2, 1, 2)$ 卷积码的编码约束度为 3，约束长度为 6。

2. 卷积码的译码

卷积码的译码可分为代数译码和概率译码两大类。卷积码不是分组码，但仍属于线性码，同样可由生成矩阵 G 和监督矩阵 H 来确定。代数译码利用生成矩阵和监督矩阵来译码，其最主要的方法是代数逻辑译码。概率译码中，比较实用的有两种：维特比译码和序列译码。目前，概率译码已成为卷积码最主要的译码方法。下面将简要介绍维特比译码和序列译码。

1) 维特比译码

维特比译码是一种最大似然译码算法，它是维特比于 1967 年提出的。由于这种译码方法比较简单，计算快，因此得到了广泛应用，特别是在卫星通信和蜂窝网通信系统中的应用。最大似然译码算法的基本思路是：把接收码字与所有可能的码字比较，选择一种码距最小的码字作为译码输出。因为接收序列通常很长，所以维特比译码时把最大似然译码做了简化，即它把接收码字分段累接处理，每接收一段码字，计算、比较一次，保留码距最小的路径，直至译完整个序列为止。

仍以上述 $(2, 1, 2)$ 卷积码为例说明维特比译码过程。设发端的信息数据 $D = [1\,1\,0\,1\,0\,0\,0\,0]$，由编码器输出的码字 $C = [1\,1\,0\,1\,0\,1\,0\,0\,1\,0\,1\,1\,0\,0\,0\,0]$，收端接收的码序列 $B = [0\,1\,0\,1\,0\,1\,1\,0\,1\,0\,0\,1\,0\,0\,1\,0]$，有 4 位码元差错。

维特比译码法图解如图 2.18 所示，先选前 3 个码作为标准，对到达第 3 级的四个节点的 8 条路径进行比较，逐步算出每条路径与接收码字之间的累计码距。累计码距分别用括号内的数字标出，将其对比后保留一条到达该节点的码距较小的路径作为幸存路径。再将当前节点移到第 4 级，计算、比较、保留幸存路径，直至最后得到一条到达终点的幸存路径为止，即为译码路径，如图 2.18 中实线所示。根据该路径，得到译码结果。从译码过程中可以看出，维特比算法的存储量仅要求为 2^{m+1}，当 $m < 10$ 时，该算法有较大吸引力。

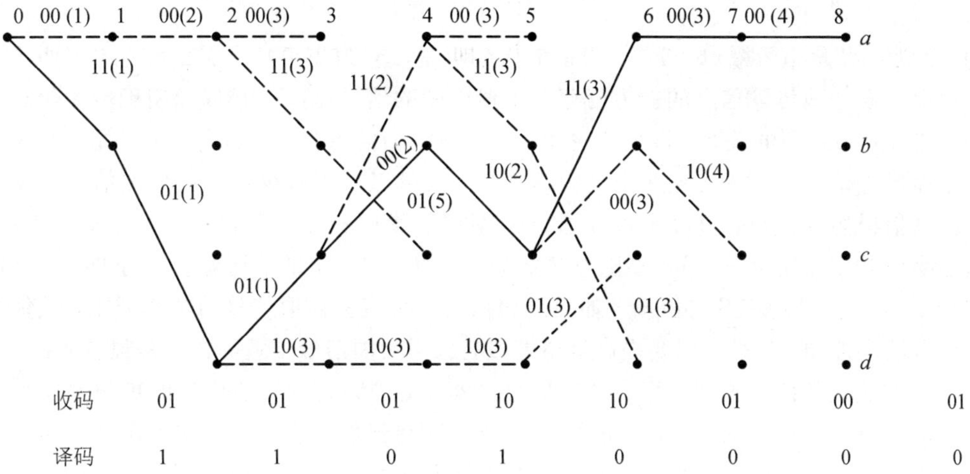

图 2.18 维特比译码法图解

2）序列译码

当 m 很大时，可以采用序列译码法。其过程是：译码先从码树的起始节点开始，把接收到的第一个子码的 n 个码元与自始节点出发的两条分支按照最小汉明距离进行比较，沿着差异最小的分支走向第二个节点。在第二个节点上，译码器仍以同样原理到达下一个节点，以此类推，最后得到一条路径。若接收码组有错，则自某节点开始，译码器就一直在不正确的路径中行进，译码也一直是错误的。因此，译码器有一个门限值，当接收码元与译码器所走的路径上的码元之间的差异总数超过门限值时，译码器就判定有错，并且返回尝试走另一分支。经数次返回找出一条正确的路径，最后完成译码并输出。

2.7 扩频通信技术

可以通过在时域上增加冗余来提高应急通信系统的抗干扰能力。扩频通信技术则是通过在频域上展宽频谱从而达到对抗窄带干扰的目的，用来传输信息的射频带宽远远大于信息本身的带宽。频带的扩展由独立于信息的扩频码来实现，与所传输的信息数据无关。在接收端则用相同的扩频码进行相关解调，实现解扩和恢复所传的信息数据。这项技术称为扩频调制，传输扩频信号的系统为扩频系统。

扩频通信是性能非常优异的通信技术，先被应用在军事领域，后来被推广应用到民用领域。基于直接序列码分多址（DS-CDMA）的移动通信就是一个典型例子。扩频通信的主要特点包括抗干扰性好、选择性寻址能力强，可以用码分多址的方式来组建多址通信网；保密性好，信息隐蔽；频谱密度低，对其他通信系统的干扰小。

2.7.1 扩频通信的基本原理

扩频通信的基本理论依据是信息论中的香农公式，即

$$C = B \text{lb} \left(1 + \frac{S}{N}\right) \tag{2.28}$$

式中，C 为系统信道容量(b/s)，B 为系统信道带宽，N 为噪声功率。香农公式表明了一个系统信道无误差地传输信息的能力与存在于信道中的信噪比(S/N)以及用于传输信息的系统信道带宽(B)之间的关系。该公式说明：是在一定的信道容量条件下，可以用减少发送信号功率而增加信道带宽的方法来提高信道容量；也可以采用减少带宽而增加信号功率的办法来提高信道容量，即信道容量可以通过带宽和信噪比的互换而保持不变。实际工程中，信道的噪声功率谱密度 n_0 是不能随意选定的，所以，在一定的信道容量 C 条件下，只能是系统带宽 B 与信号功率 S 的互换。如果用增加信号带宽去换取信号的功率减小，就能节约很多信号功率能源。所以，想要提高信道容量，采用增加信号带宽的方法是很有效的。

在发端输入的信息先调制形成数字信号，然后由扩频码发生器产生的扩频码序列去调制数字信号以扩展信号的频谱，扩展后的信号再调制到射频发送出去。将在接收端收到的宽带射频信号变频至中频，然后由本地产生的与发端相同的扩频码序列去相关解扩，再经信息解调，恢复成原始信息输出。

目前，最基本的扩展频谱的方法有三种：直接序列扩频、跳变频率扩频和跳变时间扩频。这三种基本扩频方法可以进行组合，形成各种混合系统，如跳频/直扩系统，跳时/直扩系统等。扩展频谱的带宽通常在 1~100 MHz 范围内，因此，系统的抗干扰性能非常好。以下分别介绍这三种基本扩频与脉冲调频、混合扩频。

1. 直接序列扩频

直接序列扩频(Direct Sequence Spread Spectrum，DSSS)简称直扩。直接序列扩频通信系统的原理如图 2.19 所示。

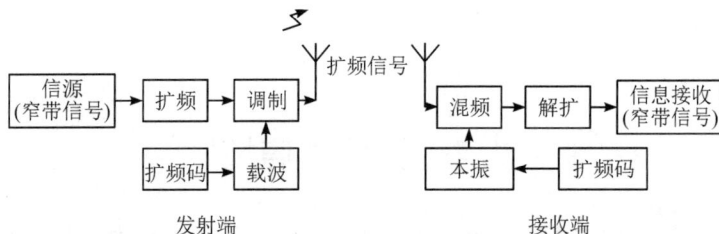

图 2.19　直接序列扩频通信系统的原理

基带信号的信码是要传输的信号，它通过速率很高的扩频码(通常用伪随机序列)进行调制将其频谱展宽，这个过程称作扩频。频谱展宽后的序列进行射频调制，其输出则是扩展频谱的射频信号，经天线辐射出去。

在接收端，射频信号经混频后变为中频信号，它与本地和发端相同的编码序列反扩展，将宽带信号恢复成窄带信号，这个过程称为解扩。解扩后的中频窄带信号经解调器进行解

调，恢复成原始的信息码。直接序列扩频通信具有抗多径能力，因此，对于复杂多径条件下的应急通信，直接序列扩频具有独特的优势。

2. 跳变频率扩频

跳变频率扩频（Frequency Hopping Spread Spectrum，FHSS）简称跳频。载波信号频率受伪随机序列的控制，快速地在给定的频段中跳变，此跳变的频带宽度远大于所传送信息的频谱宽度。跳频系统的原理如图 2.20 所示。

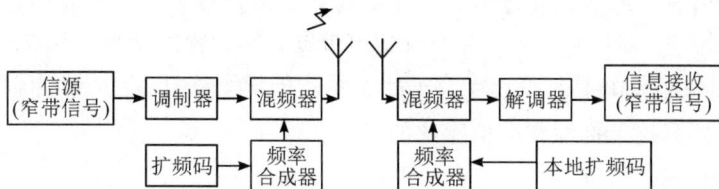

图 2.20　跳频系统的原理

在跳频通信系统中，信息的传输过程开始于信源，它生成要传输的原始数据。该数据首先通过调制器转换成适合无线传输的窄带信号。接着，混频器将调制后的信号与本地频率合成器产生的频率信号混合，根据扩频码的指示，在预定义的频率序列中进行快速跳变，从而实现信号的扩频处理。

在信号传输过程中，扩频码确保了信号在不同的频率上按照特定的模式跳变，增加了信号的安全性和抗干扰性。当信号到达接收端，接收机使用与发送端同步的本地频率合成器生成相同的跳频序列，以便正确地解调信号。解调器利用这个频率序列，通过另一个混频器将接收到的跳频信号与本地产生的频率信号混合，实现信号的解扩和解调，最终将信号恢复为原始信息。这样，即使在复杂的通信环境中，跳频通信系统也能提供可靠的数据传输和高度的通信安全。

整个跳频通信过程是一个高度动态和自动化的序列，依赖于精确的频率控制和同步，确保信号能够在发送端和接收端之间准确无误地传输。

伪码随机设定频率合成器的频率时，发射机的振荡频率在很宽的频率范围内不断地改变，从而使射频载波也在一个很宽的范围内变化，于是形成了一个宽带离散谱，如图 2.21 所示。图中，N 为信道数，b 为信道间隔，f_c 为 c 时刻使用的信道频率。

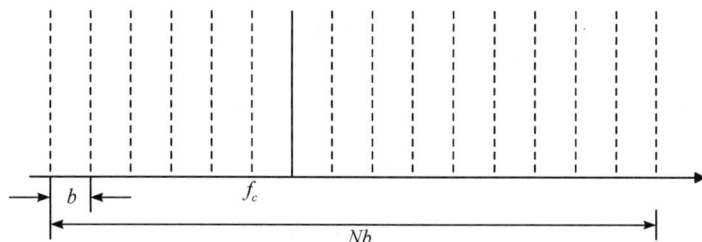

图 2.21　调频扩频频谱示意

3. 跳变时间扩频

发信端地址码控制信号的发送时刻和持续时间。收信端在确定的时隙内接收和解调信号。跳变时间扩频信号占空比很小，可用于减小时分复用系统各信号间的干扰。跳变时间扩频通常与其他扩频方式结合起来使用。

4. 脉冲调频

脉冲调频是一种调制技术，它通过改变脉冲序列的频率来传输信息。在发送端，脉冲信号以特定的频率发出，而这个频率会根据要传输的信息在每个脉冲周期中发生变化。

接收端使用一种特殊的滤波器，即色散滤波器来解调接收到的信号。该滤波器的作用是调整输入的宽脉冲，使得不同时间到达的脉冲信号在输出端几乎同时出现。通过这种方式，每个脉冲信号被压缩成具有高瞬时功率和较窄脉宽的脉冲，从而有效地提高了信号的信噪比。

虽然脉冲调频主要用于雷达系统，以实现距离和速度的测量，但它在通信领域也有应用，特别是在需要高抗干扰性和高信噪比的场合。

5. 混合扩频

混合扩频即几种不同的扩频方式混合应用，例如，直扩和跳频的结合（DSSS/FHSS），跳频和跳时的结合（FHSS/TH）以及直扩、跳频与跳时的结合（DSSS/FHSS/TH）等。

2.7.2 正交频分复用技术

应急通信系统需要具备传输多媒体信息的能力，以便于将图像甚至视频传回指挥中心。那么，系统应该采用能够实现高速无线传输的技术手段。本节介绍的正交频分复用（Orthogonal Frequency Division Multiplexing，OFDM）技术就是这样的一项调制和复用方式，它不但能够提供高于传统无线通信技术的频谱利用率，而且还可以有效抑制高速数据传输所引起的码间干扰。

1. OFDM 基本原理与发展

OFDM 技术在频域中将信道划分为多个正交子信道，每个子信道的载波都是正交的，即使它们的频谱相互重叠，也不会产生干扰。这种设计减小了子信道间的干扰，并提高了频谱利用率，如图 2.22 所示。尽管整个信道可能遭受非平坦的频率选择性衰落，OFDM 通过将信号分散到多个子信道上，使得每个子信道相对平坦，有效消除了符号间干扰。这样，即使在多径环境中，OFDM 也能保持较高的传输质量。

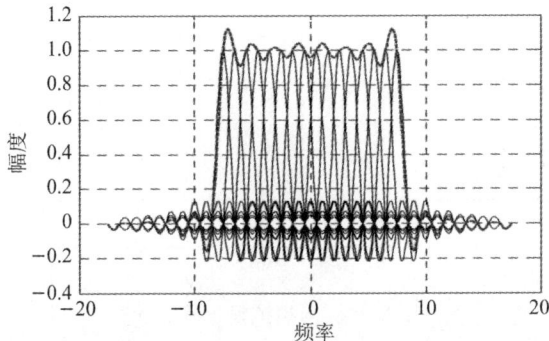

图 2.22　OFDM 的频谱示意图

　　早在 20 世纪 60 年代，OFDM 的思想就已经被提出。早期的 OFDM 技术主要应用于美国军用高频通信系统中，当子载波数很大时，系统非常复杂和昂贵，这就限制了 OFDM 技术的广泛应用和进一步发展。直到快速傅里叶变换（FFT）的提出，多载波的调制和解调问题才得以解决。为了抵抗符号间干扰（Inter Symbol Interference，ISI）和载波间干扰（Inter-Carrier Interference，ICI），循环前缀（Cyclic Prefix，CP）的思想被提出。只要 CP 的长度大于信道的最大时延扩展，即使在色散信道上也能获得较好的正交性，增加了 OFDM 系统的抗多径能力。在消除 ISI 的同时，保证系统在多径条件下仍能保持正交。OFDM 作为一种宽带无线传输技术具有突出的优势，被广泛应用于民用通信系统中，如 DAB、DVB、IEEE802.11 和 IEEE802.16 等。进入 21 世纪以后，由于数字信号处理（DSP）技术的飞速发展，OFDM 技术引起了更广泛的关注。随着数字移动通信系统、个人通信技术、多媒体通信技术和扩频码分多址等近代通信技术的迅速发展，以及日益高速、综合、大容量业务的要求，OFDM 技术的发展步伐加快，出现了许多新的研究领域和新的发展动向。

2. OFDM 的关键技术

1）OFDM 的时频同步

　　理论分析和实践表明，OFDM 系统对同步系统的精度要求更高，大的同步误差不仅造成输出信噪比的下降，还会破坏子载波间的正交性，造成载波间干扰，从而大大影响系统的性能，甚至使系统无法正常工作。子信道的频谱相互覆盖，这就对子载波之间的正交性提出了严格的要求。无线信道存在时变性，在传输过程中会出现无线信号的频率偏移，例如多普勒频移或者由于发射机载波频率与接收机本地振荡器之间存在的频率偏差，都会使 OFDM 系统子载波之间的正交性遭到破坏，从而导致信道间的信号相互干扰。因此，时频同步是 OFDM 中的一项关键技术。

2）信号峰均功率比的抑制

　　OFDM 信号是多路正交子载波信号的叠加，如果多个信号的相位一致，则所得叠加信号的瞬时功率会远远高于信号的平均功率，如图 2.23 所示，其中虚线为 8 个同相正弦信号（信号频率为基频至 8 倍频）的叠加结果。

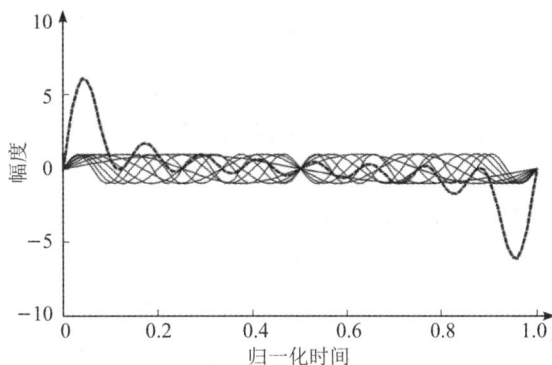

图 2.23　8 个同相正弦信号的叠加结果，信号频率为基频 g 至 8 倍频

这种效应导致 OFDM 信号的峰均功率比（Peak-to-Average Power Ratio，PAPR）较高，

这不仅增加了对功率放大器线性范围的要求，还可能降低放大器的工作效率。如果功率放大器的线性动态范围不足以适应信号的峰值，就可能引起信号失真，改变叠加信号的频谱，破坏子载波间的正交性，进而引起干扰，影响系统的整体性能。

高 PAPR 还会增加模/数转换器和数/模转换器在处理信号时的复杂性和成本，同时减少射频放大器的能效。因此，为了 OFDM 技术能够在实际应用中有效运行，必须采取适当措施来降低 PAPR，以满足发送端功率放大器的线性要求，保证信号质量和系统性能。

3. OFDM 的优势及其在应急通信系统中的应用

OFDM 技术是一种多载波技术，采用多个正交的子载波来并行传输数据，使用离散快速傅里叶变换技术实现信号的调制与解调，因此该技术与传统的单载波相比较具有很多优势。

1）频带利用率高

传统的多载波系统为了分离开各子信道的信号，需要在相邻的信道间设置一定的保护间隔，以便接收端能用带通滤波器分离出相应子信道的信号，这造成了频谱资源的浪费。OFDM 系统各子信道间没有保护频带，相邻信道间信号的频谱的主瓣还相互重叠。各子信道信号的频谱在频域上是相互正交的，各子载波在时域上是正交的，OFDM 系统的各子信道信号的分离（解调）是靠这种正交性来完成的。另外，OFDM 的各子信道上还可以采用多进制调制（如频谱效率很高的 QAM），进一步提高 OFDM 系统的频谱效率。

2）抗多径干扰能力、衰落能力强

由于 OFDM 系统均采用循环前缀方式，它在一定条件下可以完全消除信号的多径传播造成的码间干扰，完全消除多径传播对载波间正交性的破坏，因此 OFDM 系统具有很好的抗多径干扰能力。同时，OFDM 系统采用多个正交的子载波并行传输数据，将速率很高的数据流经过串/并变换后，调制到各个子载波上进行传输，这样在每一路上的数据速率大大降低了，可以有效抵抗频率选择性衰落。当信道中因为多径传输而出现频率选择性衰落时，只有落在频带凹陷处子载波所携带的信息受影响，其他子载波的信息未受损害，因此系统总的误码率性能好。

3）实现简单

当子信道上采用 QAM 或 MPSK 调制方式时，调制和解调过程可以应用 IFFT 技术完成。传统 OFDM 的实现需要多个调制解调器，电路十分复杂，限制了 OFDM 技术的使用范围。采用 FFT/IFFT 技术大大降低了 OFDM 的复杂性，设备简化易实现。在发送端采用快速傅里叶反变换（IFFT），把频域的调制信号转化为时域的信号发送出去；在接收端通过快速傅里叶变换（FFT）把接收到的时域信号转化为频域信号，然后进行判决解调，恢复频域的调制信息。近年来，随着数字集成电路的迅速发展，DSP 芯片的运算能力越来越快，出现了处理速度很快的 IFFT/FFT 专用芯片，更进一步推动了 OFDM 技术的发展。

4）便于与多种接入方式结合使用

OFDM 系统很容易与其他多种接入方法结合使用，构成 OFDMA 系统，其中包括多载

波码分多址(MC-CDMA)、跳频 OFDM 以及 OFDM-TDMA 等,使多个用户可以同时利用 OFDM 技术进行信息的传递。

综上所述,OFDM 技术在无线传输中具有很大的优势,因此已经获得了广泛的应用。应急通信系统要求实时地采集、处理和传输视频图像等多媒体信息,OFDM 技术能够很好地满足这些要求。目前,随着 OFDM 技术的不断完善和实用化,很多基于该技术的应急通信设备被研制出来,OFDM 已经成为无线应急通信中不可或缺的一项重要技术。

2.8　常用多址方式

当应急通信系统中的多个用户同时组网通信时,必须对不同用户的信号赋予不同特征,从而对各个用户进行区分并抑制相互之间的干扰,解决这个问题的办法称为多址技术。多址方式一般可分为频分多址(Frequency Division Multiple Access,FDMA)、时分多址(Time Division Multiple Access,TDMA)和码分多址(Code Division Multiple Access,CDMA)三类。这三类多址方式已经在移动通信中获得了广泛的应用,如模拟式蜂窝移动通信网采用 FDMA 方式,而数字式蜂窝移动通信网采用 TDMA 和 CDMA 方式。另外,还有上述三种基本方式的混合多址方式,如 TDMA/FDMA、CDMA/FDMA 等。本节介绍各类多址方式的基本原理和应用状况。

2.8.1　FDMA 频分多址方式

FDMA 是把通信系统的总频段划分成若干个等间隔的频道(或称信道)分配给不同的用户使用。这些频道互不重叠,其宽度应能传输一路语音信息,而在相邻频道之间无明显的串扰。第一代移动通信系统采用 FDMA 模拟调制方式,这种方式的主要缺点是频谱利用率低,信令会干扰语音业务,其传输速率仅为 9.6 kb/s。

与模拟方式的 FDMA 相比较,正交频分多址(Orthogonal Frequency Division Multiple Access,OFDMA)虽然也是按照频率划分多址,但是由于子载波重叠占用频谱,因此能够提供较高的频谱利用率和较高的信息传输速率。OFDMA 将整个频带分割成许多子载波,将频率选择性衰落信道转化为若干平坦衰落子信道,从而能够有效地抵抗无线移动环境中的频率选择性衰落。通过给不同的用户分配不同的子载波,OFDMA 提供了天然的多址方式,并且由于占用不同的子载波,用户间满足相互正交,没有用户间干扰。同时,OFDMA 可支持两种子载波分配模式:分布式和集中式。在子载波分布式分配的模式中,可以利用不同子载波的频率选择性衰落的独立性获得分集增益。正是由于 OFDMA 多址方式的诸多优点,使其成为了第四代移动通信中的主流多址技术。

2.8.2　TDMA 时分多址方式

FDMA 方式利用频率资源划分多址,而与其对应的 TDMA 方式则是按照时间来划分多址。TDMA 是把时间分割成周期性的帧,每一帧再分割成若干个时隙(帧和时隙互不重叠），然后根据一定的时隙分配原则，使各用户在每帧内只能按指定的时隙发送信号，在满足定时和同步条件下，指挥中心台站可以分别在各个时隙中接收到各用户的信号而不混扰。同时，指挥中心台站发向多个用户的信号都按顺序安排在预定的时隙中传输，各用户只要在指定的时隙内接收，就能在合路信号中把要接收的信号区分出来。

作为曾经广泛应用的第二代移动通信系统，全球移动通信系统（Global System for Mobile Communication，GSM）采用的就是 TDMA 多址方式。该方式提高了系统容量，采用独立信道传送信令，使系统性能大为改善，相对于第一代模拟通信系统有了质的飞跃。

2.8.3 CDMA 码分多址方式

随着社会的进步及用户数量的急剧增长，频率资源显得日益紧张和愈加珍贵，TDMA 方式的系统容量已经难以满足实际的需要，CDMA 方式应运而生。CDMA 是不同的用户占用同一频率，每一个用户被分配一个独特的伪随机码序列的方式，每个用户的码序列与其他用户的码序列不同，也就是彼此是不相关的，或相关性很小，以便于区分不同用户。在这样一个信道中，可容纳用户数显著多于 TDMA 系统。

CDMA 与模拟的 FDMA 以及数字的 TDMA 方式相比，具有以下优势。

1. 容量大

从原理上讲，无论何种多址方式，其所能提供的系统容量都是一样的。但是，结合具体的应用条件和工作环境，能得到的通信容量有很大不同。CDMA 方式能够提供更大的通信容量，该方式存在"软容量"限制，增加码分多址系统的用户数目会以线性形式抬高噪声门限。因此，码分多址中，用户数目不存在绝对限制。不过，随着用户数的增加，所有用户的系统性能都会逐渐降低。

2. 抗干扰能力强

在 CDMA 多址方式中，信息码元通过与扩频码的卷积被扩展到很宽的频谱。在接收端，使用匹配滤波器提取与本地扩频码一致的用户信号，同时抑制其他用户信号，即多址干扰。特别是对于单频或窄带干扰，匹配滤波器将其能量扩散到信号带宽之外，从而在信号通带内显著降低干扰的强度。这种处理方式有效地提高了信号与干扰加噪声的比值，增强了系统的抗干扰能力。尽管如此，实际的干扰抑制效果还取决于扩频码的选择、信号与干扰的功率比、系统的信噪比等多种因素。

3. 抗衰落，抗多径干扰能力强

码分多址系统具有潜在的抗频率选择性衰落的能力。这是因为扩频通信系统所传送的信号频谱已扩展很宽，频谱密度很低，如在传输中小部分频谱衰落时，不会使信号造成严重的畸变。此外，如果扩频带宽比信道的相干带宽大，则 CDMA 固有的频率分集将减轻多径效应。

4. 保密性好

由于扩频信号在很宽的频带上被扩展了，单位频带内的功率很小，其信号的功率谱密度很低，因此，应用扩频码序列扩展频谱的直接扩频系统，可在信道噪声和热噪声的背景下，在很低的信号功率谱密度水平上进行通信，从而具有很低的被截获概率。

综上所述，鉴于 CDMA 多址方式具有的种种优点和其所展现的广阔前景，其在移动通信中得到了广泛的应用。CDMA 移动通信系统具有抗干扰、容量大、保密性好等优良性能，但由于扩频码的不严格正交以及信道的异步时变特性，非零的互相关系数会引起不同用户之间的相互干扰，称为多址干扰（Multiple Access Interference，MAI）。MAI 的存在使CDMA 系统容量受到限制，并且会带来"远近效应"，严重影响系统性能。

前面所讨论的 CDMA 方式，一般是基于直扩序列而言的。除此之外，还有基于跳频序列和跳时序列的 CDMA 方式。无论基于哪一类序列，其核心思想都是利用序列的相关性能来区分各个用户并抑制用户间的干扰。因此，序列设计是 CDMA 的一个关键环节。

CDMA 方式也可以与其他方式一同使用以提高性能，例如图 2.24 和图 2.25 分别给出的MC-CDMA（Multi-Carrier CDMA）和 MC-DS-CDMA（Multi-Carrier Direct Sequence CDMA）通信系统模型。两者与传统 CDMA 通信系统一样，都是通过直扩序列对待传数据进行扩谱产生扩谱符号，不同之处在于对不同的数据采用了不同的子载波调制。MC-CDMA 模型中，每个用户的一个数据符号被送到若干个窄带子信道上进行同时传输，窄带子信道上的衰落是平坦的，因而每一子信道可以用复值乘法就能实现均衡，并且扩频序列码长不一定等于子载波数，为调节接收机的复杂度带来了一定灵活性。对于 MC-DS-CDMA 模型中，高速数据流经串/并转换为多路并行低速数数据流，既可以用宽带子信道也可以用窄带子信道来传输。在宽带子信道情况中，子载波数较少，每一子信道可以认为是一传统的 CDMA；在窄带子信道情况中，子载波数较多并且能用 OFDM 操作来实现，在这种情况中，系统可以在没有编码或交织的条件下也能获得时间分集增益。由于两者有完全不同的特性，在一个多用户系统中，两者有不同的用处。

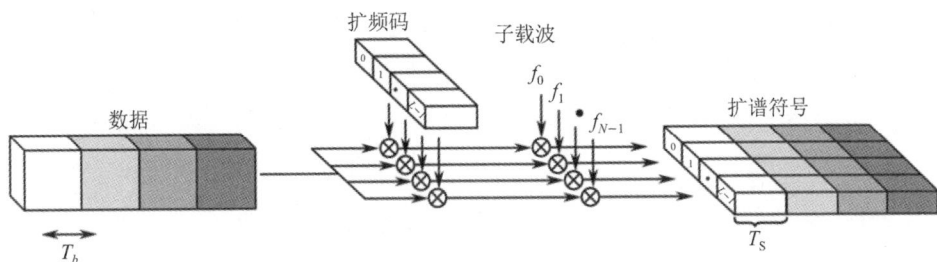

图 2.24　MC-CDMA 模型单用户信号的产生框图

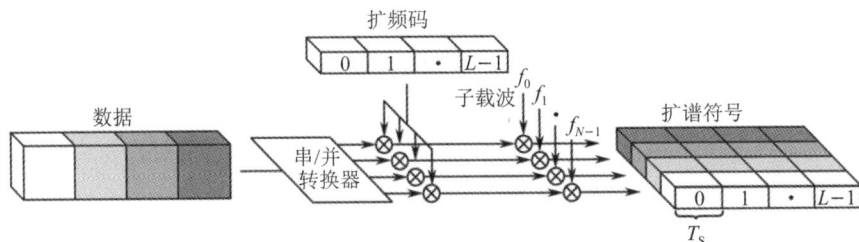

图 2.25　MC-DS-CDMA 模型单用户信号产生框图

2.9　本　章　小　结

本章首先介绍了通信的基本概念及通信系统的基本模型，重点介绍了数字通信系统的基本模型及各个模块的基本原理，详细讨论了适用于应急通信系统的数字调制、信道编码、扩频通信、OFDM 等各项无线传输技术，介绍了其基本原理、关键技术以及在应急通信系统中的应用情况。针对应急通信系统中多用户场景下的组网问题，讨论了 FDMA、TDMA 和 CDMA 等多址接入方式的特点。

习　　题

2.1　简述通信的基本概念。

2.2　模拟通信系统和数字通信系统有何异同？

2.3　在信息采集中传感器起到什么作用？

2.4　何为信道编码？目前有哪几种代表性的编码方案？

2.5　简述扩频通信技术。

2.6　常用的多址方式有哪些，各有什么特点？

第 3 章

通信系统的基本电路

本章主要介绍通信系统中的基本电路。首先，以实例介绍无线通信系统的组成；其次，介绍了通信系统中振幅调制与解调电路、频率调制与解调电路、限幅电路、选频电路、反馈控制等电路。最后，介绍了自动控制电路，包括自动增益控制（AGC）电路、自动频率微调（AFT）电路、自动相位控制（APC）电路、集成锁相环及其在倍频、分频、混频和接收机中的应用、集成锁相频率合成技术等。

3.1 通信系统的组成

通信是指把消息从一地有效地传递到另一地，包含消息传递的全过程。通信系统通常是由具有一些特定功能、相互作用和相互依赖的若干单元组成，以完成通信目标的有机整体。

通信系统的基本电路是构成通信系统的基础，它们负责信号的生成、传输和接收。以下对通信系统信号生成、传输和接收的基本电路进行介绍。

1）信号生成

在通信系统中，信号生成是第一步。信号可以是音频、视频、数据等形式的信息。在无线通信系统中，通常是通过麦克风、摄像头或传感器等设备将声音、图像或其他数据转化为电信号。这些设备将物理量，如声音、光线转换为电信号，以便在系统中进行传输。在有线通信系统中，信号可以直接从输入设备如键盘、鼠标或数据终端获得，它们产生的是数字信号或模拟信号。

2）信号传输

一旦信号被生成，就需要通过媒介进行传输。在无线通信系统中，信号通过电磁波在空气或其他介质中传播，如无线电波、微波或红外线等。这些电磁波通过天线进行发射和接收，实现了信息的无线传输。在有线通信系统中，信号则是通过导线或光纤等媒介进行传输，例如，电话线路、电缆或光纤电缆等。这些媒介将电信号从发送端传递到接收端，实现了信息的有线传输。

3）信号接收

通信系统的接收端会接收传输过来的信号，并将其转化为可理解的形式。在无线通信系统中，接收端使用天线接收传输的电磁波，然后经过相关电路进行放大和解调，最终将信号还原为原始信息。解调是将调制的信号还原为原始信号的过程，以便人们可以理解和使用。在数字通信系统中，接收端使用解调器或其他相关设备将接收到的信号解码，并将其转化为人们可以理解的形式，这个过程通常涉及数字信号处理、滤波和放大等步骤。

通信系统的基本电路涉及信号的生成、传输和接收三个主要步骤。在无线通信系统中，信号通过电磁波进行无线传输；而在有线通信系统中，信号则通过导线或光纤等媒介进行有线传输。无论是无线还是有线通信系统，都离不开这三个基本步骤的实现。这些基本电路为通信系统的正常运行提供了必要的基础和保障。

无线电通信发展至今，技术在不断更新，电路结构在不断变化，但无论无线电通信系统的组成结构如何变化，其中一定包含处理无线通信信号的高频电路，其中主要包括以下几部分：

① 高频放大器，包括高频小信号谐振放大器和高频功率放大器；

② 高频振荡器，包括信号源、高频载波信号和本地振荡信号；

③ 混频（或变频）与倍频负责高频信号变换或处理；

④ 调制与解调电路负责基带信号与高频信号间的变换；

⑤ 反馈控制电路控制电路增益的 AGC 及控制电路频率的 AFC 等。

无线电通信可按照不同的方法进行分类：

① 按照无线通信系统中的工作频率或传输手段，无线电通信分为中波通信、短波通信、超短波通信、微波通信和卫星通信；

② 按照通信方式，无线电通信分为单工通信、半双工通信和全双工通信；

③ 按照信号调制方式，无线电通信分为调幅、调频、调相和混合调制等；

④ 按照传输信息的类型，无线电通信分为模拟通信、数字通信，其中包括语音通信、图像通信、数据通信和多媒体通信。

一个典型的无线电通信系统如图 3.1 所示，其中发射机能产生射频振荡，信号经调制、变换放大后，将输出的射频功率传送给传输线路或天线的设备。接收机能将天线或传输线路送来的信号加以选择、放大、变换，以获得所需要的信息的设备。

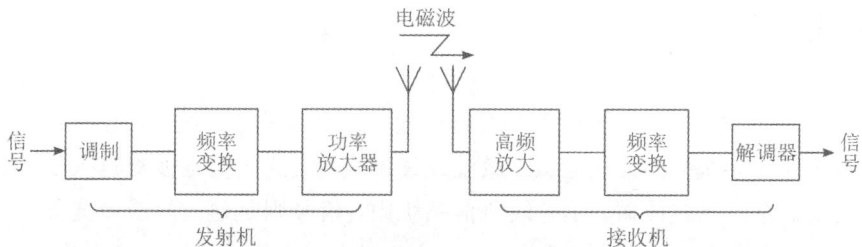

图 3.1 无线电通信系统的构成

当前使用最广泛的接收机是超外差式接收机，其组成框图如图 3.2 所示。

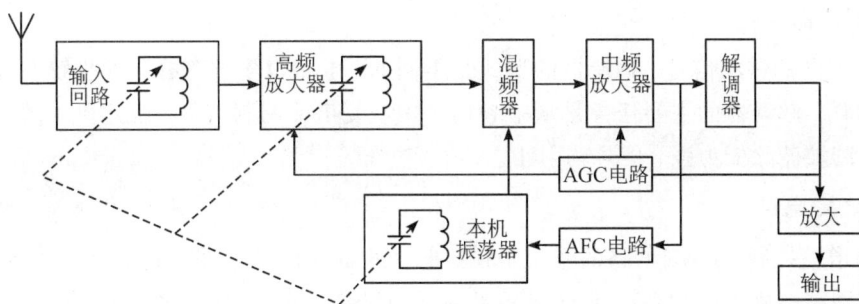

图 3.2 超外差式接收机组成框图

1. 输入回路

输入回路又称天线回路。它的主要功能是选择所需电台的信号，抑制不需要的信号与干扰，特别是滤除中频干扰，同时要求输入回路的插入损耗小，使天线阻抗与高放管的输入阻抗相匹配，以传输最大的功率，避免信号来回反射。输入回路常常是一个带通滤波器。

2. 高频放大器

高频放大器也称射频放大器。它应具有足够的增益，通常约为 10 dB，而且具有低噪声，这样可降低整个接收机的噪声系数；具有选频放大，以抑制不需要的信号与干扰，如镜像干扰以及在混频级可能引起各种互调失真的某些信号；具有一定的自动增益控制，以防止输入过强信号时引起中放级的过载。高频放大器能抑制本机振荡器辐射至天线而干扰其他用户。高频放大级的主要指标要求是增益高，噪声低，选择性好，动态范围大，防止辐射的能力强。级别较低的超外差式接收机，可以不设高频放大器这一级。

3. 混频器和本机振荡器

混频器的作用是将高频调制信号变换为中频调制信号，所改变的只是被调信号的载频，而信号的调制规律是不被改变的。混频器有不同类型，混频增益约为 $-10 \sim 30$ dB 左右，混频器的输出应该和中频放大器的输入级匹配。

本机振荡器应满足：频率可调，且本机振荡器和输入回路及高放负载回路同步调整（统调），以满足选择电台信号及混频器差拍的需要；频率稳定度高，有时要采用自动频率调整电路（AFC），如彩色电视接收机；输出的波形好，谐波成分少，避免在混频器中产生较多的组合频率干扰；工作稳定，电压和温度漂移小；辐射小，幅度稳定，大小合适。本机振荡器与混频器之间一般采用弱耦合方式。

4. 中频滤波器和中频放大器

这部分电路的主要任务是放大和选频，应有足够的稳定性和相当的自动增益控制能力，接收机增益的获得主要在这里实现。对于中、短波收音机而言，中频放大器这一级的增益约为 $40 \sim 50$ dB，而电视接收机的中频放大器这一级增益可达 $60 \sim 80$ dB。很显然，要达到如此高的增益，需要多级放大器实现。

中频滤波器可以用 LC 分立元件组成的集中式带通滤波器，也可设计成晶体滤波器或声表面波滤波器等集成形式。

5．解调器

对于不同的调制信号，解调器的形式是不同的，电路也多种多样，有些解调器有增益，有的有损耗。解调器的主要任务是从中频信号中恢复出原调制信号，因此要求解调效率高、失真小、谐波滤除能力强、信号辐射小。

6．AGC 电路

自动增益控制（AGC）电路的作用是在接收天线输入信号电平变化时，自动地控制中放级，进而控制高放级的增益，使输出至解调器的已调信号电平变化不大。AGC 电路应满足：控制范围宽，一般为 20~60 dB，视不同的机型、不同的设计而定；在控制放大级的增益时，不能影响通道的频率特性；控制灵敏度高，一般在 3 dB 内；AGC 控制对信号内容的变化不起作用；AGC 电路稳定可靠，不受噪声影响，不能引起自激振荡。对于调频接收机而言，中频放大器可不加 AGC 控制，AGC 信号也不从解调后取得。

7．AFC 电路

自动频率控制（AFC）电路是为了提高本振电路的频率稳定性能而设计的电路。一些较为简单的接收机没有 AFC 电路，如广播收音机、低档的黑白电视接收机等。

3.2　调幅电路

调幅即让载波幅度随调制信号的变化而变化的过程或方法。调幅电路是无线电发射机的重要组成部分。按照实现调幅的器件，调幅电路可分为乘法器调幅和非线性器件调幅；按照实现调幅级的电平高低，调幅电路可分为高电平调制和低电平调制。

高电平调制置于发射机的末级，用以直接产生满足发射机输出功率要求的调幅信号，它除实现调幅外，还具有功率放大作用。为了获得较大输出功率，通常用调制信号控制末级丙类谐振功率放大器，以实现调幅。低电平调幅是先在低功率电平级产生已调波，再由高频功率放大器放大到所需的发射功率电平。由于低电平调幅电路的功率较小，功率和效率不是主要指标，因此，可更多地考虑提高调制的线性度及载波抑制度。常用的低电平调制电路主要有模拟乘法器调幅电路（工作频率一般在几十兆赫兹以下）、二极管平衡调幅电路（工作频率可高达几吉赫兹）等。

3.2.1　模拟乘法器调幅电路

常见的模拟乘法器调幅电路包括模拟乘法器普通调幅电路，模拟乘法器平衡调幅和模拟乘法器单边带调幅电路。

1．模拟乘法器普通调幅电路

利用模拟乘法器的频谱变换特性，可以实现调幅功能。

国产模拟乘法器 BG314 的引脚及其外围元件如图 3.3 所示，BG314 的 8 脚和 2 脚的外接电路是输入调零电路，R_x、R_y 为反馈电阻，R_c 为负载电阻，R_3、R_{13} 分别为恒流源 I_{ox}、

I_{oy} 的偏置电阻，R_1 为预失真网络集电极电源降压电阻。

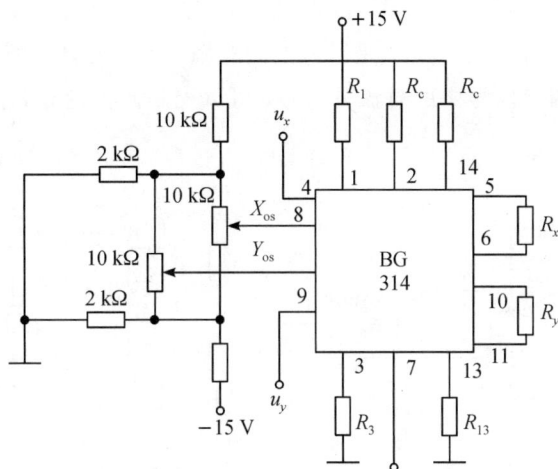

图 3.3　BG314 外围元件接法

BG314 的相乘增益为

$$K_m = \frac{2R_c}{I_{ox}R_xR_y} \tag{3.1}$$

若将普通调幅波的数学表达式改写为

$$u_{AM} = (U_{cm} + m_aU_{cm}\cos\Omega t) \cdot \cos\omega_c t \tag{3.2}$$

式中，u_{AM} 是调幅波的瞬时电压，U_{cm} 是载波信号的瞬时电压，m_a 是调幅指数，表示调制信号对载波振幅的影响程度，其值通常介于 $0\sim1$。则 U_{AM} 被看成是由一直流电压 U 与低频调制信号叠加后，再与高频载波信号相乘而得的。利用模拟乘法器实现普通调幅电路的原理如图 3.4(a)所示。其中，高频载波信号 u_c 加到乘法器的 x 通道输入端，直流电压 U 与调制信号 u_ω 叠加后加到 y 通道输入端。x 通道输入端和 y 通道的输入端分别指乘法器的两个不同的输入端口。x 通道输入端的端点接收高频载波信号 u_c。在调幅过程中，高频载波信号是作为调制的载波，它的频率远高于要传输的调制信号的频率。载波信号通常由一个振荡器产生，并且是连续的正弦波。y 通道输入端的端点接收叠加了直流电压 U 和调制信号 u_ω 的信号。调制信号 u_ω 包含了要传输的信息，例如音频或数据信号。直流电压 U 被添加到调制信号上，以确保信号在放大过程中具有适当的偏置水平，避免因信号幅度过低而导致调制信号在放大器中饱和或失真。

根据乘法器相乘原理，两个通道的输入信号可以互换，但考虑到典型的单片集成模拟乘法器的 x 通道的非线性失真大于 y 通道的非线性失真，为了避免产生较大的非线性失真，一般将 u_Ω 加到 y 通道输入端。图中，模拟乘法器的负载为 LC 谐振网络，该网络为带通滤波器(BPF)，中心频率为 f_c，带宽 $BW_{0.7} \geqslant 2F_{max}$。由于实际模拟乘法器总存在一定的非线性，因此通常不采用无选择性的纯电阻作为负载，而采用带通滤波器，以滤除高次谐波成分，使输出调幅波更纯净。

图 3.4(b)是 BG314 普通调幅电路，LC 并联回路的谐振阻抗为 R_p，中心频率为 ω_c，则调幅电路的输出电压为

$$u_{AM} = K_m u_x u_y = K_m (U + U_{\Omega m} \cos\Omega t) \cdot U_{cm} \cos\omega_c t$$

$$= U_{om}(1 + m_a \cos\Omega t)\cos\omega_c t \tag{3.3}$$

式中，$U_{om} = K_m U_{CM} U$，$m_a = U_{\Omega m}/U$，是已调波的调幅指数，已调波载波的包络为 $U_{om}(1 + m_a \cos\Omega t)$。通过调节调制信号中的直流分量 U，可以控制调幅指数 m_a 的大小，但通常应使 $m_a \leqslant 1$。

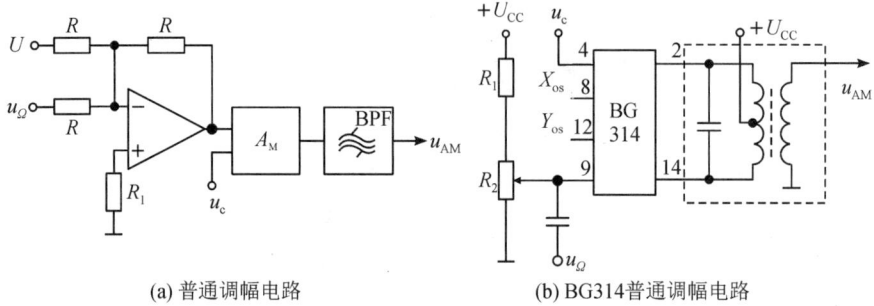

(a) 普通调幅电路　　　　　　(b) BG314普通调幅电路

图 3.4　普通调幅电路

2. 模拟乘法器平衡调幅

图 3.5 是用 MC1596 组成的普通调幅电路。调制信号 u_Ω 从 1 脚输入，载波 u_c 从 10 脚输入，已调波 u_{AM} 可从 6 脚输出，也可从 12 脚输出。图中由 R_4、R_5、R_P 等组成调零电路。调节 R_P（可变电阻）可以改变 1 脚和 4 脚的直流电压，从而可以改变调幅指数 m_a 的大小。考虑到 MC1596 的输入线性范围，为了获得不失真的已调波，调制信号和载波的幅度不宜过大，通常 U_{cm} 取 $10 \sim 50$ mV，$U_{AM} = 100 \sim 400$ mV。此外，输出端应加接带通滤波器，抑制无用分量的输出。

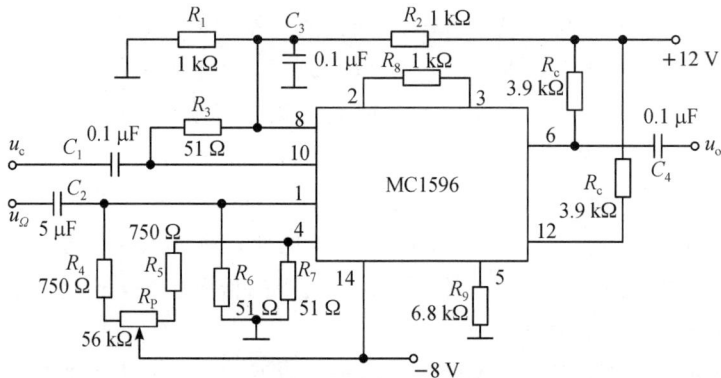

图 3.5　MC1596 组成的普通调幅电路

为了获得平衡调幅波，由 $u_{AM} = \dfrac{1}{2} m_a U_{cm}[\cos(\omega_c - \Omega)t + \cos(\omega_c + \Omega)t]$ 可知，平衡调幅波可直接由 u_Ω 与 u_c 相乘得到。因此，利用模拟乘法器来实现平衡调幅是较为理想的，其电路形式和图 3.5 基本相同。只是应调节 R_P 控制载波分量泄漏，使 1、4 脚直流电压为零。载波分量的泄漏（又称载漏）的大小是衡量平衡调幅波平衡程度的重要指标，它对调制的线性影响较大。一般要求载波输出功率应比边带输出功率低 40 dB 以上。模拟乘法器实现平衡调幅较为简单,在通信电子线路中得到广泛的应用。利用模拟乘法器可以较容易地实现单边带调幅。

3. 模拟乘法器单边带调幅

图 3.6 是用模拟乘法器实现单边带调幅原理。当采用移相法单边带调幅时,先利用相移网络对载波和调制信号分别移相后,再利用模拟乘法器的相乘特性来进行单边带调幅,这样可降低对滤波器带外特性的严格要求。

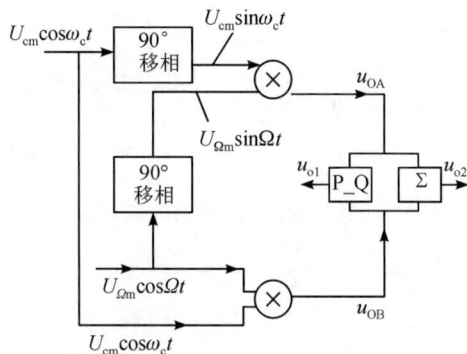

图 3.6　单边带调幅原理图

假定上边频信号为 u_{O1}、下边频信号为 u_{O2},则有分别有

$$u_{O1} = U'_{cm}\cos(\omega_c + \Omega)t = U'_{cm}(\cos\omega_c t \cos\Omega t - \sin\omega_c t \sin\Omega t) \tag{3.4}$$

$$u_{O2} = U'_{cm}\cos(\omega_c - \Omega)t = U'_{cm}(\cos\omega_c t \cos\Omega t - \sin\omega_c t \sin\Omega t) \tag{3.5}$$

由式(3.4)和式(3.5)可见,单边带调幅波(上边带或下边带)可以由两个双边带信号相加或相减得到。其中一个是同一载波和调制信号直接相乘得到的,另一个是将同一载波和调制电压分别移相后再相乘而得到的。上述信号可从图 3.6 得到,图中假定 90°移相网络的传输系数为 1,于是有

$$u_{OA} = K_m U_{cm} U_{\Omega m} \sin\omega_c t \sin\Omega t \tag{3.6}$$

$$u_{OB} = K_m U_{cm} U_{\Omega m} \cos\omega_c t \cos\Omega t \tag{3.7}$$

于是,可在图 3.6 中的减法器输出端和加法器输出端分别得到

上边频电压为

$$u_{O1} = K_m U_{cm} U_{\Omega m} \cos(\omega_c + \Omega)t \tag{3.8}$$

下边频电压为

$$u_{O2} = K_m U_{cm} U_{\Omega m} \cos(\omega_c - \Omega)t \tag{3.9}$$

可见,用模拟乘法器实现单边带调幅很方便。为了获得较好的单边带信号,应在加法器或减法器输出端接上相应的单频 $\omega_c - \Omega$ 或 $\omega_c + \Omega$ 选频网络。单边带调制在载波电话和短波通信中已得到了广泛的应用。

上述移相法的主要缺点是要求相移网络能准确地移相 90°。对音频信号来说,相移网络要在很宽的范围内准确移相 90°较为困难。为了克服这一困难,可采用修正的相移滤波法,其基本原理如图 3.7 所示(假定 $K_m = 1$)。这种方法中所用的 90°相移网络工作在固定的频率,克服了图 3.6 所示方法的缺点。图 3.7 中 $u_{O1} = \cos[(\omega_1 + \omega_2) - \Omega]t$,$u_{O2} = \cos[(\omega_1 - \omega_2) + \Omega]t$。

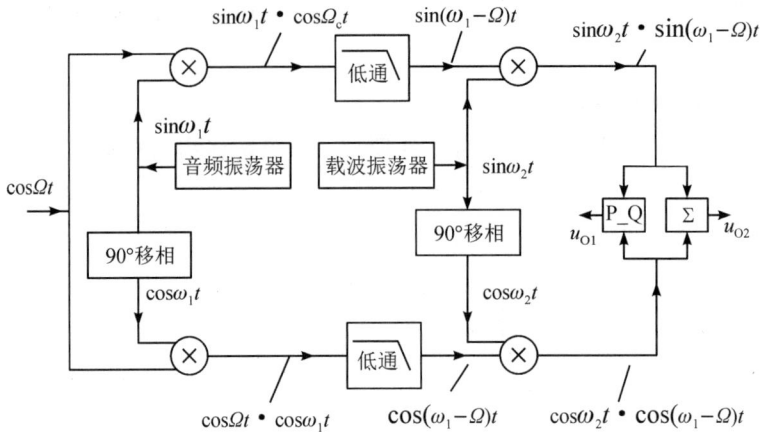

图 3.7　移相滤波法单边带调幅原理框图

3.2.2　二极管调幅电路

　　二极管调幅电路是利用非线性器件的特性来进行调幅的。二极管开关式普通调幅原理如下：

　　当加到二极管两端的电压幅度较小时，二极管称为在小信号工作；当加到二极管两端的电压幅度较大时，二极管称为在大信号工作，二极管工作在开关状态。图 3.8(a)所示为二极管开关式调幅电路(大信号)的原理图，LC 回路谐振在 ω_c 上，其中输入调制信号 $u_\Omega = U_{\Omega m}\cos\Omega t$，载波电压 $u_c = U_{cm}\cos\omega_c t$，而且幅度较大，满足 $U_{cm}U_{\Omega m}$。在大信号 u_c 的作用下，二极管工作在导通或截止状态，这时二极管的伏安特性可用图 3.8(b)所示的折线来表示。由于 $u_{cm} \gg u_T$，因而开启电压 u_T 通常被忽略，认为当 $u_c > 0$ 时二极管导通，导通电导为 $g = \dfrac{1}{r_d}$，r_d 为二极管的动态电阻。当 $u_c < 0$ 时，二极管截止，二极管电流 $i_{VD} = 0$。

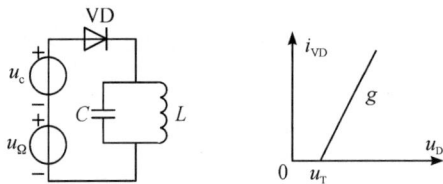

(a) 二极管开关式调幅电路　　(b) 二极管的伏安特性

图 3.8　二极管开关式调幅电路(大信号)

　　可见，二极管相当于一个受载波 u_c 控制的开关，利用折线分析法，可将二极管等效为一个受开关函数 $s(t)$ 控制的时变电导 $g(t)$，即

$$g(t) = g \cdot s(t) \tag{3.10}$$

$$s(t) = \begin{cases} 1, & u_c \geqslant 0 \\ 0, & u_c < 0 \end{cases} \tag{3.11}$$

　　开关函数 $s(t)$ 是一个幅度为 1、重复频率为 f_c 的矩形脉冲，其傅里叶级数为

$$s(t) = \frac{1}{2} + \frac{2}{\pi}\cos\omega_c t - \frac{2}{3\pi}\cos 3\omega_c t + \cdots \tag{3.12}$$

展开式(3.12)并整理可得

$$i_{VD} = \frac{1}{\pi}gU_{cm} + \frac{1}{2}gU_{\Omega m}\cos\Omega t + \frac{1}{2}gU_{cm}\cos\omega_c t +$$

$$\frac{1}{\pi}gU_{\Omega m}\cos(\omega_c + \Omega)t + \frac{1}{\pi}gU_{\Omega m}\cos(\omega_c - \Omega)t +$$

$$\frac{2}{3\pi}gU_{cm}\cos 2\omega_c t - \frac{1}{3\pi}gU_{cm}\cos 4\omega_c t -$$

$$\frac{1}{3\pi}gU_{\Omega m}\cos(3\omega_c + \Omega)t - \frac{1}{3\pi}gU_{\Omega m}\cos(3\omega_c - \Omega)t + \cdots \tag{3.13}$$

式中,第 3、4、5 项即所需的普通调幅波。从式中还可以看出,电流 i_{VD} 中不含调制频率的谐波及谐波与载波的组合频率分量(2Ω,3Ω,$\omega_c \pm 2\Omega$、…),这说明二极管开关式调幅减小了许多无用频率分量,既便于滤波,又提高了调幅效率。

3.3　调幅波解调电路

接收机从高频已调波中取出调制信号的过程称为解调,调幅波解调又称为振幅检波,简称检波。检波器的作用是从高频调幅波中检测出调制信号,所得信号与高频调幅信号包络变化规律一致,故又称为包络检波器。调幅波的解调过程是一种线性频谱搬移过程。该频谱图与调幅波频谱的搬移过程正好相反。

1. 检波器原理及分类

检波器输入/输出信号的波形及频谱如图 3.9 所示,输入信号是高频调幅波,则输出信号就是原调制信号。目前,语音(或音乐)调幅广播或其他的连续波工作的调幅接收机的检波器都属于此类。

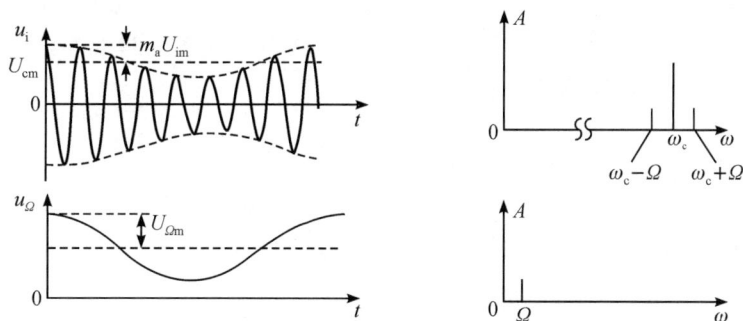

图 3.9　检波器输入/输出波形及频谱

已知已调波中包含调制信号的信息,但并不包含调制信号的频率分量,因此,检波过程也要利用非线性器件进行频率变换,使之产生新的频率分量,然后由低通滤波器滤除不需要的高频分量,取出所需的低频调制信号。综上,检波器应有 3 个重要组成部分,即高频载波信号输入回路、非线性器件和低通滤波器。非线性器件通常采用二极管、模拟乘法器等，低通滤波器通常用 RC 电路或 LC 滤波器。

根据所用器件的不同，检波器可分为二极管检波、三极管检波和乘法器检波等；根据信号大小的不同，检波器可分为小信号检波和大信号检波；根据工作特点不同，检波器又可分为包络检波和乘法器检波等。以下主要讨论用于连续波检波的模拟乘法器检波。

2. 乘法器检波

调幅波信号有普通调幅波、平衡调幅波和单边带调幅波等，其解调过程可以方便地利用模拟乘法器来进行。但由于它们的频谱结构和波形都不同，因此，解调方法也有所不同。以下以模拟乘法器对普通调幅波进行解调为例进行介绍。

图 3.10 为用模拟乘法器对普通调幅波进行解调的原理图。

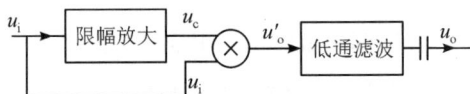

图 3.10　用模拟乘法器对普通调幅波检波原理框图

设输入调幅波为

$$u_i = U_{im}(1 + m_a \cos\Omega t)\cos\omega_c t \tag{3.14}$$

载波信号为

$$u_c = U_{cm}\cos(\omega_c t + \varphi) \tag{3.15}$$

普通调幅波中包含有载波分量，不需要接收机产生，只要将普通调幅波进行限幅，便可得到一个等幅的与原载波信号相同的载波信号。式(3.15)中，φ 是限幅电路引起的相移。为了分析方便，令 $\varphi = 0$，则模拟乘法器输出为

$$u_O' = K_m u_i u_c$$

$$= \frac{1}{2}K_m U_{im}U_{cm} + \frac{1}{2}K_m U_{im}U_{cm}m_a \cos\Omega t + \frac{1}{2}K_m U_{im}U_{cm}m_a \cos 2\omega_c t +$$

$$\frac{1}{4}K_m U_{im}U_{cm}[\cos(2\omega_c - \Omega)t + \cos(2\omega_c + \Omega)t] \tag{3.16}$$

式(3.16)表明：乘法器输出信号中包含反映调制信号的低频分量，还包含直流分量、载波的二倍频及其边频分量，因此，只要用低通滤波器将高频分量滤除，同时用电容器阻隔直流分量，就可得到所需的低频信号为

$$u_O = \frac{1}{2}K_m m_a U_{im}U_{cm}\cos\Omega t \tag{3.17}$$

应该指出，用乘法器对普通调幅波进行解调，在电路设计和成本方面不如二极管包络检波简单、方便。因此，对普通调幅波的解调，更常用的是二极管检波，这一方法将在后面详细介绍。

3.4　调频波和调相波电路

调频波和调相波电路是用调制信号改变载波的频率或相位，从而将音频信号转换为适合无线电传输的已调制信号。

在调频波电路中，接收端只要对调频波的频率进行解调即可得到该波所携带的信息。由于外界的噪声干扰对频率的干扰很小，因此被解调的信号质量较高。调频波的特点是其频率随调制信号振幅的变化而变化，而它的幅度却始终保持不变。当调制信号的幅度为零时，调频波的频率称为中心频率 ω_0。调频波电路在广播电台、手机和其他无线通信设备中得到了广泛应用。通过调频波电路，可以实现音频信号的远距离传输，同时保证信号的清晰度和稳定性。

3.4.1　瞬时频率与瞬时相位

调频波和调相波都是瞬时相角 $\theta(t)$ 受到调制而载波振幅不变的已调波。可以将已调波的瞬时电压写成以下形式

$$u_c = U_{cm}\cos\theta(t) \tag{3.18}$$

高频振荡信号在未调制时是角频率为 ω_c 的简谐波，可表示为

$$u_c = U_{cm}\cos(\omega_c t + \varphi_0) = U_{cm}\cos\theta(t) \tag{3.19}$$

式中，φ_0 是 $t=0$ 时的初相位。从式(3.18)和式(3.19)可见，高频振荡电压在未调制时瞬时相角为

$$\theta(t) = \omega_c t + \varphi_0 \tag{3.20}$$

高频载波的瞬时频率 $\omega(t)$ 或瞬时相位 $\varphi(t)$ 受到低频信号调制时，无论是调频还是调相都会导致载波的相角随时间发生变化。在调频中，这种变化是通过改变频率实现的；在调相中，则是直接改变相位实现的。

$\theta(t)$ 与角频率的关系可表示为

$$\omega(t) = \frac{d\theta(t)}{dt} \tag{3.21}$$

或

$$\theta(t) = \int_0^t \omega(\tau)d\tau + \varphi_0 \tag{3.22}$$

可见，瞬时频率 $\omega(t)$ 等于瞬时相角 $\theta(t)$ 对时间的微分，瞬时相角 $\theta(t)$ 等于瞬时频率 $\omega(t)$ 对时间的积分与初始相位之和。这就是角度调制中的两个基本关系。

3.4.2　调频波的数学表达式及波形

为了分析方便，假定调制信号为 $u_\Omega = u_{\Omega m}\cos\Omega t$，高频载波电压为 $u_c = u_{cm}\cos\omega_c t$。根据频率调制的定义，调频时载波的瞬时频率 $\omega(t)$ 应随 u_Ω 线性变化，此时调频波的瞬时角频率为

$$\omega(t) = \omega_c + K_f u_\Omega = \omega_c + K_f U_{\Omega m}\cos\Omega t \tag{3.23}$$

令

$$\Delta\omega_m = K_f U_{\Omega m} \tag{3.24}$$

则

$$\omega(t) = \omega_c + \Delta\omega_m\cos\Omega t \tag{3.25}$$

式中，ω_c 是未调制时的载波角频率，称为调频波的中心角频率；$\Delta\omega_m$ 是调频波瞬时角频率偏离中心频率 ω_0 的最大值，称为调频波的最大角频偏；K_f 是比例常数，单位是 rad/s，称

为调制灵敏度,其数值取决于调频电路的参数。由式(3.25)可求出

$$\theta(t) = \int_0^t \omega(t)\,\mathrm{d}t = \omega_c t + \frac{\Delta\omega_m}{\Omega}\sin\Omega t \tag{3.26}$$

令

$$m_f = \frac{\Delta\omega_m}{\Omega} = \frac{K_f U_{\Omega m}}{\Omega} \tag{3.27}$$

则

$$\theta(t) = \omega_c t + m_f \sin\Omega t = \omega_c t + \Delta\varphi$$

于是调频波电压为

$$\begin{aligned}
u_{FM} &= U_{cm}\cos\theta(t) \\
&= U_{cm}\cos\left(\omega_c t + \frac{K_f U_{\Omega m}}{\Omega}\sin\Omega t\right) \\
&= U_{cm}\cos(\omega_c t + m_f \sin\Omega t)
\end{aligned} \tag{3.28}$$

式中,m_f 表示调频波的最大相位偏移量,又称为调频指数,通常 m_f 大于 1。调频波波形如图 3.11 所示。m_f 和 $\Delta\omega_m$ 都是表征调频波的重要参数。m_f 与调制信号的幅度成正比,与调制信号的频率成反比;$\Delta\omega_m$ 与调制信号幅度成正比,与调制信号的频率无关。

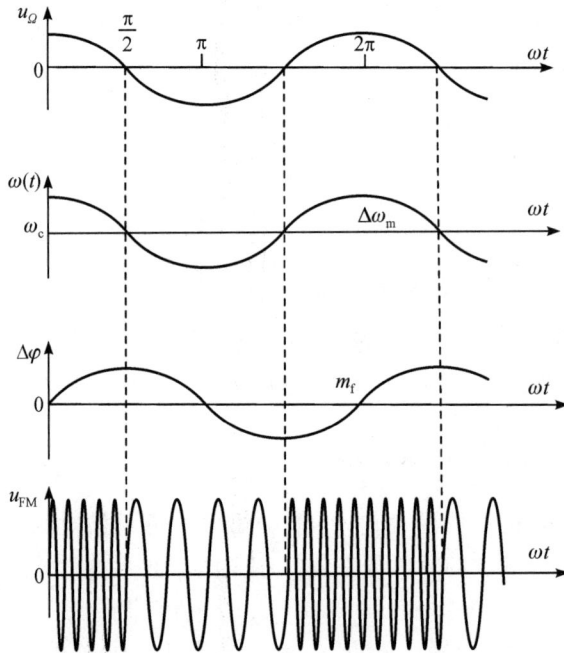

图 3.11 调频波波形

3.4.3 调相波的数学表达式及波形

如果用 $u_\Omega = U_{\Omega m}\cos\Omega t$ 对高频载波 $u_c = U_{cm}\cos\omega_c t$ 进行调相,按调相波的定义,载波的瞬时相角 $\theta(t)$ 应随 u_Ω 线性变化,此时,调相波的瞬时相位为

$$\theta(t) = \omega_c t + K_p U_{\Omega m} \cos\Omega t \tag{3.29}$$

式中，K_p 是比例常数，又称为调相灵敏度，单位为 rad/V，其值由调相电路决定。

令

$$m_p = K_p U_{\Omega M} \tag{3.30}$$

则

$$\theta(t) = \omega_c t + m_p \cos\Omega t = \omega_c t + \Delta\varphi$$

于是调相波电压为

$$u_{PM} = U_{cm} \cos(\omega_c t + m_p \cos\Omega t) \tag{3.31}$$

式中，m_p 是调相波的最大相位偏移量，又称为调相指数。由式(3.30)可求得调相波的瞬时角频率 $\omega(t)$ 为

$$\omega(t) = \frac{\mathrm{d}\theta}{\mathrm{d}t} = \omega_c - m_p \Omega \sin\Omega t \tag{3.32}$$

由式(3.32)可得，$\Delta\omega(t) = -m_p \Omega \sin\Omega t$，调相波的最大角频偏为

$$\Delta\omega_m = m_p \Omega = K_p U_{\Omega m} \Omega \tag{3.33}$$

m_p 和 $\Delta\omega_m$ 都是表征调相波的重要参数。m_p 与调制信号的幅度成正比，与调制信号的频率无关；$\Delta\omega_m$ 与调制信号的幅度和角频率成正比。

从上述分析可知，由于瞬时角频率和瞬时相位之间存在一定的关系，无论是调频还是调相，瞬时角频率和瞬时相位都是时间的函数。对调频波，瞬时角频率的变化量与调制信号呈线性关系；瞬时相位的变化量与调制信号的积分呈线性关系。对调相波，瞬时相位的变化量与调制信号呈线性关系，而瞬时角频率的变化量与调制信号的微分呈线性关系。这一关系表明调频和调相可以互相转化。图 3.12 为调相波波形。

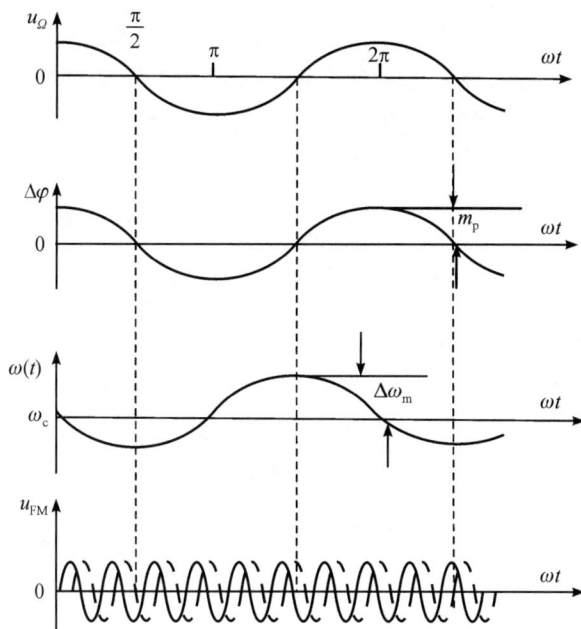

图 3.12　调相波波形

3.4.4 调频波与调相波的频谱及带宽

由式(3.29)和式(3.31)可知,调频波和调相波都是时间的周期性函数,因此可以展开成傅里叶级数。一般说来,受同一调制信号调制的调频波和调相波频谱结构有差异,但当调制信号为简谐波时,两种已调波的结构却相似。因此,只要分析其中一种已调波的频谱,则其频谱对另一种已调波也适用。不同之处是调频波中用 m_f,调相波中用 m_p。进一步分析式(3.31)所示调频信号的频谱。利用三角函数关系,式(3.33)可进一步写为

$$u_{FM} = U_{cm}[\cos\omega_c t \cdot \cos(m_f\sin\Omega t) - \sin\omega_c t \cdot \sin(m_f\sin\Omega t)] \tag{3.34}$$

式(3.34)可用贝塞尔函数进行分析,该理论证明

$$\cos(m\sin\Omega t) = J_0(m) + 2J_2(m)\cos2\Omega t + 2J_4(m)\cos4\Omega t + \cdots \tag{3.35}$$

$$\sin(m\sin\Omega t) = 2J_1(m)\sin\Omega t + 2J_3(m)\sin3t + 2J_5\sin5\Omega t + \cdots \tag{3.36}$$

式中,$J_n(m)$ 是宗数为 m 的 n 阶第一类贝塞尔函数。利用上述关系,式(3.34)可写为

$$u_{FM} = U_{cm}J_0(m)\cos\omega_c t +$$

$$U_{cm}J_1(m)[\cos(\omega_c+\Omega)t - \cos(\omega_c-\Omega)t] +$$

$$U_{cm}J_2(m)[\cos(\omega_c+2\Omega)t + \cos(\omega_c-2\Omega)t] +$$

$$U_{cm}J_3(m)[\cos(\omega_c+3\Omega)t - \cos(\omega_c-3\Omega)t] +$$

$$U_{cm}J_4(m)[\cos(\omega_c+4\Omega)t + \cos(\omega_c-4\Omega)t] +$$

$$\cdots +$$

$$U_{cm}\sum_{n=-\infty}^{+\infty} J_n(m)\cos(\omega_c+n\Omega)t \tag{3.37}$$

式中,$m = m_f$。由式(3.37)可以看出,单频余弦信号调制的调频波可以用角频率为 ω_c 的载频分量和角频率为 $\omega_c \pm n\Omega$(n 为任意整数)的无限多对上、下边频分量之和来表示。这些边频分量与载频 ω_c 之间的角频率之差为 $n\Omega$,相邻两个频率之间的间隔为 Ω。这表明调角波具有以下特点:

(1)调角波的频谱不是调制信号频谱的简单搬移,而是由载波分量和无数对边频分量组成。

(2)式(3.37)中奇数项的上、下边频分量的振幅相等,极性相反;偶数项的上、下边频分量的振幅相等,极性相同。

(3)载波分量和各边频分量的振幅都与 m_f 有关,m_f 越大,已调波的有效边频数越多。而对于调幅波,在单频调制时已调波的边频数与 m_a 无关。

(4)载频分量和各对边频分量的相对幅度由相应的各阶贝塞尔函数值确定。当改变 m 时,$J_n(m)$ 的值有正有负,有时为零。对某些 m_f 值,载波或一些边频分量的振幅则为零,如图3.13所示。

(5)值得注意的是,有些边频分量的幅度可能超过载频分量的幅度。这是调频波频谱的一个重要特点。

图3.14所示是 $J_n(m)$ 随 m_f 变化的贝塞尔函数曲线。总数为 m 的 n 阶第一类贝塞尔函数的数值都有表或曲线可查。

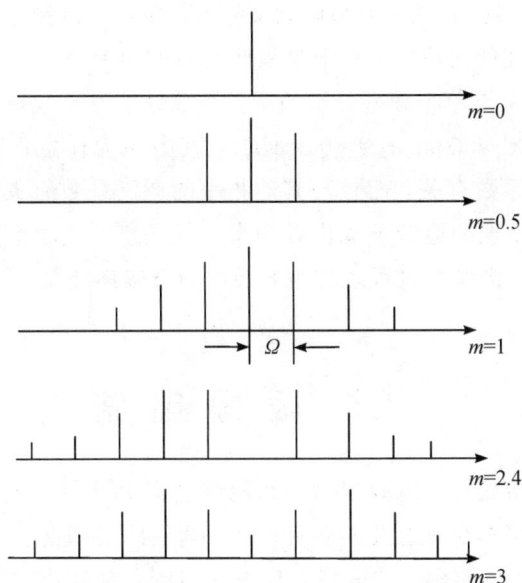

图 3.13　单频调制(Ω 不变)时调频波频谱

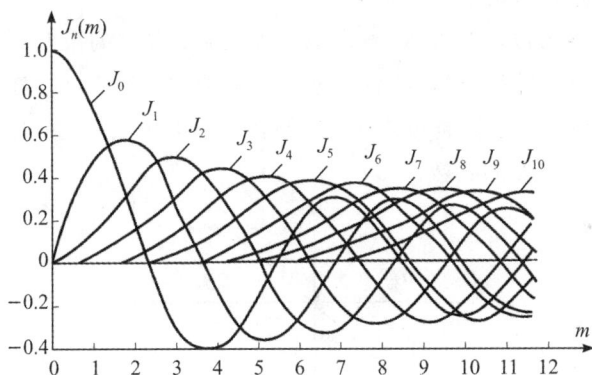

图 3.14　贝塞尔函数曲线

理论分析认为,在单频调制的情况下,调频波频谱的带宽为无限宽,但实际上,调频波的能量大部分都集中在载波附近一定的边频内,而且调频收、发信机的带宽也是有限的。因此,在中等质量的通信系统中,常忽略振幅小于未调制载波振幅10％的边频分量。工程上通常规定 $|J_n(m)| < 0.1$ 的边频分量可忽略而不致引起调频波明显失真。由贝塞尔函数的理论证明,当 $n > m+1$ 时, $|J_n(m)| < 0.1$。因上、下边频成对出现,故调频波信号频谱所占的有效带宽可计算如下:

$$\mathrm{BW} = 2(m_\mathrm{f} + 1)\Omega \quad (\mathrm{rad/s})$$

或

$$\mathrm{BW} = 2(m_\mathrm{f} + 1)F \quad (\mathrm{Hz}) \tag{3.38}$$

式中, $\Omega = 2\pi F$, F 为调制信号频率。由式(3.38)可见,当 $m_\mathrm{f} \ll 1$ 时, $\mathrm{BW} \approx 2F$,此时调频波的带宽与调幅波基本相同。若 $m_\mathrm{f} \gg 1$,则 $\mathrm{BW} \approx 2m_\mathrm{f}F$,此时,调频波的带宽可按最大频偏的

2 倍估算,与调制频率无关,因此,频率调制又称为恒定带宽调制。

上述关于调频波带宽的讨论,是基于单频调制时的简单情况,当调制信号中包含多个频率 $\Omega_1,\Omega_2,\cdots,\Omega_k$ 时,设单个频率分量的调频系数分别为 $m_1,m_2,\cdots,m_k$,则调制信号所包含的边频分量为 $w_c\pm n_1\Omega_1\pm n_2\Omega_2\cdots\pm n_k\Omega_k$,其中 n 为任意正整数。各边频的幅度不但与各单个频率的调制系数有关,而且与其他频率的调制系数有关。换句话说,在多频率调制情况下,已调波中出现的边频不能由各频率单独调制时的边频叠加获得。因此,调角又称为非线性调制,其频谱搬移过程也称为非线性频谱搬移过程。

3.5 限 幅 电 路

调频信号本身应是等幅波,但调频信号在调制过程中可能产生寄生调幅。此外,调频信号在传输过程中也不可避免地会受到各种干扰,这些因素都会引起调频信号的幅度发生变化,这些变化统称为寄生调幅。它最终会反映在鉴频器的输出电压中,使解调出的信号产生失真。为了消除寄生调幅所引起的失真,通常在鉴频器作用之前先对调频信号进行限幅,而不改变调频波原有的频率变化规律。

限幅器的限幅特性可以用其输入/输出电压来表示。典型的限幅特性曲线如图 3.15 所示。当输入电压的振幅超过 U_p 时,限幅器的输出电压保持不变。U_p 称为限幅电压,又称为限幅灵敏度。通常希望限幅电压越小越好,以便在信号电压较小时,限幅器仍能发挥作用,以减小限幅器以前的放大器的级数。

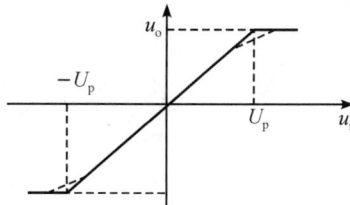

图 3.15 典型的限幅特性

限幅器分为瞬时限幅器和振幅限幅器两种。脉冲计数式鉴频器中的限幅器属于瞬时限幅器,其作用是将带有寄生调幅的调频波变换为等幅的调频方波。但多数鉴频器前插入的限幅器都为振幅限幅器,其作用是将带有寄生调幅的调频波变换为等幅的调频波。实际电路中,常在瞬时限幅器后面加接带通滤波器,从等幅方波中取出其中的基波分量,成为振幅限幅器。

限幅器可由二极管、三极管、场效应管和差分对管等组成,它们组成限幅电路的基本原理在"模拟电子线路基础"课程中介绍,此处不详述。而 LC 谐振回路则是最常用的带通滤波器。

3.5.1 二极管限幅电路

在普通调频接收机中,较广泛采用二极管限幅器。二极管限幅电路是一种瞬时双向限幅电路，它可使调频正弦波变换为调频方波，而且具有工作频率高、频带宽等优点。图 3.16 所示是一个二极管限幅的电路实例。

图 3.16 所示电路是一个由多个电容、电阻和二极管组成的二极管限幅电路。电路中包含电容、电阻、二极管等元器件，电阻和电容用于设定电路的工作点和滤波特性，而 0.047 μF 的电容用于平滑信号或提供能量存储。该电路的功能是利用二极管的单向导电性来限制信号的振幅，确保输出信号在特定的电压范围内，实现信号处理中的限幅功能，保护后续电路不受过高电压的影响。

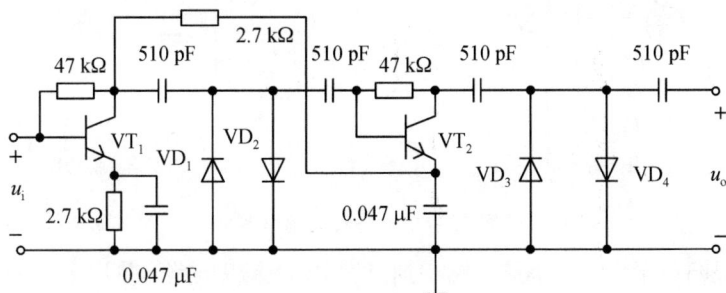

图 3.16 二极管限幅的电路实例

3.5.2 三极管限幅器

高频电路中，三极管限幅器从电路形式上看与单调谐放大器相似，但此时三极管工作在非线性状态，即利用三极管的饱和与截止状态进行限幅。在足够大的输入信号作用下，由于集电极交流负载线的线性范围较小，因此三极管集电极电流容易进入饱和、截止状态，从而维持输出电压振幅不变，实现限幅。为了降低限幅电平，可以采用如下措施：

(1) 降低限幅器集电极电源电压，即增大集电极电阻 R_c，三极管易进入饱和区。

(2) 降低三极管的静态工作点电流，使三极管在输入信号较小时就进入截止区。

(3) 增大谐振回路的谐振阻抗 R_p，以改变交流负载线的斜率，使三极管在输入信号较小时进入截止、饱和区。

3.5.3 差分对限幅器

本节以两级差分对组成的限幅器构成的差分对限幅电路为例进行介绍。

图 3.17(a)是差分对限幅电路的原理图，从形式上看，它与单端输入、单端输出的差分放大器相同。图 3.17(b)是差分对的差模传输特性。当输入信号 $u_i < 26$ mV 时，差分对工作在线性放大区；当输入信号的幅值超过 $4kT/q \approx 100$ mV（实际上，对工作在室温 $T = 300$ K 下的集成电路，$4kT/q$ 在 ± 78 mV 之间）时，差分对的一个管子的输出电流的振幅便保持恒定，即差动放大器处于限幅工作状态。此时，集电极电流波形的上、下顶部被削平，且随着输入电压的增大而逐渐接近幅度恒定的方波，其中所含的基波分量的幅度也趋于恒定。若在差分对限幅电路之前增加电压增益为 100 倍的差分放大器，则当输入电压 u_i 的峰峰值为 2 mV（即 ± 1 mV）时，差分对限幅器的输入电压可在 ± 100 mV 之间变动。因

此，由两级差分对组成的限幅器，其限幅门限电压只有 ± 1 mV。

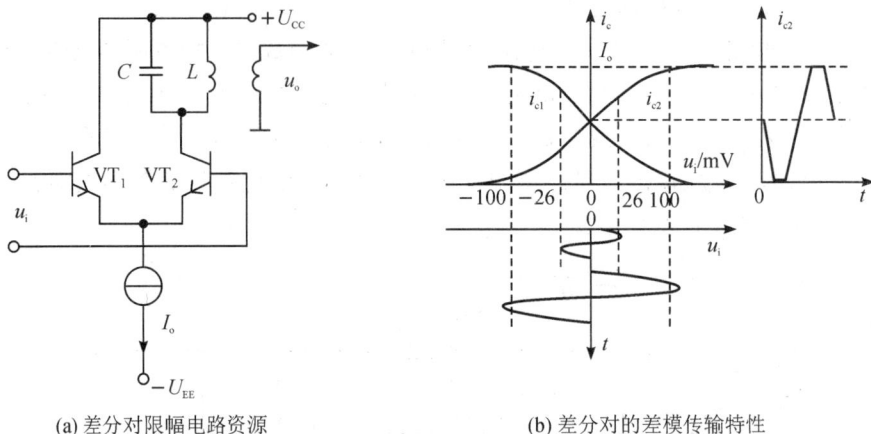

(a) 差分对限幅电路资源   (b) 差分对的差模传输特性

图 3.17 差分对限幅电路

为了减小限幅门限电压，集成电路中通常采用恒流源电路，并用多级差分对级联构成限幅中放电路，这样既保证了足够高的中频增益，又有极低的限幅电平。

3.6 选频电路概述

选频回路的作用是从众多频率成分中选出有用信号的频率成分，抑制不需要的频率成分，具有滤波和阻抗变换的功能。常用的选频回路有 LC 谐振回路、晶体晶振器及声表面波谐振器等。以下介绍选频电路中的几个重要概念。

选频回路频率 f_0：在该频率上传输系数最大，是回路的谐振频率。

通频 $BW_{3dB}(BW_{0.7})$：当传输系数下降到最大值 $\dfrac{1}{\sqrt{2}}$ 即（-3 dB）时所对应的上下限频率差。

矩形系数 $K_{0.1}$：当传输系数下降到最大值的 0.1 倍时，对应的频带宽度和通频带之比。矩形系数越小说明选择性越好。理想情况下，$K_{0.1}=1$ 特性为矩形，说明选频电路可把通频带以外的信号全部滤掉。

LC 谐振回路在高频电路中起着重要的作用。利用其选频特性，LC 谐振回路可从含有各种信号和干扰的信道中，选择出人们所需的信号。LC 谐振回路实际上是 LC 组成的线性选频网络。本书主要分析 L、C 在高频工作情况下的特点及分析方法。

图 3.18(a) 是 LC 串联谐振回路，L 和 C 分别为回路电感和回路电容，电阻 r 是它们的损耗。图 3.18(b) 是 LC 串联谐振回路谐振时回路电流与电压的相量图。实际上，由于电容器的损耗比电感线圈的损耗小得多，因此 r 近似等于线圈的损耗电阻。U_S 为激励源，并假定 U_S 是余弦（或正弦）信号，其相量用 $\dot{U}_S$ 表示，且信号源内阻为零，则

$$U_S = U_{S_m} \cos\omega t \tag{3.39}$$

式中，U_{S_m} 是信号源电压幅度，ω 是角频率，初相角为零。以图 3.18 的串联谐振回路为例介绍回路阻抗与谐振频率及回路的品质因数。

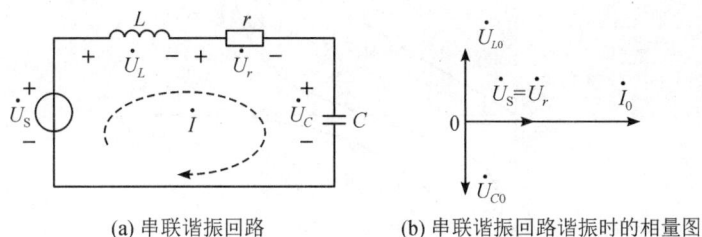

(a) 串联谐振回路　　　　　　　(b) 串联谐振回路谐振时的相量图

图 3.18　串联谐振回路

1) 回路阻抗与谐振频率

串联谐振回路中 L、C 的电抗 ωL、$\dfrac{1}{\omega C}$ 是信号源角频率 ω 的函数，因此以回路总阻抗 Z 也是角频率 ω 的函数。即

$$Z = r + \mathrm{j}\left(\omega L - \frac{1}{\omega C}\right) = |Z| \, \mathrm{e}^{\mathrm{j}\varphi} \tag{3.40}$$

式中，$|Z|$ 是阻抗 Z 的模，φ 为其辐角。

$$|Z| = \sqrt{r^2 + \left(\omega L - \frac{1}{\omega C}\right)^2}$$

$$\varphi = \arctan \frac{\omega L - \dfrac{1}{\omega C}}{r} \tag{3.41}$$

令 $X = \omega L - \dfrac{1}{\omega C}$ 为回路的总电抗，X 也是 ω 的函数。X_L、X_C 与 X 随 ω 的变化曲线如图 3.19 所示。

根据图 3.19，串联谐振回路的阻抗具有如下特性：

① $\omega < \omega_0$ 时，$X < 0$，$|Z| > r$，$\varphi < 0$，回路呈容性。

② $\omega = \omega_0$ 时，$X = 0$，$|Z| = r$，$\varphi = 0$，回路呈纯阻性。

③ $\omega > \omega_0$ 时，$X > 0$，$|Z| > r$，$\varphi > 0$，回路呈电感性。

当外加激励信号的角频率 ω 变化时，串联回路各参量也相应变化。$\omega < \omega_0$ 时，回路中容抗 $\dfrac{1}{\omega C}$ 大于感抗，回路的总电抗 $X = X_L - X_C < 0$。随着 ω 增加，回路的容抗 $\dfrac{1}{\omega C}$ 减小，感抗 W_L 增加，当 ω 增加到使 $X = X_L - X_C = 0$ 时，回路中的感抗等于容抗，但二者的作用相互抵消，使回路呈纯阻性，即 $Z = r$，相角 $\varphi = 0$，回路电流达到最大值，这种状态称为串联回路发生了串联谐振，回路谐振时由 U_S 产生的电流为 $i = I_m \sin\omega t$，对应的谐振角频率用符号 ω_0 表示为

$$\omega_0 = \frac{1}{\sqrt{LC}} \quad (\mathrm{rad/s}) \quad 或 \quad f_0 = \frac{1}{2\pi\sqrt{LC}} \quad (\mathrm{Hz}) \tag{3.42}$$

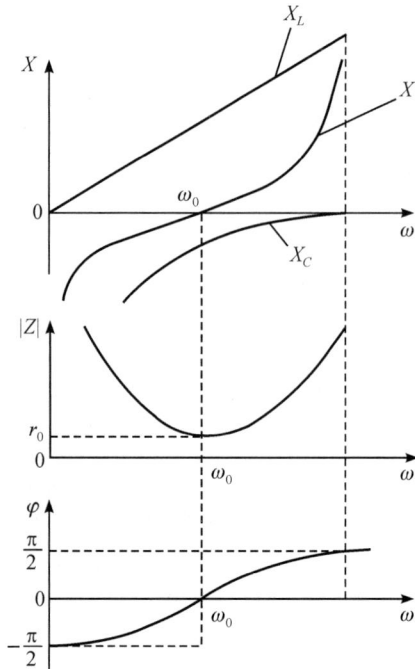

图 3.19 X_L、X_C 及 Z 的频率特性

2）回路的品质因数

品质因数是谐振回路的一个重要性能指标。它的物理意义是回路谐振时回路中的储能与每周期的耗能之比，也可表示为回路特征阻抗与回路固有损耗之比。在串联谐振电路中，电感或电容是储能元件，电阻是耗能元件。谐振时电感内储存的瞬时磁场能量为 $\frac{1}{2}LI_m^2\sin^2\omega t$，电容器内储存的瞬时电场能量为 $\omega_C = \frac{1}{2}CU_C^2 = \frac{1}{2}CU_{C0}^2\cos^2\omega t$，由图 3.18 (b)知，LC 串联回路谐振时

$$\dot{U}_{L0} = \dot{I}_m \cdot j\omega_0 L, \ \dot{U}_{C0} \dot{I}_m \cdot \frac{1}{j\omega_0 C},$$

且

$$j\omega_0 L = \frac{1}{j\omega_0 C}$$

L、C 中存储的能量等值反相，即电容器内储存的瞬时电场能量的模值为

$$\frac{1}{2}CU_{C0}^2 = \frac{1}{2}LI_m^2 。$$

因此，可以得到电感和电容器存储的瞬时能量之和为

$$\omega = \omega_L + \omega_C = \frac{1}{2}LI_m^2\sin^2\omega t + LI_m^2\cos^2\omega t = \frac{1}{2}LI_m^2$$

一个周期内电阻 r 消耗的平均能量为

$$\omega_r = \frac{1}{2}rI_m^2 \cdot T = \frac{1}{2}rI_m^2 \cdot \frac{1}{f_0}, \ T = \frac{1}{f_0}$$

所以回路的固有品质因数定义为谐振回路中的储能与每周期内回路耗能之比，并用 Q_0

值表示空载品质因数，即

$$Q_0 = 2\pi \cdot \frac{\omega_L + \omega_C}{\omega_r} = \frac{\omega_0 L}{r} = \frac{1}{r\omega_0 C} = \frac{1}{r}\sqrt{\frac{L}{C}} = \frac{\rho}{r}$$

显然，r 越大，回路损耗的功率越多，回路的品质因数就越小；反之，r 越小则 Q 值就越大。

3.7　反馈控制电路与锁相环路

反馈控制电路是电子系统中的一种自动调节电路，其作用是反馈系统在受到扰动的情况下，系统通过自身反馈控制的调节作用，使其中的某个参数（如电信号的振幅、频率或相位）受控制达到预定的精度。它广泛应用于通信系统和其他电子设备中，用以改善或提高系统的技术性能或实现某些特定的功能。

锁相环路（Phase Locked Loop，PLL）是一种电子电路，它能够锁定一个输入信号（通常称为参考信号或输入信号）的相位和频率，并生成一个与该输入信号相位一致或成一定整数倍关系的输出信号。PLL 在电子和通信系统中有着广泛的应用，包括但不限于频率合成、时钟恢复、解调和去噪等。

3.7.1　反馈控制电路

反馈控制系统如图 3.20 所示。图中，$\dot{X}_i$ 是系统的输入量，$\dot{X}_o$ 是系统的输出量。反馈环节将输出量的一部分或全部以 $\dot{X}_f$ 送回系统输入端，与 $\dot{X}_i$ 进行比较，使

$$\dot{X}_o = f(\dot{X}_i) \tag{3.43}$$

在上述关系尚未满足或遭到破坏时，比较环

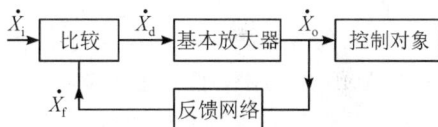

图 3.20　反馈控制系统框图

节会产生一个反映 $\dot{X}_o$ 与 $\dot{X}_f$ 之间偏离预定关系程度的误差量 $\dot{X}_d$，由 $\dot{X}_o$ 对被控制的对象施加影响，使 $\dot{X}_o$ 与 $\dot{X}_f$ 之间满足预定关系（下标 i 表示输入，d 表示差值，f 表示反馈，o 表示输出）。

根据控制对象（电信号）的参量不同，反馈控制电路分为 3 种类型：自动增益控制（Automatic Gain Control，AGC）、自动频率控制（Automatic Frequency Control，AFC）和自动相位控制（Automatic Phase Control，APC）。其中，AFC 电路在某些系统中又称为自动频率微调电路（Automatic Frequency Tuning，AFT），APC 电路又称为锁相环路（Phase Locked Loop，PLL），这是应用最广的一种反馈控制电路。

3.7.2　自动增益控制（AGC）电路

在无线电通信、广播、电视、遥测遥感等系统中，由于受到发射功率大小、接收距离远近及信号衰落等因素的影响，接收机所接收到的信号强度变化较大，信号的强弱可能相差几十分贝。因此，必须采用自动增益控制电路，使接收机的增益随输入信号强弱而变化，以

保证接收机能稳定工作。以下介绍 AGC 电路的组成与增益控制的方法。

1. AGC 电路的组成

AGC 电路的组成框图如图 3.21 所示。增益为 A_1 的电平检测电路、低通滤波器和增益为 A_2 的直流放大器组成了反馈系统。U_F 为输出电压，U_R 为参考电压。

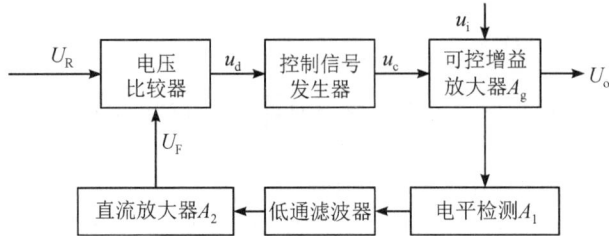

图 3.21　AGC 电路组成框图

假定输入信号幅度为 U_{im}，输出信号幅度为 U_{om}，可控增益放大器的增益为 $A_g(u_c)$，它是控制电压 u_c 的函数，则输出电压振幅为

$$U_{om} = A_g(u_c)U_{im} \tag{3.44}$$

其中，电平检测电路检测出输出信号的振幅（峰值或平均值）电平，由低通滤波器滤去较高的频率分量，然后由直流放大器适量放大。反馈系统的输出电压 U_F 与参考电压 U_R 进行比较，产生一个误差电压 u_d 送入控制信号发生器（增益为 A_C）。控制信号发生器可视为一个比例环节，其输出信号为 u_c。u_c 的大小与 u_{im} 有关，同时也会使 A_g 发生变化。当 U_{im} 增加使 U_{om} 增加时，u_c 的作用是使 A_g 减小，从而使 U_{om} 减小；当 U_{im} 减小使 U_{om} 减小时，u_c 的作用是使 A_g 增大，从而使 U_{om} 增大。总之，输入信号 u_i 通过环路产生的控制信号 u_c 的作用，使输出信号振幅 U_{om} 基本保持稳定。

在 AGC 电路中，低通滤波器的跟踪作用非常重要。由于接收场强的变化并不是突然的，因此整个环路应具有低通特性，以保证对缓慢变化的信号也能起到控制作用，尤其是在调幅信号接收机中，为使接收到的调幅波的幅度变化不被 AGC 的控制作用抵消（这种现象称为反调制），应适当选择滤波器的截止频率，使其仅对低于某一频率的调制信号的缓慢变化量起控制作用。

假定输出信号 U_{om} 与控制信号 u_c 的关系为

$$U_{om} = U_{om}(0) + K_c u_c \tag{3.45}$$

由式(3.44)得

$$U_{om} = A_g(u_c)U_{im} = [A_g(0) + K_g u_c]U_{im} = U_{om}(0) + K_c u_c \tag{3.46}$$

其中

$$A_g(u_c) = A_g(0) + K_g u_c \tag{3.47}$$

$$U_{om}(0) = A_g(0)U_{im} \tag{3.48}$$

式中，$U_{om}(0)$ 是 u_d 和 u_c 都为零时对应的输出信号幅值，$U_{im}(0)$ 和 $A_g(0)$ 分别是相应的输入信号幅度和可控增益放大器的增益，K_c 和 K_g 表示线性控制的常数。若低通滤波器的传递函数对直流分量表现为 $H(0) = 1$，则当 $u_c = 0$ 时，根据图 3.21，有

$$U_F = A_1 A_2 A_g(0)U_{im}(0) \tag{3.49}$$

当输入信号的振幅 $U_{im} \neq U_{im}(0)$ 且为直流分量时，环路经自身的调节后达到新的平衡

状态，这时的误差电压为

$$u_d(\infty) = A_R(U_F - U_R) = A_R[A_1 A_2 U_{om}(\infty) - U_R] \tag{3.50}$$

$$u_{om}(\infty) = [A_g(0) + A_c K_c u_c(\infty)]U_{im} \tag{3.51}$$

将式(3.49)、式(3.50)及式(3.51)相比较可得：$u_d(\infty) \neq 0$，否则将有 $U_{im} = U_{im}(0)$，同时也说明 $U_{om}(\infty) \neq U_{om}(0)$，这时称为环路锁定。锁定时，误差电压为 $u_d(\infty)$，相应的输出电压振幅为 $U_{om}(\infty)$。$u_d(\infty)$ 是系统进入锁定状态所必需的，又是由 $U_{om}(\infty)$ 产生的，这时 $U_{om}(\infty)$ 接近 U_{om}，但 $U_{om}(\infty) \neq U_{om}(0)$，因为 $U_{om}(\infty)$ 还需产生环路锁定所需的 $u_d(\infty)$，因此，环路锁定时仍有 $u_d(\infty)$，即 AGC 电路是有电平误差的控制电路。

AGC 电路常见于调幅接收机中。当 U_{im} 在较大范围内变化时，利用 AGC 的作用，使环路的输出幅度的变化范围较小。电视接收机中的 AGC 系统框图如图 3.22 所示。

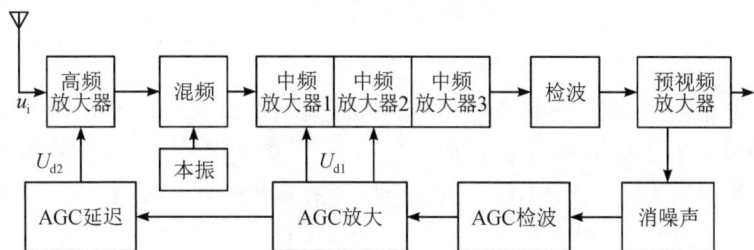

图 3.22　电视接收机中的 AGC 系统

图中，高频放大器和中频放大器都是可控增益放大器，反馈系统由消噪电路、AGC 检波电路、AGC 放大电路等组成。其中，AGC 检波电路将预视频放大器输出的视频信号进行检波，得到与该信号幅度大小有关的直流信号，然后进行直流放大，以提高 AGC 控制灵敏度。直流放大器的输出信号反映了视频信号的幅度，该电压即是误差电压 U_{d1} 和 U_{d2}，通过它们的变化来控制中放、高放级的偏置，以达到控制其增益的目的。

为了使 AGC 控制更有效，电视接收机中的 AGC 采用延时 AGC 的方式，AGC 特性如图 3.23 所示。当 $U_{im} > U_{im1}$ 时，U_{d1} 先对第一、二级中频放大级进行控制，AGC 控制电压如图中虚线 d 所示，使中放增益随输入信号振幅的增大而减小，这时高频放大级的增益保持不变。当 $U_{im} > U_{im2}$ 时，中放的增益若再降低将影响其正常工作，这时应保持中放增益不变，如图中的实线 b 所示；U_{d2} 开始作用，使高放级增益随 U_{im} 的增大而减

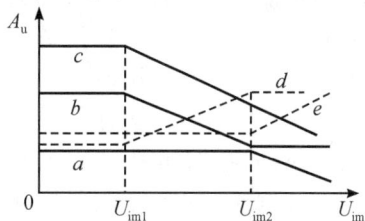

图 3.23　电视接收机中的 AGC 特性

小，高放级的 AGC 电压如图中的虚线 e 所示，高放级的输出电压的幅度变化如图中的实线 a 所示，第三级中频放大器的输出电压幅度变化如图中的实线 c 所示。

2. 增益控制的方法

接收机、发射机及其他电子系统中有多种增益控制的方法。最基本的方法有两种：一是通过改变放大管的直流偏置及正向传输导纳 Y_{fe}，从而达到改变增益的目的；二是利用二极管或场效应管的变阻特性组成电控衰减器实现对放大器增益的控制。此外，许多专用集成电路内部带有增益控制电路，如集成电路电视机的中频信号处理电路内部带有性能良好的 AGC 电路。

1）改变放大管直流偏置法

当晶体三极管的 I_c 变化时，正向传输导纳 $y_{fe} = |Y_{fe}|$ 也随之变化，由此可以改变三极管的增益，控制方式分为正向 AGC 和反向 AGC 两种。正向 AGC 通过增加 I_c 来控制增益下降，反向 AGC 则通过减小 I_c 来控制增益下降，如图 3.24 所示。

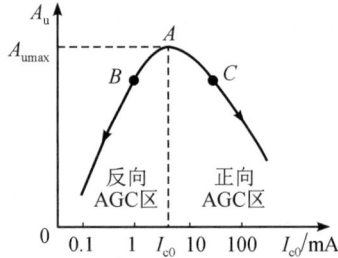

图 3.24　AGC 控制特性

当集电极电流为 I_{c0} 时，三极管 β 值最大，因此增益最大为 A_{umax}；当集电极电流小于 I_{c0} 时，增益减小（为反向 AGC），在反向 AGC 区，正常工作时，将工作点选在 B 点，当接收机输入信号幅度增大时，让 AGC 电压使受控管的集电极电流减小，从而减小放大器的增益。当集电极电流大于 I_{c0} 时，增益增大（为正向 AGC）。在正向 AGC 区，正常工作时，将工作点选在 C 点，当接收机输入信号幅度增大时，让 AGC 电压使受控管的集电极电流增大，从而减小放大器的增益。

目前在接收中多采用正向 AGC，因为反向 AGC 在即将起控时工作点下移到截止区附近，容易引起信号失真，正向 AGC 在强起控点失真较小。但正向 AGC 由于集电极电流增大，放大器的谐振特性变化较大，设计电路时应予充分考虑。

2）电控衰减器法

采用晶体二极管 PIN 管作为可变负载来改变放大器的增益，具有电路简单且控制灵活的优点。由于 PIN 二极管是采用硅双扩散结工艺的半导体器件，它在高掺杂的 P 区和 N 区之间有一本征半导体层（称 I 层），其结电容很小，可近似等效为一个可变电阻，等效电阻值随着通过 PN 结的电流而变化，这是普通二极管所不能比拟的。用 PIN 二极管组成的电控衰减器 AGC 电路如图 3.25 所示，电控衰减器通常接在中频放大器的级与级之间。电控衰减器法控制增益的主要优点是对中频放大器的频率特性影响较小。

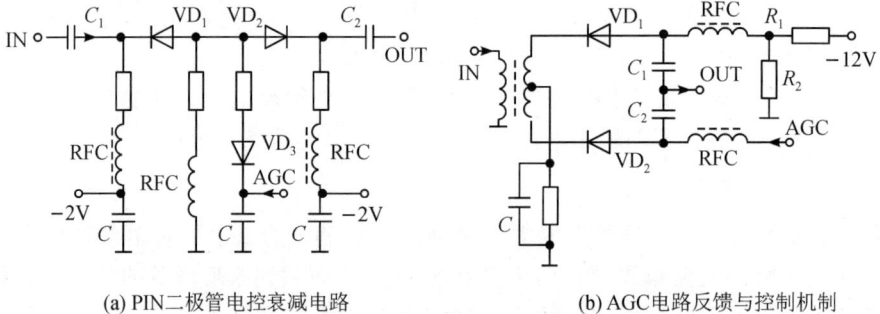

(a) PIN二极管电控衰减电路　　　　　　(b) AGC电路反馈与控制机制

图 3.25　电控衰减器 AGC 电路

3）利用 PIN 二极管构成 AGC 电路

用 PIN 二极管构成的电调衰减器来实现 AGC 控制，如图 3.26 所示。PIN 管是一种等效电阻随偏置电流改变而大范围改变的二极管，当它完全导通时（电流增大），其等效电阻仅为几至十几欧姆，而当完全截止时（电流为零），其等效电阻达几十千欧姆至几百千欧姆。

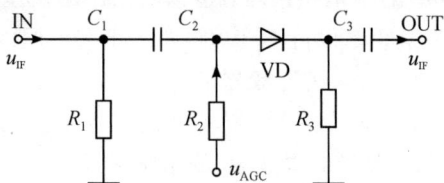

图 3.26　采用 PIN 管电调衰减器的 AGC 电路

4）双栅场效应管的 AGC 电路

AGC 电路常与中频放大器或高频放大器结合在一起。中频放大器是接收机电压增益的主要来源，需要提供 60～70 dB 的增益。为了保证放大器具有良好的传输特性，一般采用宽带放大电路形式。AGC 电路的作用是当接收机输入信号强度发生变化时，自动调节中频放大器的增益，使中放输出信号电平保持不变。

3.7.3　自动频率微调(AFT)电路

自动频率微调（Automatic Frequency Fine Tuning，AFT）电路也称为自动频率控制（AFC）电路，是接收机中的重要电路之一，由反馈控制电路及可控频率器件组成，如图 3.27 所示。图中受控元件为压控振荡器，控制电压 U_c 通过对 VCO 中可控电抗元件（如变容二极管）某一参数的控制，达到控制压控振荡器频率的目的。

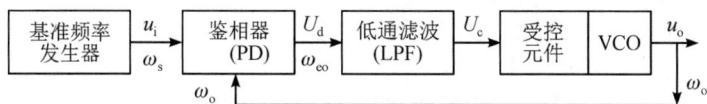

图 3.27　AFT 电路的组成

由图 3.28 所示的电视接收机中的 AFT 电路框图可见，反馈控制电路由混频器、鉴频器和直流放大器等组成。混频器检测输入信号和本振信号间频率的误差，形成差频（即中频）电压。差频电压经放大后送入鉴频器，将频率的误差转换成相应的误差电压 u_d，u_d 经直流放大器放大后作为 VCO 的控制电压。

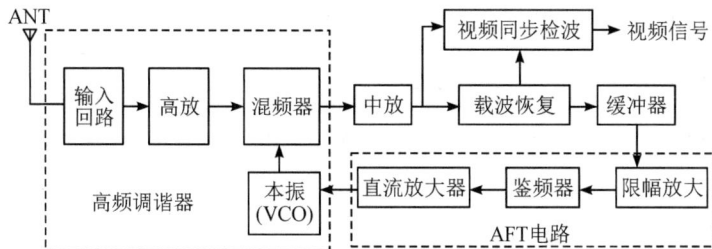

图 3.28　电视接收机中的 AFT 电路框图

若输入信号的角频率为 ω_i，VCO 输出角频率为 ω_o，则根据预定要求，ω_o 与 ω_i 应满足一定的关系，最常见的是线性关系，即

$$\omega_o - \omega_i = \omega_{eo} \quad \text{或} \quad \omega_i - \omega_o = \omega_{eo} \tag{3.52}$$

式中，ω_{eo} 为一固定频率。

当 ω_o 与 ω_i 满足式(3.52)的预定关系时，鉴频器输出的误差电压 $u_d=0$，相应的控制电压 $u_c=0$，这时 VCO 的振荡角频率保持不变。假如由于某种原因，VCO 未加控制时的振荡角频率增加 $\Delta\omega$，而 ω_i 仍保持不变，则混频器输出的误差电压 u_e 的角频率为 $\omega_{eo}+\Delta\omega_o$，鉴频器的输出误差电压则为 u_d，经放大后加到 VCO 的可控电抗元件(通常是变容二极管)上，使 VCO 的振荡频率降低，从而使差频电压 u_e 的角频率减小 $\Delta\omega'_o$，$\Delta\omega'_e$，在 $\omega_{eo}+\Delta\omega'_o$ 的基础上，经反馈控制过程，使误差角频率进一步减小，最终环路进入锁定状态，这时的误差角频率称为剩余角频差，用 $\omega_{es}=\Delta\omega_e(\infty)$ 表示，并有

$$|\omega_{es}| < |\Delta\omega_{eo}| \tag{3.53}$$

这就是说，AFC 电路自动调节的结果，可将较大的起始角频差减小到较小的剩余角频差。若 ω_o 维持不变，当 ω_i 的变化值为 $\Delta\omega_o$ 时，通过环路的自动调节作用，同样能使 $|\Delta\omega_e(\infty)| < |\Delta\omega_o|$。

电视接收机中的 AGC 电路和 AFT 电路如图 3.29 所示。集成电路 5576A 的第 18、19 脚外接的 38 MHz 振荡线圈与内部的 VCO 产生 38 MHz 的开关信号，控制同步检波(即 APC 检波)器。VCO 产生 38 MHz 的信号与中频电压 u_{IF} 同时送入同步检波器，产生的控制电压通过 AFT 放大器后从第 16 脚输出，送入高频头，稳定高频头内本振频率。图像视频放大器输出的图像信号，经消噪电路后送 AGC 检波器，得到 AGC 电压，其中一路送中放(IF-AGC)，另一路经 AGC 延迟电路后，送入高频头控制高放增益。第 10 脚外接 30 kΩ 电阻可调节 RF-AGC 的延迟量。

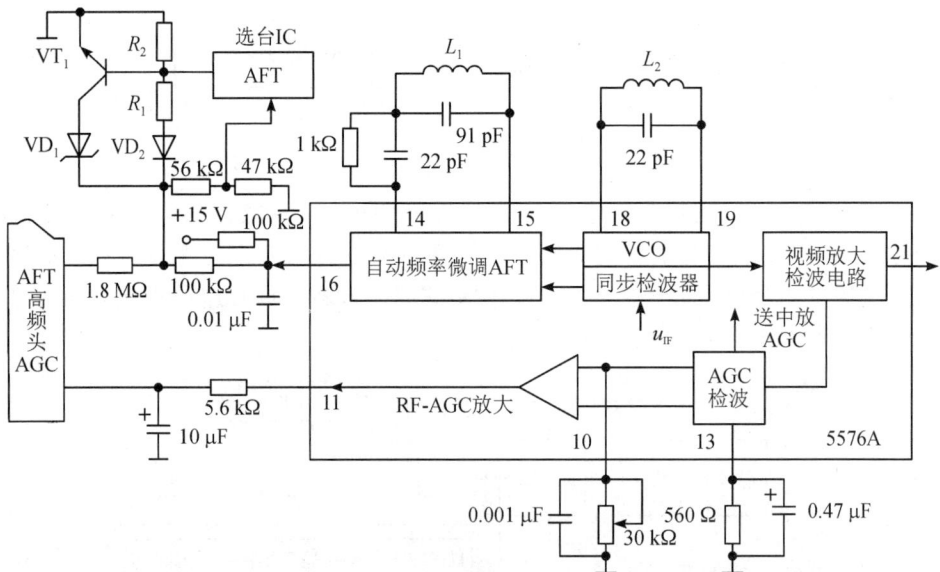

图 3.29 电视接收机中的 AGC 和 AFT 电路

如图 3.30 所示电路是分离元件调频接收音机中的自动频率控制电路。AFC 自动频率

控制信号 U_{AFC} 来自鉴频器输出端。该 AFC 控制电压经 R_1、C_1、R_2 低通滤波后，加到变容二极管 C_j 上，用来控制其结电容的变化，从而对本机振荡频率进行控制。当本机振荡频率偏离中心频率时，鉴频电路将外来接收信号频率与本机振荡频率的频差转换成的电压差值（称为误差电压），并反馈到变容二极管上控制结电容，使本机振荡频率发生调整性变化，进而使本机振荡频率恢复到中心频率，使接收机保持最佳接收状态。

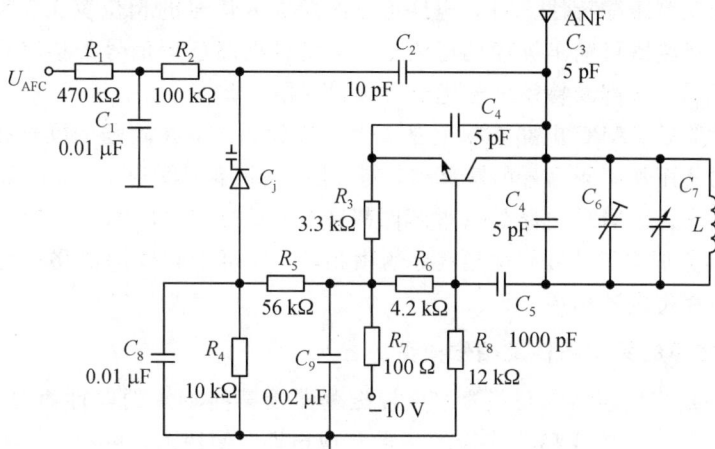

图 3.30　调频收音机中的 AFC 电路

3.7.4　自动相位控制(APC)电路

自动相位控制（Automatic Phase Control，APC）电路又称为锁相环路（Phase Locked Loops，PLL）。

1. 自动相位控制电路概述

图 3.31 所示是简单的锁相环路，它的控制对象是 VCO。反馈控制电路由鉴相器和低通滤波器组成。鉴相器检测出 ω_o 与 ω_i 的相位差，并将这一相位差变换成误差电压 U_d，经环路滤波器（低通）后得到控制电压 U_c 去控制 VCO 输出电压的相位。

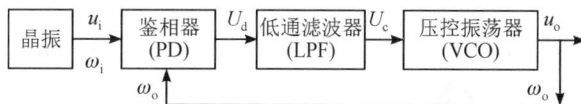

图 3.31　锁相环路的组成

与 AFC 电路一样，APC 电路也是一种实现频率跟踪的自动控制电路。但在 APC 电路中，输入信号的角频率 ω_i 与 VCO 的振荡角频率 ω_o 之间保持一定的关系（如 $\omega_o = \omega_i$）。在满足这种预定关系时，环路进入锁定状态。但这时不利用 ω_i 与 ω_o 之间的频率差，而利用它们之间的相位误差，即环路保持一个固定的相位差 θ_e，因此，环路的锁定是指相位的锁定。

如前所述，APC 系统可实现被控 VCO 输出电压的相位对输入相位的跟踪。根据系统的不同要求，可以跟踪输入信号的瞬时相位，也可以跟踪其平均相位，同时 APC 系统也有较好的抗干扰作用。APC 系统的主要特性如下：

（1）环路锁定时无频差。若环路输入信号频率固定，则环路锁定后，输出与输入信号之间只有一个固定的相位差，而无频率差。这是 APC 电路区别于其他反馈控制系统的特点之一，可用于实现无误差的频率跟踪。

（2）良好的窄带跟踪特性。锁相环锁定后可以对噪声进行过滤，实现窄带滤波器的功能。假如输入信号的频率产生漂移，通过合理的设计，APC 电路可跟踪输入信号的频漂。同时维持窄带滤波作用，即成为一个窄带跟踪滤波器。

（3）良好的调制跟踪特性。APC 电路可以跟踪输入信号的相位变化。若输入信号是已调信号，则这时环路既可输出纯净的已调信号，明显提高已调信号的信噪比，又可作为解调器输出解调信号，其解调特性明显优于常规解调器。

（4）门限性能好。APC 电路实际上是一个非线性系统，在较强的噪声作用下，也存在门限效应。若将其用作调频信号的解调器，与一般限幅-鉴频器相比，其门限改善 $4\sim5$ dB。

（5）易于集成化。APC 电路的基本部件都易于采用模拟集成电路。环路实现数字化后，更易于采用数字集成电路。目前性能良好的锁相环，以至于其外围电路都可集成在同一基片上，这就是单片集成锁相环。

2．集成锁相环的基本部件及相位模型

集成锁相环是将鉴相器电路模型、压控振荡器及某些特殊的器件集成在同一基片上，各部分之间采用部分连接或都不连接的一种集成电路。使用时，可根据需要，在其外围连接各种部件来实现锁相环路的各种功能。

集成锁相环发展十分迅速，目前已有数百种型号的产品，按电路结构可分为模拟锁相环和数字锁相环。无论是模拟锁相环还是数字锁相环路，都有通用型和专用型。

通用型又有多功能和部分多功能环路，是一种适应于各种用途的锁相环，内部主要集成有鉴相器和 VCO，有时还附有放大器和其他辅助电路，也有用单独的集成鉴相器和集成 VCO 组成相应的锁相环路。专用型是为某种功能专门设计的锁相环，如用于调频接收机中的调频解调，彩色电视机中对正交平衡调幅的色差信号解调及用于通信中的频率合成环等。

在集成锁相环中，模拟锁相环的鉴相器都由双差分模拟乘法器组成；数字鉴相器则多由门电路、触发器等组成；VCO 一般采用射极耦合多谐振荡器或积分-施密特触发器型多谐振荡器。以下介绍鉴相器。

1）鉴相器

集成锁相环中鉴相器（Phase Detector，PD）的模型可用图 3.32(a)所示的电路模型来表示，图 3.32(b)所示是其正弦鉴相特性。

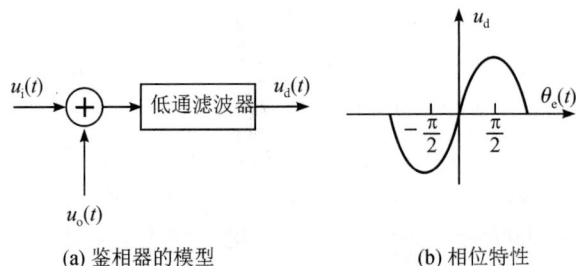

(a) 鉴相器的模型　　　　　　　　(b) 相位特性

图 3.32　鉴相器的电路模型和相位特性

鉴相器的作用是检测出 u_i 和 u_o 两个电压之间的相位差，产生相应的输出电压 u_d。u_i 为输入信号，u_o 为 VCO 输出电压，两信号正交，即

$$u_i = U_{in} \sin[\omega_i t + \theta_i'(t)] \tag{3.54}$$

$$u_o = U_{om} \cos[\omega_o t + \theta_o(t)] \tag{3.55}$$

式中，$\theta_i'(t)$ 是以 ω_i 为参考的 u_i 的瞬时相位，$\theta_o(t)$ 是以 ω_o 为参考的 u_o 的瞬时相位。若以 ω_o 为参考频率，则 u_i 的总相位可写为

$$\omega_i t + \theta_i' = \omega_o t + [(\omega_i - \omega_o)t + \theta_t'] = \omega_o t + \theta_i(t) \tag{3.56}$$

式中，$\theta_i(t) = (\omega_i - \omega_o)t + \theta_i'(t)$ 是以 ω_o 为参考角频率时 u_i 的瞬时相位。于是有

$$u_i = U_{im} \sin[\omega_o t + \theta_i(t)] \tag{3.57}$$

$$u_o = U_{om} \sin[\omega_o t + \theta_o(t)] \tag{3.58}$$

将式(3.57)、式(3.58)两式相乘，滤除 $2\omega_o$ 分量，即可获得鉴相器输出误差电压为

$$u_d = K_d \sin\theta_o(t) \tag{3.59}$$

式中，K_d 是控制特性的斜率，即 VCO 的压控灵敏度，单位为 rad/V，即单位控制电压可使 VCO 振荡角频率变化的大小。

VCO 输出的总相位为

$$\int_0^t \omega_0(\tau)d\tau = \int_0^t (\omega_0 + K_0 u_c(\tau))d\tau = \omega_0 t + K_0 \int_0^t u_c(\tau)d\tau \tag{3.60}$$

即 $\theta_0(t) = K_0 \int_0^t u_c(\tau)d\tau$，引入微分算子 $p = \mathrm{d}/\mathrm{d}\tau$，则

$$\theta_0(t) = \frac{K_0}{p} \cdot u_c(t) \tag{3.61}$$

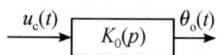

图 3.33 VCO 的控制特性

于是可得到图 3.33 所示的 VCO 的控制特性。

2）环路滤波器

环路滤波器主要用于滤除鉴相器输出中一些无用的组合频率及干扰，以提高环路的稳定性。锁相环中常用的环路滤波电路有简单 RC 低通滤波器和有源 RC 低通滤波器。

在集成锁相环中，做成有源 RC 低通滤波器较为容易，但电容元件则常为外接元件。环路滤波器传递函数为

$$K_F(s) = K_f F(s) \tag{3.62}$$

考虑到环路滤波器的输入信号不一定是简谐波，因此它的响应与激励之间的关系也常用微分方程表示，即

$$u_c(t) = K_f(p)u_d(t) \tag{3.63}$$

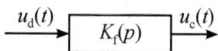

图 3.34 环路滤波器模型

式中，$K_f(p)$ 为滤波器的传递函数。由式(3.63)可得环路滤波器的模型如图 3.34 所示。

3）锁相环路的相位模型

将鉴相器、环路滤波器和 VCO 的相位模型连接起来，就得到锁相环路的相位模型，如图 3.35 所示。由该模型可得到锁相环路的基本方程为

$$\theta_e(t) = \theta_i(t) - \theta_o(t) = \theta_i(t) - K_d K_f(p) K_0 \cdot \frac{1}{p} \sin\theta_e(t) \tag{3.64}$$

$$p\theta_i(t) = p\theta_e(t) + K_d K_f(p) K_0 \sin\theta_e(t) \tag{3.65}$$

或表示为

$$\Delta\omega_0 = \Delta\omega_s + \Delta\omega_c \tag{3.66}$$

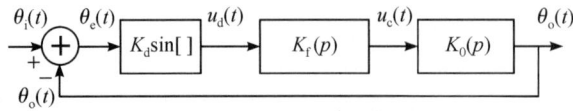

图 3.35　锁相环路的相位模型

式(3.65)是非线性微分方程，可以完整地描述环路闭合后所发生的控制过程。其中 $\Delta\omega_s = p\theta_e(t) = \mathrm{d}\theta_e(t)/\mathrm{d}t = \omega_i - \omega_o$，表示 VCO 振荡器角频率 ω_o 偏离输入信号角频率 ω_i 的值，称为锁相环路的瞬时角频差；$K_d K_f K_0 \sin\theta_e(t)$ 表示闭环后，VCO 在控制电压 $\omega_c(t)$ 作用下所产生的角频率偏离 ω_{o0}（VCO 未加控制时的固有振荡频率）的数值，即 $\Delta\omega_c = \omega_o - \omega_{o0}$，称为环路的控制频差；而 $p\theta_i = \dfrac{\mathrm{d}\theta_i(t)}{\mathrm{d}t} = \omega_i - \omega_{o0} = \Delta\omega_0$ 则表示输入信号角频率偏离 ω_{o0} 的数值，称为输入固有角频差。

由此可见，式(3.64)环路方程的物理意义是：在任意时刻 t，环路闭合的瞬时频差与环路控制频差的代数和等于开环时的固有频差。如果 $u_i(t)$ 是恒定频率的输入信号，即输入固有角频差 $\Delta\omega_0$ 为常数，则在环路进入锁定过程中，瞬时角频差 $\Delta\omega_s$ 不断减小，而控制角频差 $\Delta\omega_c$ 不断加大，但是两者之和恒等于 $\Delta\omega_0$，直到瞬时频差 $\Delta\omega_s$ 减小到零。而控制频差增大到 $\Delta\omega_0$，VCO 振荡频率等于输入信号频率($\omega_o = \omega_i$)，环路进入锁定状态，这时的相位差 $\theta_e(t) = \theta_{es}$ 为一固定值，称为稳态相位差(或剩余相位差)。正是这个稳态相位差才使鉴相器输出一直流电位，该直流电位经低通滤波器后加到 VCO 上，使 VCO 振荡频率等于输入信号频率。对于环路的基本方程，还应注意以下几点：

(1) 环路基本方程所描述的是输入信号 u_i 与 VCO 输出信号 u_o 之间的瞬时相位差 $\theta_e(t)$。

(2) 环路基本方程是非线性微分方程。这种非线性主要是由于鉴相器的特性呈非线性。微分方程的阶数取决于环路滤波器的阶数，解出这一微分方程即可确定系统的全部性能。但目前仅对无环路滤波器的一阶环路可得出精确的解析解，其他情况都采用近似分析的方法来研究。

(3) 环路基本方程是在无干扰和环路内参量不变的条件下导出的，若考虑噪声及时变参数的影响，则环路相位模型及基本方程都应作修正。

3. 锁相环路的自动调节过程

锁相环路工作过程可分为两种调节过程，即跟踪过程和捕捉过程。若环路初态处于锁定状态，则当输入信号的频率发生变化时，环路通过自身的调节维持锁定的过程称为跟踪过程。当环路从原先的失锁状态，通过环路自动调节过程进入锁定状态的过程称为环路的捕捉过程，相应地，由失锁状态进入锁定状态所允许的最大 $|\Delta\omega_0|$ 称为环路的捕捉带。

图 3.36 所示为锁相环路的捕捉过程示意图。当开关 K 断开时，相当于开环状态。假定 VCO 的固有振荡频率为 $\Delta\omega_{o0}$，偏离输入信号频率为 ω_i，频差为 $\Delta\omega_0 = \omega_i - \omega_{o0}$，由相位与

频率的关系可知，这时相应的相位差为 $\theta_e(t)=\Delta\omega_0 t$，显然 $\theta_e(t)$ 随时间线性增大。由于鉴相器的鉴频特性是正弦函数，因此鉴相器的输出角频率是一以 $\Delta\omega_0$ 为角频率的正弦差拍电压，即 $u_d(t)=k_d\sin\Delta\omega_0 t$。频差 $\Delta\omega_0$ 的值不同，环路的工作情况也不同。

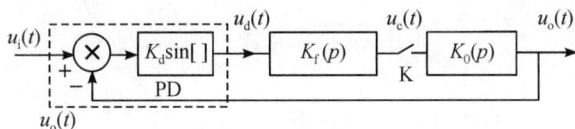

图 3.36　锁相环路的捕捉过程示意图

（1）若频差 $\Delta\omega_0$ 很大，其值远落在 LPF 的通频带之外，这时即使将开关 K 闭合，由于鉴相器输出的差拍电压 $u_d(t)$ 被 LPF 滤除而加不到 VCO 上，VCO 的振荡频率仍然维持在 $\Delta\omega_0$ 上，因此，虽然环路已闭合，但实际上仍然处于失锁状态。

（2）若频差 $\Delta\omega_0$ 很小，其值落在 LPF 的通频带内，也就是输入信号频率 ω_i 接近于 ω_{o0}，这时将开关 K 闭合，鉴相器输出的差拍电压 $u_d(t)$ 频率很低，能顺利通过 LPF 加到 VCO 上，控制 VCO 的振荡频率 ω_o，ω_o 随差拍电压的变化而变化，即 $\omega_o(t)$ 将在 ω_o 附近摆动，且摆动幅度不大，也就意味着 $\omega_o(t)$ 在 ω_i 附近上下摆动，$\omega_o(t)$ 的摆动一定能到达 ω_i 的值，此时，控制频差等于固有频差，环路进入锁定状态，鉴相器将输出一个与 θ_{es} 对应的直流电位，维持环路的动态平衡。

3.7.5　无线收发机的一些应用电路

典型的无线收发机包括无线电通信接收机和无线电通信发射机，二次变频超外差接收机及 GSM 移动通信宽带直放站以下分别介绍。

1．无线电通信发射机

图 3.37（a）展示了一个典型的调幅发射机的组成结构，它主要用于将声音信号通过无线电波发射出去。发射机的流程从麦克风（MIC）开始，捕捉声音并转换成电信号。信号随后被送入前置放大器（AFA）进行初步放大。振荡器生成载波信号，该信号通过调幅过程与音频信号结合，形成最终的无线电信号。信号经过倍频器提高频率，并通过滤波器确保信号的纯净度。高频功放将信号功率放大，使其能够通过天线有效地辐射到空中。

图 3.37（b）描述了手持电话发送部分的内部结构，它负责将用户的语音转换为无线信号进行传输。手持电话的发送部分同样从麦克风（MIC）捕获声音信号开始，但随后信号被送入数字信号处理器（DSP）进行数字处理，以实现高效的信号编码和调制。中央处理器（CPU）控制电话的各种功能，包括信号处理和通信协议的执行。模/数（A/D）转换器和数/模（D/A）转换器在数字域和模拟域之间转换信号。功率放大控制器管理信号的放大过程，确保信号稳定并符合通信标准。振荡器提供载波信号，调制器根据特定的通信协议对信号进行调制。滤波器用于滤除不需要的频率成分，前置功放和高频功放则分别对信号进行初步放大和最终放大，最终信号通过天线发射。

无线电信号的接收过程正好和发送过程相反，由接收天线接收到的电磁波先转变为已调高频振荡电流（或电压），然后从已调高频振荡电流（电压）中检测出原调制信号，这一过程称为解调。

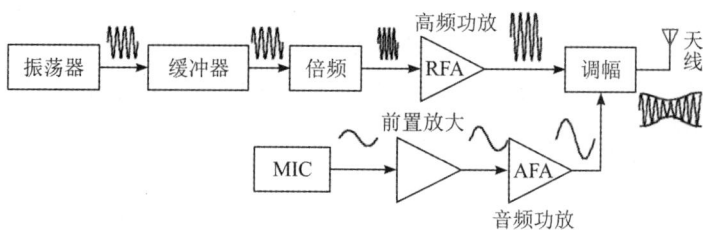

(a) 调幅发射机的组成框图

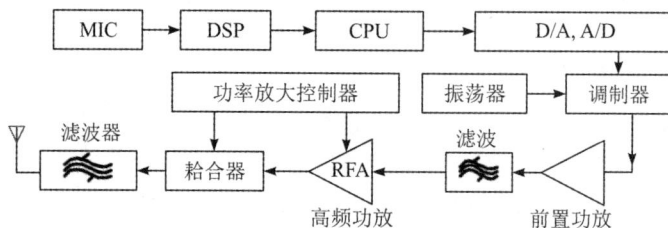

(b) 手持电话发送部分框图

图 3.37 无线电通信发射机的组成框图

2. 无线电通信接收机

图 3.38 是无线电通信接收机的组成框图。其中,图 3.38(a)是超外差调幅接收机的框图。图中,高频放大器是由一级或多级小信号谐振放大器组成的,其作用是利用电路中的谐振网络,从天线接收到众多频率的信号中选出所需信号,并予以放大。图 3.38(b)是手持电话射频接收部分的组成框图。值得注意的是,由于谐振放大器的中心频率随所需接收的信号频率 f 不同而不同,因此高频放大器选频网络的中心频率必须是可调节的,这就需要用到自动频率调节(AFT)电路。

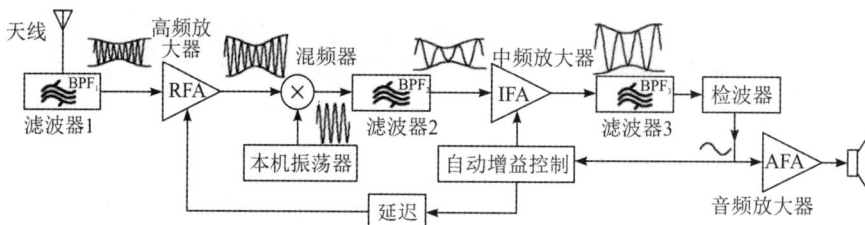

(a) 超外差调幅接收机的框图

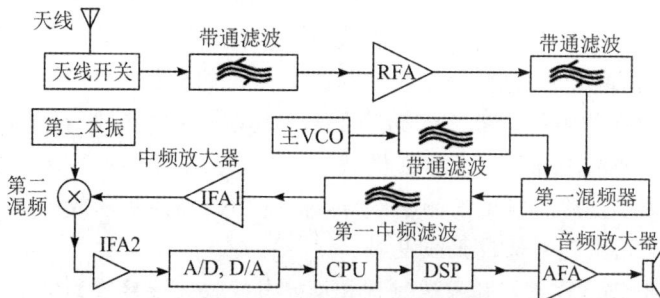

(b) 手持电话射频接收部分的组成框图

图 3.38 无线电通信发射机的组成框图

混频器是超外差调幅接收机的核心，其作用是将高频放大器输出的频率为 f_c 的高频已调信号与来自本地振荡器、频率为 f_L 的高频振荡信号相差拍，产生和频或差频分量，使高频已调波不失真地变换为载波频率为 f_1 的中频已调波信号。f_1 是固定值，称为中频。本地振荡器是用以产生频率为 $f_L = f_c \pm f_1$ 的高频振荡信号。由于 f_1 为固定值，而 f_c 随所需接收信号不同而不同，因此，振荡器的振荡频率 f_L 是可调的，且必须使其正确跟踪 f_c，目前多采用 $f_L = f_c \pm f_1$ 方式，即超外差接收方式。

中频放大器是由多级小信号谐振放大器组成的中心频率固定的带通放大器，用以选择并放大中频调幅信号。中频放大器通常还带有自动增益控制(AGC)电路。超外差调幅接收机之所以将接收到的有用信号频率 f_c 与本机振荡器的振荡频率 f_L 混频后降为 $f_1 = f_L - f_c$，主要有以下三个方面的考虑：

(1) 在中频段选择有用信号比在射频段选择对选频网络 Q 值的要求降低，例如，图 3.38(a)中滤波器 BPF$_1$ 和 BPF$_2$ 的中心频率相差较大，滤波器 BPF$_1$ 的中心频率很高，因此带宽较宽，主要用于选择频带；而 BPF$_2$ 的中心频率较低，相对带宽较窄，主要用于选择信道。

(2) 信号从天线到解调电路输入端，需要将天线接收到的微弱信号放大 $100 \sim 200$ dB，为了放大器能稳定工作，避免放大器自激，放大器在一个频带内的增益通常不超过 $50 \sim 60$ dB。在超外差接收机中，将整机增益分配到高频放大器、中频放大器和基带信号放大器 3 个频段上。中频放大器在较低中频上做窄带高增益的放大器比在射频载波段做高增益放大器容易且放大器稳定性好得多。

(3) 在较低的中频频率，解调信号更方便、容易和稳定。超外差接收机中的高频放大器必须采用低噪声放大器(Low Noise Amplifier, LNA)，考虑到放大器的稳定性，LNA 的增益一般不超过 15 dB。滤波器 BPF$_1$ 可以在 LNA 前面，也可以在 LNA 后面，也可以前后都有，但每接入一级 BPF，就引入一次衰减，设计 LNA 时应考虑 BPF 的插入损耗。若 BPF 放在 LNA 前面，有利于滤除进入 LNA 的带外干扰信号，起到对信号的预选作用。若 BPF 放在 LNA 后面，有利于滤除由 LNA 产生的非线性干扰信号(如互调干扰等)，有利于降低系统噪声。

3. 二次变频超外差式接收机

二次变频超外差式接收机是一种在无线电通信中广泛使用的接收机，它通过两次频率转换来提高接收机的性能。二次变频超外差式接收机具有提高选择性和灵敏度、减少镜像频率干扰、稳定本机振荡器等优势。

图 3.39 所示是二次变频超外差接收机的组成框图。图中，BPF$_1$ 的中心频率远高于 BPF$_2$ 的中心频率，通常 BPF$_2$ 的中心频率又高于 BPF$_3$ 的中心频率。解调器的功能是从中频放大器输出的中频调幅信号中检测出反映被传送的调制信号。低频放大器由若干级小信号电压放大器和功率放大器组成，用以放大调制信号并经扬声器发出声音。

尽管二次变频超外差式接收机在性能上有许多优势，但它也增加了接收机的复杂性和成本。因此，这种设计通常用于对性能要求较高的场合，如专业通信设备、高级业余无线电接收机和某些类型的军事接收设备。

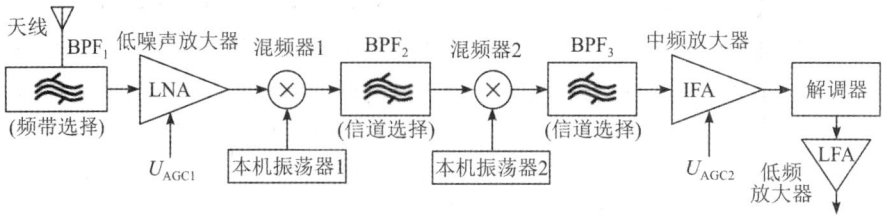

图 3.39　二次变频超外差式接收机的组成框图

4. GSM 移动通信宽带直放站

GSM 移动通信宽带直放站是一种用于增强 GSM 移动通信网络信号的中继设备，它能够扩展基站的覆盖范围，尤其是在信号难以覆盖的区域，如地下商场、停车场、地铁、隧道、高层建筑的办公室、娱乐场所、电梯或私人住宅等地方。宽带直放站通过接收基站发出的信号并将其放大，然后再发射出去，从而解决信号盲区或弱信号区的问题。

图 3.40 所示是 GSM 移动通信宽带直放站的原理框图。图中，下行信号处理电路将源天线接收到（基站）的信号进行低噪声放大、混（变）频、滤波及高频功率放大等处理后，从用户天线端向需要覆盖的区域辐射信号，如大楼中电梯内的手机信号覆盖等。上行信号处理部分，则需要将接收到的被覆盖的小区中的手机信号，进行低噪声放大、混（变）频、滤波及高频功率放大等处理后，从源天线辐射供基站接收，从而实现移动通信的无缝覆盖。

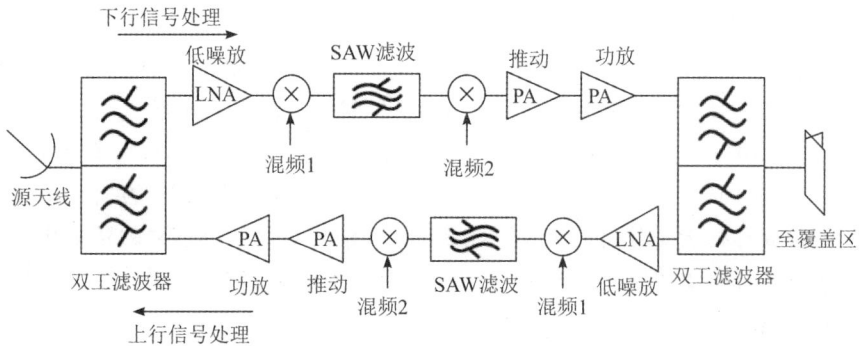

图 3.40　GSM 移动通信宽带直放站原理框图

由图 3.37～图 3.40 可见，在发射机和接收机中，除低频放大器外，其他都是处理高频信号的电路，包括高频信号的产生（振荡器）、放大（小信号放大器、功率放大器）、倍频、混频、调制和解调电路。这些单元电路都是由有源器件（分立元件或集成电路）和无源器件构成的，既有线性电路，也有非线性电路。这些单元电路及有关的技术问题，就是本章讨论的对象，显然，它们的性能直接影响整个通信系统的质量。

3.8　本 章 小 结

本章首先引入了一个无线电通信系统的基本框图以说明收发系统的基本工作原理，然后介绍了通信系统的一些基本电路，主要包括调幅与调幅解调电路、调频波与解调电路、限幅电路、选频电路、反馈控制电路和锁相环路电路等基本电路及电路分析。

习　题

3.1　简述无线电通信系统的组成结构。

3.2　简述无线发射机和接收机的基本原理。

3.3　调幅和调频电路的主要作用是什么？

3.4　简述锁相环电路的基本原理及主要作用。

3.5　采用 AGC 电路的原因有哪些？

第 4 章

移动应急通信系统

在应急通信领域，由于移动通信技术具有用户覆盖面广、针对性强、个性化程度高、操作简单和信息传输形式丰富等多种特殊优势，因此有着十分重要的应用。移动应急通信系统具有十分重要的地位和作用，是全面推进应急通信事业发展的关键。

4.1 移动通信技术概述

移动通信(Mobile Communication)是通信双方至少有一方处在移动状态中，可以在任何时间和任何地点进行通信，是一种既不需要传统的线缆传输信号，也不需要把通信设备转移到无线网络的先进的通信方式。移动体与固定点之间、移动体相互之间的信息交换都可以称为移动通信，其中移动体可以是人，也可以是车、船和飞机等处在移动状态中的物体。当然，当今的移动通信技术已不仅仅包括传统的手机通信，还包括 WLAN、WiFi、WiMax、WAP 和 GPS 等多种技术。

4.1.1 移动通信及其特点

移动通信系统包括无绳电话、无线寻呼、陆地蜂窝移动通信、卫星移动通信等。移动体之间通信联系的传输手段只能依靠无线通信。因此，无线通信是移动通信的基础，而无线通信技术的发展会推动移动通信的发展。当移动体与固定体之间进行通信联系时，除依靠无线通信技术外，还依赖有线通信网络技术，例如，公众电话网(Public Switched Telephone Network，PSTN)、公众数据网(Public Data Network，PDN)、综合业务数字网(Integrated Services Digital Network，ISDN)等网络。

移动通信的主要特点如下。

1. 利用无线电波进行信息传输

移动通信中，基站与用户间必须靠无线电波来传送信息。无线传播环境十分复杂，导致了无线电波传播特性一般很差，这表现为直射波和随时间变化的绕射波、反射波、散射波的叠加，造成所接收信号的电场强度起伏不定，最大可相差 $20\sim30$ dB，这种现象称为衰落。另外，移动台不断运动，当达到一定速度时，固定点接收到的载波频率将随运动速度 v 的不同，产生不同的频移，即产生多普勒效应，使接收点信号场强的振幅、相位随时间、地点而不断地变化，严重影响通信的质量。这就要求在设计移动通信系统时，必须采取抗衰落措施，以保证通信质量。

2. 在强干扰环境下工作

在移动通信系统中，除一些外部干扰（如城市噪声、各种车辆发动机点火噪声、微波炉干扰噪声等）外，自身还会产生各种干扰。主要的干扰有互调干扰、邻道干扰及同频干扰等。因此，无论在系统设计中，还是在组网时，都必须对各种干扰问题予以充分的考虑。

（1）互调干扰。互调干扰是两个或多个信号作用在通信设备的非线性器件上，产生与有用信号频率相近的合频率，从而对通信系统构成干扰的现象。产生互调干扰的原因是在接收机中使用"非线性器件"引起的，如接收机的混频，当输入回路的选择性不好时，就会使干扰信号随有用信号一起进入混频级，最终形成对有用信号的干扰。

（2）邻道干扰。邻道干扰是相邻或邻近的信道（或频道）之间的干扰，是由强信号串扰弱信号造成的干扰。例如，有两个用户距离基站位置差异较大，且这两个用户所占用的信道为相邻或邻近信道时，距离基站近的用户信号较强，而距离基站远的用户信号较弱。因此，距离基站近的用户有可能对距离基站远的用户造成干扰。为解决这个问题，在移动通信设备中，使用了自动功率控制电路，以调节发射功率。

（3）同频干扰。同频干扰是相同载频电台之间的干扰。蜂窝式移动通信采用同频复用来规划小区，这就导致系统中相同频率电台之间的同频干扰成为其特有的干扰。这种干扰主要与组网方式有关，在设计和规划移动通信网时必须予以充分的重视。

3. 通信容量有限

频率作为一种资源必须合理地安排和分配。由于适用于移动通信的频段基本限于UHF（Ultra High Frequency，超高频）和VHF（Very High Frequency，甚高频），因此可用的通道容量是极其有限的。为满足增加的用户需求量，只能在有限的已有频段中采取有效利用频率措施，如窄带化、缩小频带间隔、频道重复利用等方法来解决。目前常使用频道重复利用的方法来扩容，以增加用户容量。

4. 通信系统复杂

移动台在通信区域内随时运动，需要随机选用无线信道进行频率和功率控制、地址登记、越区切换及漫游存取等跟踪技术，这就使其信令种类比固定网要复杂得多。在入网和计费方式上也有特殊的要求，所以移动通信系统是比较复杂的。

5. 对移动台的要求高

移动台长期处于不固定位置状态，外界的影响很难预料，如尘土、震动、碰撞等，这就要求移动台具有很强的适应能力。此外，还要求性能稳定可靠、携带方便、小型、低功耗及耐高、低温等。同时，要尽量使用户操作方便，适应新业务、新技术的发展，以满足不同人群的使用。这给移动台的设计和制造带来了很大困难。

4.1.2　移动通信技术的演进

与发明于 1876 年的固定电话相比，移动通信的历史显然要短得多，但移动通信的发展速度要远远快于固定通信。这主要有两方面的原因：一是技术的推动，二是需求的拉动，"一推一拉"相互促进，使移动通信业务发展一日千里，势不可挡。从技术的角度来看，移动通信从 1G 开始，经历了 2G、2.5G 和 3G、4G、5G 等几个阶段，正在向 6G 迈进。

1. 1G 移动通信

1G(1st Generation)即第一代移动通信系统，是以美国的 AMPS(IS-54)、英国的 TACS 和北欧的 NMT450/900 为代表的模拟移动通信技术。自 20 世纪 70 年代末、80 年代初发展起来后，1G 移动通信很快投入商用阶段。其特点是以模拟电话为主，应用了频率复用和多信道共用技术。1G 以模拟电路单元为基本模块实现语音通信，采用了蜂窝结构，频带可重复利用，实现了大区域覆盖和移动环境下的不间断通信。虽然 1G 是移动通信发展的新突破，但在技术上仍有不少不可逾越的发展瓶颈，因此已经基本被淘汰。我国已在 2001 年年底全面关闭了 1G 移动通信系统。

2. 2G 移动通信

2G(2nd Generation)即第二代移动通信系统，主要采用"时分多址技术(Time Division Multiple Access，TDMA)"及"码分多址技术(Code Division Multiple Access，CDMA)"。与第一代模拟蜂窝移动通信相比，第二代移动通信系统采用了数字化技术，具有保密性强、频谱利用率高、提供服务种类丰富和标准化程度高等优点，使移动通信得到了空前的发展，从过去的补充地位跃居到当时的主导地位。国际上采用 TDMA 制式的主要有三种，即欧洲的 GSM、美国的 D-AMPS 和日本的 PDC。采用 CDMA 技术制式的主要为美国的 CDMA(IS95)。

3. 3G 移动通信

3G(3rd Generation)即第三代移动通信技术，采用智能信号处理技术，实现了以语音业务为主的多媒体数据通信，并具有更强的多媒体业务服务能力和极大的通信容量，使移动通信的发展进入一个全新的阶段。3G 是将无线通信与国际互联网等多媒体通信结合起来的新一代移动通信系统，它能够处理图像、音乐和视频流等多种媒体形式，提供包括网页浏览、电话会议、电子商务、电子政务、应急指挥在内的多种信息服务。

3G 的主要优势表现在两方面：一是可以让移动用户使用同一部手机实现全球漫游，真正做到任意时间(Anytime)、任意地点(Anywhere)、任何人(Anyone)之间的交流；二是具有高速传输速率，在静止或低速移动的情况下，数据传输速率能达到 2 Mb/s，在正常行车速度的情况下，数据传输速率也可达到 384 kb/s，无线网络能够支持不同的数据传输速度。国际上公认的 3G 主流标准有 3 个，分别是欧洲的 WCDMA、美国高通的 CDMA2000 和中国的 TD-SCDMA，各种标准都有自己的特色和长处，具体选用什么样的标准，还需考虑多方面的因素，以适应地域和国情的需要。

4. 4G 移动通信

4G(4th Generation)即第四代移动通信技术。在 2005 年 10 月的 ITU-RWP8F 第 17 次会议上，国际电信联盟给了 4G 技术一个正式的名称"IMT-Advanced"。按照 ITU 的定义，当时的 WCDMA、HSDPA 等技术统称为 IMT-2000 技术。未来的新空中接口技术叫作 IMT-Advanced 技术。国际电信联盟从 2009 年年初开始在全世界范围内征集 4G 候选技术。2009 年 10 月，ITU 共征集到了 6 种候选技术，这 6 项技术基本上可以分为两大类：一是基于 3GPP LTE 的技术，我国提交的 TD-LTE-Advanced 是其中的 TDD 部分，另一类是基于 IEEE 802.16m 的技术。TD-LTE-Advanced 是由我国具有自主知识产权的 3G 标准的 TD-SCDMA 技术发展演进而来的，我国已于 2013 年 12 月颁发了 TD-LTE 牌照，三大运营商各得其一，已开始大规模商用已箭在弦上。与此同时，随着国内规模应用的普及，国际电信运营企业和制造企业纷纷开始了 TD-LTE 的部署。

总之，4G 是 3G 技术的一次重要演化，其在传输速率和传输成本方面有一个根本性的突破，在无线通信的效率和功能等方面有质的提升。同时，它包含的不仅是一项技术，更是多种技术的融合，包括传统移动通信领域的技术和宽带无线接入领域的新技术及广播电视领域的技术等。4G 以更高的数据率、更好的业务质量（QoS）、更高的频谱利用率、更高的安全性、更高的智能性、更高的传输质量和更高的灵活性成为其的主要优势，而且 4G 能充分体现出移动、无线接入网及 IP 网络不断融合的发展趋势。

5. 5G 移动通信

4G 技术的出现已经使移动通信宽带和能力有了一个质的飞跃。每个时代的出现都基于一定的技术基础，同时还会衍生很多创新业务和产品以及应用场景。5G（5th Generation）比之前的 1G、2G、3G、4G 有更特殊的优势。它不仅具有更高的传输速率、更大的带宽、更强的通话能力，还能融合多个业务、多种技术，为用户带来更智能化的生活，从而打造以用户为核心的信息生态系统。因此，可以说，5G 时代是一个能够实现随时、随地、万物互联的时代。

从目前的发展来看，5G 与前面其他 4 个移动通信时代相比，并不是一个单一的无线接入技术，也不是几个全新的无线接入技术，而是多种无线接入技术和现有无线接入技术集成后的解决方案的总称。5G 的发展已经能够更好地扩展到物联网领域。

面向未来，移动互联网和物联网业务已成为移动通信发展的主要驱动力。5G 能满足人们在居住、工作、休闲和交通等各种区域的多样化业务需求，即便在密集住宅区、办公室、体育场、地铁、快速路、高铁和广域覆盖等具有超高流量密度、超高连接数密度、超高移动性特征的场景，也可以为用户提供超高清视频、虚拟现实、增强现实、云桌面、在线游戏等极致业务体验。与此同时，5G 还渗透到了物联网及各种行业领域，与工业设施、医疗仪器、交通工具等深度融合，有效满足了工业、医疗、交通等垂直行业的多样化业务需求，可实现真正的"万物互联"。

5G 概念可由"标志性能力指标"和"一组关键技术"来共同定义。其中，标志性能力指标为"Gbit/s 用户体验速率"，一组关键技术包括大规模天线阵列、超密集组网、新型多址、全频谱接入和新型网络架构。正如下一代移动通信网络（NGMN）联盟给出的定义，5G 是一个端到端的生态系统，它能打造一个全移动和全连接的社会。5G 连接的是生态、客户、商业模式，能够为用户带来前所未有的客户体验，可以实现生态的可持续发展。

6. 6G 移动通信

6G（6th Generation）是第六代移动通信技术的简称，它是继 5G 之后的下一代移动网络技术。目前，6G 还处于研究和开发阶段，预计将在 2030 年左右开始商用部署。6G 技术将带来更高的数据传输速率、更低的延迟、更广的连接范围以及更智能的网络服务。6G 的数据传输速率可能达到 5G 的 50 倍，时延缩短到 5G 的十分之一，在峰值速率、时延、流量密度、连接数密度、移动性、频谱效率、定位能力等方面远优于 5G。

6G 网络将是一个地面无线与卫星通信集成的全连接世界。通过将卫星通信整合到 6G 移动通信，实现全球无缝覆盖。此外，在全球卫星定位系统、电信卫星系统、地球图像卫星系统和 6G 地面网络的联动支持下，地空全覆盖网络还能帮助人类预测天气、快速应对自然灾害等。6G 通信技术不再是简单的网络容量和传输速率的突破，它更是为了缩小数字鸿沟，实现万物互联这个"终极目标"，这便是 6G 的意义。

4.2 移动通信基本技术

移动通信（尤其是蜂窝移动通信系统）是当今世界发展最快的产业之一，2024 年是移动通信诞生 68 周年，68 年来，移动通信网已经成为世界上最大的无线通信网，中国移动通信网也已成为超过 13 亿用户的最大移动网。尽管全国大中型城市基站密布，但在大型会议、大型比赛、发生自然灾害和突击抢险任务等场合，仍存在无线覆盖的热点和盲点，现有移动通信的通话质量也仍受到影响。为了保障在特殊情况下移动通信的通畅和安全，解决网络需求与业务应急手段落后的矛盾，需要随机增加一些应急基站，作为移动通信网的应急支撑体系。

移动通信的基本原理是通过无线电波进行信息的传输与接收。它首先将语音、数据等信息转换为电磁波，并通过天线发射出去。接收端再通过天线接收到这些电磁波，并将其还原为原始的语音、数据等信息。在移动通信中，频率被划分为多个信道，每个信道被分配给不同的移动设备进行通信，以确保信息的有效传输。此外，移动通信还采用了调制解调技术，将数字信号转换为模拟信号进行传输，并在接收端通过解调技术将模拟信号还原为数字信号，实现信息的可靠传递。同时，多址技术的应用使多个移动设备可以在同一频段内同时进行通信，提高了通信的效率和容量。此外，信道编码技术也被广泛应用于移动通信中，以提高信号的抗干扰和纠错能力，确保通信的可靠性。

目前常用的移动通信基本技术包括多址技术、功率控制技术、蜂窝技术、调制技术、抗干扰技术、电波传播技术和组网技术，下面分别介绍。

1. 多址技术

多址技术（Multiple Access Technology）是移动通信系统中允许多个用户在同一频率或时间资源上进行通信，而不发生相互干扰的关键技术。它使多个用户能够共享有限的无线频谱资源。以下是几种主要的多址技术。

1）频分多址

频分多址（Frequency Division Multiple Access，FDMA）有时也被称为信道化，就是把整个可分配的频谱划分成许多单个无线电信道（发射和接收载频对），每个信道可以传输一路话音或控制信息。在系统的控制下，任意个用户都可以接入这些信道中的任何一个。

2）时分多址

时分多址（Time Division Multiple Access，TDMA）是在一个宽带的无线载波上，把时间（又称为时隙）划分为若干时分信道，每个用户占用一个时隙，只在指定的时隙内接收（或发送)信号。多址方式应用在数字蜂窝系统中，GSM 系统也采用了此方式。

3) 码分多址

码分多址(Code Division Multiple Access，CDMA)是一种利用扩频技术形成的不同码序列实现的多址方式。它不像 FDMA、TDMA 那样把用户的信息从频率和时间上分离，基于 CDMA 的通信可以在一个信道上同时传输多个用户的信息，也就是说，CDMA 允许用户之间的相互干扰。其关键是信息在传输以前要进行特殊的编码，这样编码后的信息混合后才不会丢失其原意。有多少个互为正交的码序列，就可以有多少个用户同时在一个载波上通信。每个发射机都有自己唯一的代码(伪随机码)，同时接收机也知道要接收的代码，用这个代码作为信号的解扩码，接收机就能从所有其他信号的背景中恢复出原来的信息码(这个过程称为解扩)。

4) 正交频分多址

正交频分多址(Orthogonal Frequency Division Multiple Access，OFDMA)是一种多载波传输技术，广泛应用于现代无线通信系统，如无线局域网(WLAN)、数字电视和 4G 以及 5G 移动通信网络。OFDMA 是一种特殊的多载波传输方案，它将数据分成多个子载波进行传输，这些子载波彼此正交，即它们之间没有干扰。

OFDMA 是一种非常灵活的多址接入技术，它结合了 FDMA 和 TDMA 的优点，并通过使用正交子载波提高了频谱效率和系统容量。由于这些优势，OFDMA 成为了 4G LTE 和 5G 移动通信标准的关键技术之一。

5) 空分多址

基站通过不同的空间来区分不同用户的方式称为空分多址(Space Division Multiple Access，SDMA)技术。它是利用天线的方向性实现的，通过调整天线的参数，使发射的电磁波朝着用户的方向传播，这种技术叫作波束赋形，具有这种功能的天线称为智能天线。

空分多址技术是天线通过波束赋形技术，把空间分为互相不干扰的若干部分，形成具有一定空间分布的空间信道，用来对不同的用户进行数据传输。空分多址技术的原理是利用多天线技术将它们分配给不同的用户，不同的天线对应不同的空间传输信道，各个空间信道之间是相互独立和正交的。当传输数据时，如果系统已经对各个方向上的空间信道进行了编码，那么基站在发送数据的同时会把空间信道编码发送给用户，用户根据接收的编码信息就可以获得自己的空间信道的信息，因此在用户发送给基站的信息中就携带了信道的编码信息，虽然同时有多个用户在进行数据传输，但是基站可以从接收的数据中提取出不同的用户信息。空分多址技术可以极大地提高系统容量，在 4G 和 5G 系统中被广泛使用。

2. 功率控制技术

当手机在小区内移动时，它的发射功率需要进行变化。当它离基站较近时，需要降低发射功率，减少对其他用户的干扰；当它离基站较远时，就应该增加功率，克服增加了的路径衰耗。

移动通信中的功率控制技术是一种关键的无线资源管理功能，它的目的是优化网络的频谱效率、减少干扰、延长电池寿命并提升通话质量。功率控制技术主要分为开环功率控制、闭环功率控制以及内环功率控制。

功率控制技术在现代移动通信系统中非常重要，特别是在蜂窝网络中，它有助于提高系统容量、减少干扰、提升通话质量并延长移动设备的电池寿命。随着 5G、6G 等新一代移动通信技术的发展，功率控制技术也在不断演进，以满足更高的性能要求。

3. 蜂窝技术

移动通信飞速发展的一大原因是蜂窝技术的发明。移动通信的限制是使用频带有限，导制系统的容量有限。为了满足越来越多的用户需求，必须要在有限的频率范围尽可能地扩大它的利用率，蜂窝技术应运而生。

移动通信系统采用基站提供无线服务范围。基站的覆盖范围有大有小，我们把基站的覆盖范围称之为"蜂窝"（Cell），蜂窝技术因此而得名。将一个大的地理区域分割成多个"蜂窝"的目的是充分利用有限的无线传输频率。每一组连接（对于无线电话而言就是每一组会话）都需要专门的频率，而可以使用的频率一共只有大约 100 个。为了使更多的会话能同时进行，蜂窝系统给每一个"蜂窝"（即每一个小区域）分配了一定数额的频率。不同的蜂窝可以使用相同的频率，这样，有限的无线资源就可以充分利用了。

4. 调制技术

调制技术是通信得以有效实现的重要技术，数字调制技术是移动通信的关键技术之一。数字调制技术的主要特点如下：

（1）已调信号的频谐空和带外衰减快。

（2）易于采用相干或非相干解调。

（3）抗噪声和抗干扰的能力强。

（4）适宜在衰落信道中传输。

数字调制的基本类型分为振幅键控（ASK）、频移键控（FSK）和相移键控（PSK）。此外，还有许多由基本调制类型改进或综合而获得的新型调制技术。

在实际应用中，线性调制技术和恒定包络调制技术应用得最多。

线性调制技术包括 PSK、四相相移键控（QPSK）、差分相移键控（DQPSK）、交错四相相移键控（OQPSK）、$\frac{\pi}{4}$ - DQPSK 和多电平 PSK 等。这类调制技术会增大移动设备的制造难度和成本，但是可获得较高的频谱利用率。

恒定包络（连续相位）调制技术包括最小频移键控（MSK）、高斯滤波最小频移键控（GMSK）、高斯频移键控（GFSK）和平滑调频（TFM）等。这类调制技术的优点是已调信号具有相对窄的功率谱和对放大设备没有线性要求，不足之处是其频谱利用率通常低于线性调制技术。

5. 抗干扰技术

在移动信道中，除存在大量的环境噪声和干扰外，还存在大量电台产生的干扰（邻道干扰、共道干扰和互调干扰）。因此，在设计、开发和生产移动通信网络时，必须预测到网络运行环境中可能存在的各种干扰强度，采取有效措施，使干扰电平和有用信号相比不超过预定的门限值或者传输差错率不超过预定的数量级，以保证网络正常运行。

移动通信系统中采用的抗干扰措施主要有 5 类。

（1）利用信道编码进行检错和纠错，这种方式包括前向纠错（Forward Error Correction，FEC）和自动请求重传（Automatic Repeat-reQuest，ARQ），是降低通信传输差错率、保证通信质量和可靠性的有效手段。

（2）为克服由多径干扰所引起的多径衰落，广泛采用分集技术（如空间分集、频率分集、时间分集、Rake 接收技术等）、自适应均衡技术和选用具有抗码间干扰与时延扩展能力的调制技术（如多电平调制、多载波调制等）。

（3）为提高通信系统的综合抗干扰能力采用扩频和跳频技术。

（4）为减少蜂窝网络中的共道干扰采用扇区天线、多波束天线和自适应天线阵列等。

（5）在 CDMA 通信系统中，为了减少多址干扰使用干扰抵消和多用户信号检测器技术。

6. 电波传播技术

在移动信道中，接收机收到的信号受到传播环境中地形、地物的影响而产生绕射、反射或散射，从而形成多径传播。多径传播使接收端的合成信号在幅度、相位和到达时间上均发生随机变化，严重降低接收信号的传输质量，这种现象称为多径衰落。

研究移动信道的传播特性，首先要弄清移动信道的传播规律和各种物理现象的机理以及这些现象对信号传输所产生的不良影响，进而研究消除各种不良影响的对策。为了给通信系统的规划和设计提供依据，人们通常采用理论分析或根据实测数据进行统计分析（或二者结合）的方法，进而总结和建立有普遍性的数学模型。利用这些模型，估算一些传播环境中的传播损耗和其他有关的传播参数。

理论分析方法：通常用射线表示电磁波束的传播，在确定收发天线的高度、位置和周围环境的具体特征后，根据直射、折射、反射、散射、透射等波动现象，用电磁波理论计算电波传播的路径损耗及有关信道参数。

实测分析方法：在典型的传播环境中进行现场测试并用计算机对大量实测数据进行统计分析，建立预测模型（如冲击响应模型）进行传播预测。

不管采用哪种分析方法得到结果，在进行信道预测时，其准确程度都与预测模型有关。由于移动通信的传播环境十分复杂，因此很难用一种或几种模型来表征不同地区的传播特性。通常每种预测模型都是根据某特定传播环境总结出来的，有其局限性，选用时应注意其适用范围。

7. 组网技术

组网技术是将多个通信设备，如计算机、手机、服务器等通过有线或无线方式连接起来，构成一个网络系统，以实现数据传输、资源共享和信息交流的技术。组网技术的目的是让网络中的设备能够高效、稳定地进行通信和协作。移动通信的网络架构和其控制与管理密切相关，旨在提高网络性能、灵活性和自动化水平，同时确保用户体验和服务质量，以下以 LTE 网络为例介绍组网技术。

1）LTE 网络架构

随着移动通信技术的演进，从 2G 到 3G 网络，核心网架构同时包含了电路交换（Circuit Switched，CS）域和分组交换（Packet Switched，PS）域。CS 域主要提供传统的语音业务，而 PS 域则支持数据业务。当技术发展至 LTE 时代，核心网经历了显著的变化，CS

域被取消，LTE 成为首个完全基于 IP 的移动通信网络。尽管如此，为了保持与旧有技术的兼容性，LTE 网络仍然支持与 2G 和 3G 网络的互操作。LTE 网络主要由三个核心组成部分构成：用户终端（User Equipment，UE）、演进的 UMTS 陆地无线接入网络（Evolved UMTS Terrestrial Radio Access Network，E-UTRAN）以及演进分组核心网（Evolved Packet Core，EPC）。E-UTRAN 负责无线接入功能，而 EPC 则作为核心网，处理数据传输和网络管理等任务，两者共同构建了一个高效、全 IP 的通信环境。E-UTRAN 的系统结构如图 4.1 所示。

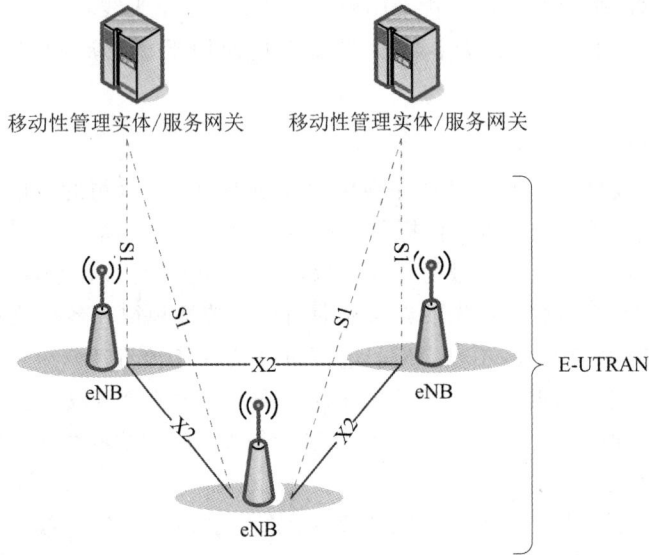

图 4.1 E-UTRAN 结构

E-UTRAN 结构由 eNB 组成，负责向 UE 提供 Uu 口的无线通信协议。UE 和 eNB 的 Uu 接口是空中接口，连接 eNB 的 X2 接口是地面接口，eNB 和 EPC 之间的 S1 接口也是地面接口。在 LTE 中，用户面和控制面是分离的，S1 接口由两部分组成，通过 S1-MME 接口连接到移动性管理实体（Mobility Management Entity，MME），通过 S1-U 接口连接到服务网关（Serving Gateway，S-GW）。S1 接口支持 MME/服务网关和 eNB 之间的多对多关系，如微信或 QQ 等上网业务是通过分组数据网关 PGW（Packet Data Network，PDN Gateway）进入 IP 网络。

2）网络的控制与管理

当某一移动用户向另一移动用户或有线用户发起呼叫或某一有线用户呼叫移动用户时，移动通信网络就要按照预定的程序开始运转。这一过程涉及基站、移动台、移动交换中心、各种数据库以及网络的各个接口等功能部件。网络需要为用户呼叫配置所需的信道，即控制信道和业务信道，指定和控制发射机的功率，进行设备和用户的识别与鉴权，完成无线链路和地面线路的连接与交换，在主呼用户和被呼用户之间建立起通信链路以提供通信服务。这一过程称为呼叫接续过程，提供移动通信系统的连接控制（或管理）功能。

无线资源管理是网络控制与管理的重要功能，其目的是在保证通信质量的前提下，尽可能提高通信系统的频谱利用率和通信容量。无线资源管理通常采用动态信道分配

(Dynamic Channel Allocation，DCA)法，即根据当前用户周围的业务分布和干扰状态，选择最佳的信道分配给通信用户。显然，这一过程既要在用户的常规呼叫时完成，也要在用户越区切换的通信过程中迅速完成。

网络控制与管理功能均由网络系统的整体操作实现，每一过程均涉及各个功能实体的相互支持和协调配合。为此，网络系统必须为这些功能实体规定明确的操作程序、控制规程和信令格式。

4.3　移动通信在应急管理中的应用

我国应急通信从 1985 年开始得到大力发展，现在的应急通信多以固定通信和机动通信相结合的模式建设，应用也有了比较全面的扩展。目前中国移动应急通信拥有多种先进、灵活、机动的移动通信车，主要有 Ku 频段卫星通信车、C 频段车载卫星通信车、100 瓦单边带卫星通信车、一点多址微波通信车、24 路特高频通信车、10000 线程控交换车和 900 兆移动电话通信车等。移动通信技术在应急管理的不同环节和不同层面有着多方面的应用，对减少灾害损失、提高应急管理的能力和水平有着十分重要的作用。目前，短信服务、全球定位系统、通信及交互等功能在应急管理中得到广泛应用。

4.3.1　短信服务功能在应急管理中的应用

短信服务(Short Message Service，SMS)是移动电话普遍具有的一项业务功能，用来在移动电话、其他手持设备及计算机网络之间收发文字、图片及其他多媒体信息。由于短信服务具有使用方便、费用低廉、信息传播迅速及可以实现"一对多"的发送等多种优点，因此受到广大移动通信用户的青睐。在应急管理中，短信服务功能较多地应用在预警信息的发布和应急信息的传播等方面。

发布预警信息的目的是尽早地将灾害的相关信息传递给可能受灾的群众，使他们及时做出应急响应，并采取科学的应急行动。移动通信的短信服务功能是预警信息发布的理想选择之一，短信服务可以以简洁明了的语言传递各种信息，在短时间内将相关信息传递给特定的用户群，以达到预警发布的预期效果。

在紧急状况下，即使移动通信网络没有遭受损毁，语音通信功能也常常由于突发性的呼叫而产生线路拥塞，但短信通信系统在不同的频段上工作，发生拥塞的概率要小得多。在汶川大地震发生后，全国各地拨打四川方向的移动电话呼叫量出现了"井喷"，通话变得十分困难，但短信收发基本正常，这为受灾地区与外界的交流提供了重要的支撑。

4.3.2　全球定位系统功能在应急管理中的应用

移动通信中的全球定位系统(Global Positioning System，GPS)功能是一项成熟的定位技术，可以对所观测的位置进行准确定位。GPS 在应急管理中有着很重要的应用，不但可以及时准确地对灾害发生地进行位置定位，而且可以动态掌握车辆和人员等的位置信息，在目标定位方面发挥出不可替代的作用。利用 GPS 进行地理坐标定位，同时经过数据分析，完成灾害的风险评估和灾害可能影响到的范围，从而可以有效避免不必要的资源浪费，稳定受灾群众的恐慌情绪。

除在应急管理中提供定位服务以外，GPS 在灾害监测和分析中的应用也有成功的例子。日本目前在全国布置有全世界最密集的全球定位系统网络——全球定位系统陆地观察网络系统（GPS Earth Observation Network，GEONET），它由 1220 多个不间断的全球定位系统站点及信息分析系统组成，由日本地理勘测研究所（Geographical Survey Institute，GSI）开发并维护，这套系统已经成为研究日本大地测量/地球物理现象必不可少的工具。日本利用这一系统监测地壳形变并且预估风险。具体的做法是，通过在一段时间内连续监测观测点的位置变动，动态掌握该地区的结构特征，以分析和预测可能发生的灾害及其影响。例如，利用 GEONET 监测板块边界的地壳活动，确定哪一部分会在下一次的地震中发生重大滑动，它又处于周期的哪一阶段。

4.3.3 通信功能在应急管理中的应用

尽管通信技术的发展一日千里，但在发生各种突发事件下如何保障通信仍是世界难题，而且在短时间内也很难取得根本性的突破。充分利用现有的通信技术和手段，切实提升应急管理的通信保障能力，是确保应急管理取得成效的必然选择，准确把握应急通信的内涵，全面认识应急通信的发展要求是促进应急通信健康、快速发展的前提。移动通信技术在应急管理的不同阶段有十分重要的作用，而且不同阶段有不同的应用需求，各个阶段具有各自的应用特点。

在发生各种重大自然灾害时，移动通信网络常常会遭到不同程度的损毁，还有可能因为电力供应的中断而影响运行，但只要通信网络在一定程度上得到恢复，即可在应急管理通信保障中发挥出显著的作用。

移动通信技术作为一种至关重要的通信实现方式，在与有线通信、卫星通信、微波通信和视频通信等方式实现有机融合后，可以为应急管理提供强有力的通信保障。移动通信技术凭借其自身所具有的独特优势，一方面可以建立事故现场的通信指挥调度系统，及时调动指挥各专业队伍进行施救；另一方面可以建立灾害现场与应急指挥中心的语音和图像传输，为领导指挥和救援人员实施救援提供充分可靠的信息和通信保障。

4.3.4 交互功能促进应急管理科学决策的形成

移动通信技术的显著特点之一就是具有非常强的交互性，它使信息接收方和发出方可以实时互动交流。交互功能可以在应急管理中发挥出独特的作用，因为交互的信息不但可以是语音，也可以是数据、图像和视频等，这对应急指挥人员及时了解灾害现场的情况并充分征求专家意见，进而形成科学的决策大有裨益。

交互功能另一个方面的重要作用体现在政府和公众的信息和知识的交互上。当发生灾害时，公众既可以通过移动终端获取政府发布的各种与应急相关的信息，也可以向政府提供自己所掌握的相关信息，以实现政府与公众之间信息的共享和行动的一致。

移动通信技术在灾害应急中的作用非常重要，无论是灾情信息的获取，还是指挥指令的下达，亦或是灾害抢险救援的组织，如果没有可靠的移动通信系统作保障，就很难实现。

但在灾害来临时，一些常规的通信手段会因各种原因陷入瘫痪，而卫星电话等一些具有比较高抗毁性的移动通信手段在灾害应急时会担当起重要的职责。

4.4　移动应急通信案例

本节针对 4G 和 5G 移动通信技术提供两个经典案例，以说明移动通信技术不仅能够提供快速、稳定的通信服务，还能够支持多种业务应用，如实时数据传输、视频通话、位置定位等，这些为救援工作提供了重要的信息支持。

4.4.1　4G 移动通信技术在应急通信中的应用

2013 年 12 月 4 日，国家工信部给中国移动、中国电信、中国联通三家运营商发放 TD-LTE 牌照，这标志着 4G 移动通信技术在我国大陆正式投入商用。相对于 3G，TD-LTE 网络的带宽和传输速率极大提高，4G 技术的大规模应用会对全国公安消防部队在各类灾害事故处置现场的指挥调度及应急通信保障产生深远的影响，公安消防部队的指挥调度效率和执行任务的能力将进一步提高。

在发生大规模灾害事故、进行野外作业的条件下，公共通信网往往不能正常工作。为保证公安消防队部队各类信息的正常传输，可以采用现场自组网的方式来实现对灾害事故现场的覆盖：通过便携式或车载式的小型 TD-LTE 基站，消防部队可以在灾害事故现场组建起自己的专用 4G 网络，对现场进行全面的覆盖。在以中队为单位进行作业的情况下，人员、设备散布距离不超出 3 km，即使地形复杂，在天线挂高比较理想的情况下，单一基站工作时仍比较容易实现覆盖整个中队作业面。在单一基站带宽按照 20 MHz 配置时，使用 TD-LTE 技术基本可实现下行 100 Mb/s、上行 50 Mb/s 的传输速率，足以满足当前多路高清视频、语音、数据的传输需求。

如果作业中队与前方指挥部较远，则应通过微波、卫星等手段，将 4G 专网进行拓展并联入消防指挥调度网，实现从最前方到各级消防指挥机构的语音、数据和视频通信。为保证 4G 专网内各类通信业务的正常开展，TD-LTE 基站应能支持传统的电话语音业务和 350 MHz 集群通信业务，整个基站控制系统应具备小区内短信广播功能，必要时能向基站覆盖范围内所有手机用户发送文字短信，传递紧急信息。整个系统应具备与公众通信网连接的接口，并对全 IP 化多媒体通信提供完美的支持。

4G 移动通信技术在消防现场应急通信中的应用，要求技术人员在调整技术思路的前提下，通过 4G 移动通信技术的整合，即建立稳定的 4G 信号通道、持续提升图像传输能力、加强区域视频监测水平与构建完整的宽带系统来充分满足消防救援工作的基本要求。

1. 建立稳定的 4G 信号通道

技术人员应结合 4G 移动通信网络的构成特性，在火灾现场、消防指挥中心之间建立起稳定的信息通道，实现信息的实时共享与高效交互，为消防策略的制定、优化提供技术支持。

2. 持续提升图像传输能力

火灾救援环境较为复杂，整体救援难度较高，为应对这种局面，实现救援人员、救援设备的科学调配，需要借助 4G 移动通信网络，将救援现场的图像、声音以及视频等信息快速传输到消防指挥中心。消防指挥中心依据视频监测系统，及时掌握火灾现场的实时动态，并根据火灾动态制定针对性的救援方案，避免火灾救援过程中，出现现场情况掌握不清，应对决策制定不明的情况。

3. 加强区域视频监测水平

火灾发生后，为抢占救援窗口期，应当利用 4G 移动通信技术建立起视频监测系统，利用视频监测能够对消防人员行进路线进行科学规划，避免出现车辆拥堵等情况的发生。同时通过视频监测，可以掌握火灾的发展趋势，提前制定预案，做好火灾应对工作。

4. 构建完整的宽带系统

4G 移动通信技术形成的无线宽带，极大地提升了数据上传与下载的速度，在消防现场应急通信机制构建的过程中，需要着力提升 4G 移动通信信道的稳定性，打造完整的宽带条件。在这一思路的指导下，技术人员应当对 4G 基站作出相应的调整，通过技术参数的优化，使 4G 基站可以更为稳定地运转，保证数据快速交互，保证带宽系统的稳定性与高效性。

4G 移动通信技术背景下消防现场应急通信体系的构建，对于应急通信体系的快速形成与高效运转提供了技术支撑。为进一步发挥 4G 移动通信的技术优势，采取相应举措，4G 移动通信技术有效融入道消防现场应急通信之中，借助成熟的通信技术，在较短的时间内，恢复区域通信，为消防决策、救灾管理等消防活动的开展有着极大的裨益。

4.4.2　5G 游牧式基站在石棉震区保障应急通信中的应用

2022 年 9 月 5 日中午 12 点 52 分，四川省甘孜州泸定县发生 6.8 级地震，地震造成雅安市石棉县多处通信设施受损。中兴通讯与中国移动四川公司第一时间调配 5G 游牧式基站抵达石棉震区进行应急通信保障，迅速为指挥中心和居民集中安置点提供了 4G/5G 应急网络覆盖。

此次采用的应急通信系统以 5G 游牧式基站为核心，救援手机、灵活回传为配套，结合边缘算力引擎，为突发场景提供全方位的应急通信服务。其中 5G 游牧式基站是中兴通讯与中国移动共同研发的当时国内最小的 5G＋云基站，具备全天候即插即用、时延小、覆盖广等特点，可同时支持公网用户和专网业务的接入。

在石棉县新民乡，因受到地震影响，大多数公共通信设施已经退出服务甚至损坏，导致受灾区域通信网络失效，通信受阻。当游牧式基站抵达救灾指挥中心后，1 h 内便完成了应急网络开通。借助强大的一体化射频设备，游牧式基站为灾区指挥中心及居民安置点提供了多频段、多制式的 4G/5G 立体覆盖和容量保障。

同时，中兴通讯现场技术人员将 5G 游牧式基站内置的边缘算力引擎与指挥中心对接，构建了一张无线救援专网。通过该便捷本地专网，救援人员及指挥中心之间可实现救援图像、视频和语音等信息的共享。其中视频业务因采用本地分流方案，时延可降低 80% 左右，并支持 10 Gb/s 的处理能力，极大地提升了前线救援指挥速度。

随着救援的深入，指挥中心需要从新民乡前移到一线挖角乡，因大型应急通信车辆无法抵达，现场又立即组织部署无线多级级联方案，通过灵活部署多台游牧式基站相互接力，延伸专网的纵深覆盖范围,将通信保障推进至救援一线,为险恶环境下的抢救工作提供支撑。

　　5G 游牧式基站麻雀虽小五脏俱全,包括 5G 射频模块、回传单元、边缘算力引擎以及配套设备。其中,5G 射频模块采用已成熟商用的轻量化射频单元,可提供多场景下的4G/5G 信号覆盖;回传单元负责游牧式基站与核心网的互通;边缘算力引擎是游牧式基站的核心,其内置在 BBU 中,可提供基站级本地分流功能,在节省传输资源的同时,显著降低了时延;而配套设备则为整个基站提供了便利化移动的条件。与传统 UPF 专网相比,游牧式基站仅需将 1 块 NodeEngine 单板插入到 BBU 中便可提供简便、快速的本地专网服务。该单板不但功耗低,而且也不占用任何配套资源。而传统的 UPF＋MEC 方案至少需要配置 3 台服务器、2 台交换机和 2 套防火墙,功耗大于 3 kW,且 UPF 这种重设备模式在应急救援现场也很难展开拳脚,如图 4.2 所示。

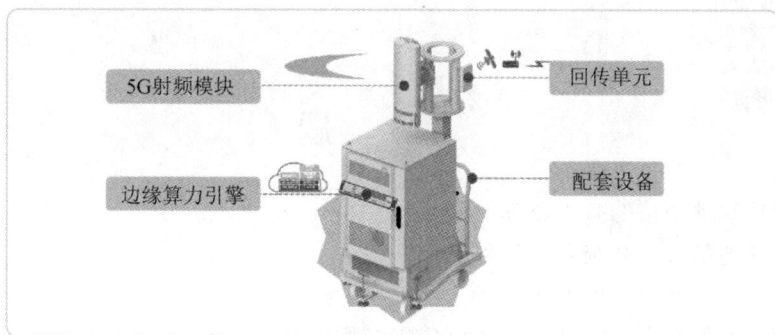

图 4.2　5G 游牧式基站

　　此次 5G 游牧式基站首次投入救援现场便发挥了强大的保障作用,为灾区救援人员和受灾群众提供了及时可靠的通信保障服务,体现出以下几点优势。

1. 快捷部署

　　游牧式基站体积小、重量轻、便于运输,而自带的便携小推车,也解决了基站设备移动不便和选站难的问题。同时,游牧式基站还具备快速开通的特点,落地后仅需 20 min 便可实现网络开通。此外,游牧式基站支持运营商专线回传、Smart Relay 回传、Internet 回传、卫星回传等多种回传方式,支持各种场景下的快捷部署。

2. 立体覆盖

　　游牧式基站可采用射频单元与天线单元二合一的 AAU 设备,其体积小、重量轻、结构紧凑,同时因采用通用化硬件平台,设备可支持 4G/5G 双模,可灵活配置,为灾区和应急居民安置点提供多频段、多制式覆盖下的立体容量保障。

3. 强大的边缘算力引擎

　　游牧式基站在满足公共通信需求的前提下,其内置的边缘算力引擎可支持专网业务本地分流功能,将覆盖区域内的专网业务筛选后与本地指挥中心对接,进而构建无线救援专网。该专网支持现场救援人员之间以及其与指挥中心之间的互通,可实现文字、语音、图片和视频的共享。若结合更多应用,无线救援专网还支持高空照明、无人机搜救、红外探测等高阶功能。

　　此次四川泸定地震中的 5G 游牧式基站应急通信应用案例是一次成功的实践，充分证明了 5G 技术在应急通信领域的巨大潜力和应用价值。随着技术的不断进步和应用场景的不断拓展，5G 将继续在应急通信领域发挥更加重要的作用，为应对各种突发事件提供更加高效、可靠的通信保障。

4.5　本章小结

　　本章首先介绍了移动通信系统的技术演进，然后介绍了移动通信基本原理及主要技术，重点介绍了 4G 和 5G 中的一些基本技术，主要包括多址技术、功率控制技术、蜂窝技术、调制技术、抗干扰技术、电波传播技术和组网技术，最后介绍了移动通信在应急通信与管理中的典型应用。

习　题

4.1　简述移动通信的基本原理。

4.2　移动通信应用系统有哪几种类型？

4.3　5G 和 4G 的主要区别是什么？

4.4　移动通信在应急管理中的主要应用有哪些？

4.5　结合书中案例，举一个你知道的最新移动应急通信案例并分析之。

第 5 章

卫星应急通信系统

卫星应急通信系统是一种通过卫星进行应急通信的系统，主要由卫星通信设备、卫星地面站和应急终端组成，可以在灾害发生或其他紧急情况下提供安全可靠的通信服务。本章主要针对卫星通信的基本组成、主要特点、常用卫星通信系统以及卫星通信在应急管理中的应用进行详细介绍。

5.1 卫星通信及其特点

卫星通信是利用人造地球卫星作为中继站转发或反射无线电信号，在卫星通信地球站（以下简称地球站）之间或地球站与航天器之间的通信。卫星通信是航天技术和现代通信技术相结合的重要成果，在广播电视、移动通信及互联网等领域得到了广泛的应用，是当今必不可少的通信方式之一。

卫星通信系统由空间段、地面段和控制段组成。其中，空间段主要包括在空间轨道上作为无线电中继站的人造地球卫星，承担该业务的卫星一般被称为通信卫星。地面段主要指地球站，按照使用方式有固定、车载、舰载和机载等多种形式。地球站包括空中移动站、陆上移动站、远洋轮船站等。控制段包括系统运行所必需的跟踪、遥测与遥控设施系统，由中央站、通信枢纽等地面核心配置组成。

1. 卫星通信业务的分类

基于国际电信联盟《无线电规则》的划分规定，卫星通信中常涉及的几种业务为固定卫星业务（Fixed Satellite Service，FSS）、移动卫星业务（Mobile Satellite Service，MSS）、广播卫星业务（Broadcasting Satellite Service，BSS）和卫星星间业务（Inter-Satellite Service，ISS）。

固定卫星业务是用一颗或多颗卫星在处于给定位置的地球站之间开展的通信业务，该给定位置可以是一个指定的固定地点或指定区域内的任何一个固定地点。固定卫星业务通常采用 C、Ku 或 Ka 频段。

C、Ku 和 Ka 频段是在不同频率范围内的无线电波波段，这些频段被用于卫星和地面站之间的信号传输。每个频段都对应于特定的频率范围，并且具有其自身的特性和应用场景。

1）C 频段

C 频段的频率范围为 4～8 GHz，上行链路（从地面到卫星）通常使用 6 GHz 附近的频率，下行链路（从卫星到地面）通常使用 4 GHz 附近的频率。C 频段是较早用于卫星通信的频段之一，它提供了相对较高的信号穿透能力，尤其是在降雨条件下。

2）Ku 频段

Ku 频段的频率范围为 12～18 GHz，上行链路通常使用 14 GHz 附近的频率，下行链路通常使用 17 GHz 附近的频率。Ku 频段的名称来源于其频率范围在 K 波段的较低部分（K-under）。Ku 频段提供了更高的频率带宽，允许更高的数据传输速率，但对雨衰（rain fade）更敏感。

3）Ka 频段

Ka 频段的频率范围为 26.5～40 GHz，这个频段的名称来源于其频率范围在 K 波段的较高部分（K-above）。Ka 频段提供了非常宽的带宽，可以支持非常高的数据传输速率，适用于高速互联网接入、卫星新闻采集、军事通信等应用。然而，Ka 频段对雨衰非常敏感，需要更先进的技术来克服这一挑战。

移动卫星业务是在移动地球站和一颗或多颗卫星之间，或是用一颗或多颗卫星在移动地球站之间开展的通信业务。根据移动地球站类型的不同，移动卫星业务还包括卫星陆地移动业务、卫星水上移动业务和卫星航空移动业务等。移动卫星业务通常采用 L 或 S 频段。

广播卫星业务是用卫星发送或转发信号以供公众直接接收（包括个体接收和集体接收）的通信业务。广播卫星业务通常采用 C 或 Ku 频段。

卫星星间业务是用卫星在多个用户航天器之间的通信业务，主要用于转发地球站对用户航天器的跟踪测控信号和中继用户航天器发回地面的信息。卫星星间业务通常采用 S、Ka 或 Q/V 频段。

卫星通信可以采用地球静止轨道（Geostationary Earth Orbit，GEO）卫星、中地球轨道（Medium Earth Orbit，MEO）卫星或者低地球轨道（Low Earth Orbit，LEO）卫星作为空间段。目前，采用地球静止轨道的通信卫星数量较多，但随着面向全球（包括南、北两极地区）的移动、宽带通信业务的发展，低地球轨道的卫星星座也在大力发展中。

地球静止轨道是运行周期与地球自转周期相等、倾角为 0°、轨道高度为 35 786 km 的顺行、圆形卫星轨道。低地球轨道是位于地球表面上空数百千米到 2000 km 的卫星轨道。中地球轨道是高度在 2000 km 到 35 786 km 的圆形或椭圆形卫星轨道。

2. 卫星通信的特点

与地面无线通信和光纤、电缆等有线通信手段相比，卫星通信具有以下特点。

（1）覆盖面积大，通信距离远，通信成本与通信距离无关。地球静止轨道通信卫星距地表约 35 786 km，单星可覆盖地球表面 42% 以上的面积。在地球静止轨道均匀布置 3 颗通信卫星，就可以实现除两极附近地区以外的全球连续通信。单颗卫星就可以覆盖整个国家的每个用户。覆盖面积大是一个非常重要的特点，特别是对人烟稀少的地区和海洋区域，在这些地区铺设地面网络实施难度大、费用高昂。在远距离通信上，卫星通信比微波中继、电缆、光纤及短波无线通信具有更明显的优势。对于卫星通信而言，通信双方的成本与它们之间的距离是无关的。另外，卫星通信网络的覆盖范围非常广，凡是在这个覆盖范围内的用户都是其潜在的市场。这种通信方式搭建了一个以合理价格提供服务的平台，这创造了同其他通信手段进行市场竞争的重要机遇。

（2）组网方式灵活，具有多址连接能力，支持复杂的网络构成。一旦卫星发射入轨，就可以立即为大量用户提供服务。使用卫星通信，可以比地面网络更迅速地为广阔地域内各种用户提供多媒体业务。卫星通信方式灵活多样，可以实现点对点、一点对多点、多点对一点和多点对多点等通信方式，不需要地面网络复杂得多播协议。借助通信卫星的多波束能力、星上交换和处理技术，多个地球站可以灵活组网，并且支持干线传输、电视广播、企业网通信等多种服务。

（3）安全可靠，对地面基础设施依赖程度低。卫星通信系统整个通信链路的环节少，无线电电波主要在自由空间中传播，链路的稳定性和可靠性较高。同时，通信卫星位置较高，受地面条件限制少。在发生自然灾害和其他紧急情况下，卫星通信是安全可靠的通信手段，有时甚至是唯一有效的应急通信手段。

（4）具有大范围机动性。卫星通信系统的建立不受地理条件限制，地面站可建在偏远地区、海岛、大山、丛林等地形地貌复杂的区域，既可以在静止时通信，也可以在移动时通信。只要在卫星的覆盖区域内，移动用户就可以很容易地和其他固定用户或移动用户进行通信，真正实现在任何时间、任何地点都能便捷地获取信息和交流信息。因此，卫星通信在军事领域有着广泛的应用。

卫星通信也存在一定的局限性。由于通信卫星一次性投入费用较高，在运行期间难以进行检修和维护，因此要求通信卫星具有高可靠性和长寿命；卫星通信传输距离远，信号传输时延稍大，较难支持对时延敏感的业务等。

5.2　卫星通信的基本原理及系统组成

一般来说，一个完整的卫星通信系统由空间分系统、地球站分系统、跟踪遥测及指令分系统和监控管理分系统四大子系统组成，如图 5.1 所示。

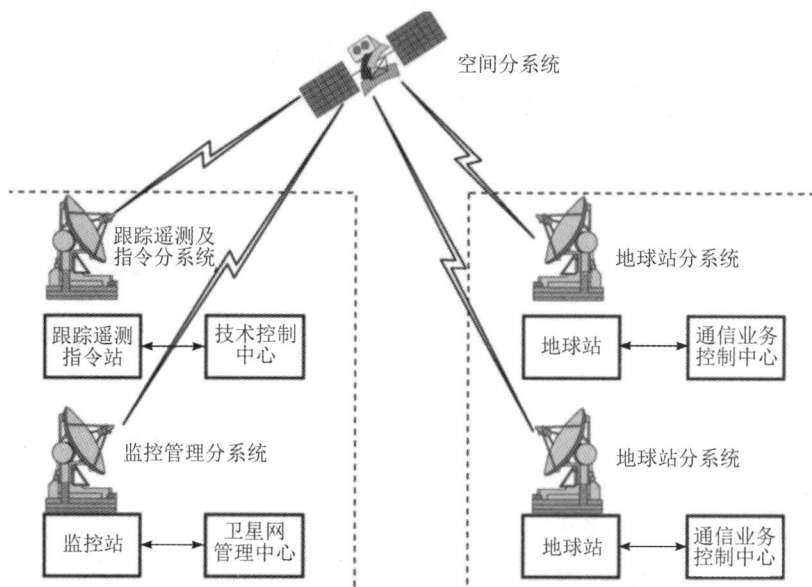

图 5.1　卫星通信系统的基本组成

1. 空间分系统

空间分系统主要由通信卫星组成,它作为卫星通信系统的"枢纽",是实现卫星通信的基本保障。通信卫星除通信卫星之外,还装载遥测指令系统、控制系统和能源装置等。空间分系统可包括一个或多个转发器,以保障通信的实现。

2. 地球站分系统

地球站分系统一般包括中央站(或中心站)和若干个普通地球站。普通地球站具有收、发信号的功能,用户通过它们可接入卫星线路并进行通信。中央站除具有普通地球站的通信功能外,还负责通信系统中的业务调度与管理,对普通地球站进行监测控制及业务转接等。地球站有大有小,一般来说,地球站的天线口径越大,发射和接收的能力就越强,功能也越全面。

3. 跟踪遥测及指令分系统

跟踪遥测及指令分系统也称为测控站,负责对卫星进行跟踪测量,控制其准确进入静止轨道上的指定位置,等卫星正常运行后,能定期对卫星进行轨道修正和位置保持。

4. 监控管理分系统

监控管理分系统也称监控中心,负责对定点的卫星在业务开通前、后进行通信性能的监测和控制。例如,通过对卫星转发器的功率、卫星天线的增益以及各地球站发射的功率、射频频率和带宽、地球站天线方向图等基本通信参数进行监控,可以保障卫星通信系统的正常运行。

5.3　常用卫星通信系统

常用卫星通信系统包括多种类型,它们各自具有不同的特点和用途。本节对 VAST 卫星通信系统和北斗卫星通信系统进行介绍。

5.3.1　VSAT 卫星通信系统

1. 概述

VSAT(卫星小数据站,Very Small Aperture Terminal)是一类具有甚小口径天线的智能化小型或微型地球站,简称小站。通常,大量的小站与一个大站协同工作,构成了一个卫星通信系统。

VSAT 的发展可以划分为三个阶段。

第一代 VSAT 以工作于 C 波段的广播型数据网为代表。

第二代 VSAT 具有双向多端口通信能力,但系统的控制与运行还是以硬件实现为主。

第三代 VSAT 以采用先进的计算机技术和网络技术为特征。系统规模大,有图形化面向用户的控制界面,有由信息处理器及相应的软件操控的多址方式;还能与用户之间实现多协议、智能化的接续。

VSAT 卫星通信系统具有许多其他通信系统不可比拟的优点,它的主要特点如下。

(1) 设备简单、体积小、重量轻、耗电省、造价低、安装维护和操作简便。根据使用条件的不同,小站天线的直径可以达到 0.3~2.4m,发射机功放在 1~2 W。终端部分很小,安装只需简单的工具和一般地基,因此可以直接放在用户室外,如用户庭院、屋顶、阳台、墙壁或交通工具上。随着天线的进一步小型化,终端还可以置于室内桌面上,只要天线能够通过窗口对准卫星无障碍即可。系统可以迅速安装和开通业务。设备易于操作、使用和维护。用户年通信费用比地面线路可以节省 40%~60%。

(2) 组网灵活、接续方便。网络部件模块化,易于扩展和调整网络结构,同时,可以适应用户业务量的增长以及用户使用要求的变化。开辟新通信点需要的时间短。

(3) 通信效率高、性能质量好、可靠性高、通信容量可以自适应,适用于多种数据率和多种业务类型,便于向 ISDN 过渡。

(4) 可建立直接面对用户的直达电路,与用户终端接口直接相连,避免了一般卫星通信系统信息落地后还需要地面线路引接的问题,特别适合用户分散、业务量轻的边远地区以及用户终端分布范围广的专用和公用通信网。

(5) 集成化程度高,智能化(包括操作智能化、接口智能化、支持业务智能化、信道管理智能化等)功能强,可进行无人操作。

(6) VSAT 系统中的站很多,但各站的业务量较小。

(7) 存在一个较强的网管系统。

(8) 独立性强,一般用作专用网,用户享有对网络的控制权。

(9) 互操作性好,可使采用不同标准的用户跨越不同地面网在同一个 VSAT 系统内进行通信。

1984 年,中国成为世界上少数几个能独立发射静止通信卫星的国家,卫星通信已被我国确定为重点发展的高技术电信产业,VSAT 专用网和公用网不断建成投入使用。VSAT已经应用到我国的国防、金融、能源、交通等领域中,为这些行业的发展起到了巨大作用。特别是在应急安全方面,VSAT 通信网更是表现出巨大的优势。目前,我国已经建立了专门的 VAST 卫星通信网。

2. VSAT 卫星通信系统的运行

VSAT 卫星通信系统由主站、小站和空间段组成,各组成部分形成一个整体,实现系统的运行。

(1) 主站。VSAT 主站又称中心站、中央站或枢纽站(HUB),是 VSAT 卫星通信系统的核心组成部分。它与普通地球站一样,使用大型天线,其天线直径一般为 3.5~8 m(Ku波段)或 7~13 m(C 波段)。它由高功率放大器、低噪声放大器、上/下变频器、Modem 及数据接口设备等组成,通常与主计算机放在一起或通过其他地面或卫星线路与主计算机连接。主站一般设有网络监控与管理中心,能实现对全网运行状态进行监控管理,如对小站及主站本身的工作状况、信道质量、信道分配、统计和计费等进行管理和监控。

(2) 小站。VSAT 小站由小口径天线、室外单元和室内单元组成,天线一般选择尺寸较小的偏馈天线。室内单元包括 Modem、Codec 和数据接口等，室外单元包括 GaAsFET 固态功率放大器、低噪声 FET 放大器、上/下变频器及其检测电路等，室内和室外单元通过同轴电缆连接。室内和室外单元通常采用固化部件，便于安装与维护，可直接与数据终端连接。

小站与小站之间不能直接进行通信，必须经过主站转接，按"小站-卫星-主站-卫星-小站"的方式构成通信链路。由于小站之间的链路要两次通过卫星，经过"双跳"连通，因此具有大约零点几秒的传输时延，这对实时的语音通信业务带来了比较大的不利影响，但对数据传输和录音电话等业务没有实质性的影响。

(3) 空间段。在 VSAT 卫星通信系统内，由主站通过卫星向远端小站发送数据称为外向传输，由小站向主站发送数据称为内向传输。无论是外向传输还是内向传输都需要通过空间段来实现，空间段也称为卫星转发器，VSAT 卫星通信系统主要使用 C 波段和 Ku 波段卫星转发器。C 波段的电波传输条件好，受降雨的影响小，而且路径可靠性较高，但它的主要缺点是与地面微波通信频率相同，存在相互干扰，这样使得天线的尺寸必须比较大。Ku 波段虽然不存在微波干扰，天线尺寸小，数据传输速率也比较高，但是降雨对它的传播损耗影响比较大，对环境的适应性比较弱。

5.3.2　北斗卫星导航系统

1. 概述

北斗卫星导航系统(BeiDou Navigation Satellite System，BDS)是我国自行研制的全球卫星导航系统，是继美国全球定位系统(GPS)、俄罗斯格洛纳斯卫星导航系统(GLONASS)之后第三个成熟的卫星导航系统。

北斗卫星导航系统的方案于 1983 年提出，同年制订了三步走的战略规划。

第一步是建成北斗一代全天候区域性的卫星定位系统，为用户提供快速定位、简短数字报文通信和授时服务。中国分别于 2000 年 10 月 31 日、2000 年 12 月 21 日、2003 年 5 月 25 日及 2007 年 2 月 3 日发射了四颗北斗一代导航卫星，组成了完整的卫星导航定位系统，确保全天候、全天时提供卫星导航信息。

第二步是到 2012 年建成覆盖亚太区域的北斗二代区域导航定位系统，中国共发射了 16 颗北斗二代导航卫星，其中 14 颗卫星(5 颗静止轨道卫星、5 颗倾斜地球同步轨道卫星和 4 颗中地球轨道卫星)组成了导航网络。2012 年 12 月 27 日，中国发布了《北斗卫星导航系统空间信号接口控制文件公开服务信号 BIC(1.0 版)》，正式开始为亚太地区的用户提供无源定位、导航、授时等各项北斗导航业务。2013 年 12 月 27 日，在国务院新闻办公室召开的北斗卫星导航系统正式提供区域服务一周年新闻发布会上，发布了《北斗卫星导航系统公开服务性能规范(1.0 版)》和《北斗卫星导航系统空间信号接口控制文件公开服务信号(2.0 版)》两个系统文件，这标志着中国北斗卫星导航系统开始走向成熟的应用阶段。

第三步，建设北斗三号系统。2009 年，启动北斗三号系统建设；2018 年年底，实现 19 颗卫星发射组网，完成基本系统建设，向全球提供服务；2020 年年底前，完成 30 颗卫星发射组网，全面建成北斗三号系统。北斗三号系统继承了北斗有源服务和无源服务两种技术体制，能够为全球用户提供基本导航（定位、测速、授时）、全球短报文通信、国际搜救服务，中国及周边地区用户还可享有区域短报文通信、星基增强、精密单点定位等服务。截至2023 年 7 月，北斗系统已服务全球 200 多个国家和地区用户。

北斗卫星导航系统主要有以下几个特点。

（1）开放性。北斗卫星导航系统的建设、发展和应用会对全世界开放，为全球用户提供高质量的免费服务，积极与世界各国开展广泛而深入的交流与合作，促进各卫星导航系统间的兼容与相互操作，推动卫星导航技术与产业的发展。

（2）自主性。中国自主建设和运行北斗卫星导航系统，北斗卫星导航系统可独立为全球用户提供服务。

（3）三频信号。北斗使用的是三频信号，GPS 使用的是双频信号，这是北斗的后发优势。三频信号可以更好地消除高阶电离层延迟影响，提高定位可靠性，增强数据预处理能力，大大提高传输质量和跟踪能力。如果一个频率信号出现问题，可使用传统方法利用另外两个频率进行定位，提高了定位的可靠性和抗干扰能力。北斗是全球第一个提供三频信号服务的卫星导航系统。

（4）有源定位及无源定位。有源定位是接收机自己需要发射信息与卫星通信，无源定位不需要。有源定位技术只要两颗卫星就可以完成定位，但需要信息中心数字高程模型（Digital Elevation Mode，DEM）数据库支持并参与解算。

（5）短报文通信服务。正是由于这个功能，北斗非常适合于短信应急通信，且这个功能为中国独有。

2. 北斗卫星通信系统的运行

本节介绍 BDS 的工作原理、工作流程，并比较 BDS 与 GPS 的不同。

1）BDS 的工作原理

空间站部分的各个卫星不间断地向地球发射广播信号，地面站通过接收卫星发射的信号并进行处理后确定各个卫星的运行轨迹，并将其反馈回卫星，加入卫星发射的广播信号中。用户终端接收多个卫星的广播信号后可以获得多个卫星的轨道信息，通过计算即可获得接收者本身的空间地理位置，并可以同时得到卫星原子钟时间，完成定位、导航和授时功能。

北斗卫星导航系统（BDS）计划使用多个频段播发导航信号，为全球用户提供高质量的定位、导航和授时服务。系统提供的服务分为开放服务和授权服务两种类型。

（1）开放服务。向全球用户免费提供，包括定位、测速和授时服务。开放服务的定位精度一般优于 20 m，测速精度可达 0.2 m/s，授时精度为 10 ns。

（2）授权服务。为有特殊需求的用户提供，包括高精度定位、测速、授时和通信服务。授权服务需要特定的授权和可能涉及的加密信号。

北斗系统使用的三个主要频段为 B1 频段、B2 频段和 B3 频段。

（1）B1 频段。B1 频段用于提供开放服务，中心频率为 1575.42 MHz，使用伪码速率为1.023 mc/s 的伪随机码对 QPSK（四相位移键控）载波进行调制。

（2）B2 频段。B2 频段中心频率为 1207.14 MHz，用于提供民用服务，包括开放服务和授权服务。B2 频段的信号可能包括不同速率的伪随机码，以满足不同服务的需求。

（3）B3 频段。B3 频段中心频率为 1268.52 MHz，主要用于提供授权服务，使用伪码速率为 10.23 mc/s 的伪随机码对 QPSK 载波进行调制。B3 频段可以提供更高的定位精度和安全性。

北斗系统的信号设计允许多系统兼容，用户设备可以同时接收北斗和 GPS、GLONASS 和 Galileo 等其他卫星导航系统的信号，从而提高定位的准确性和可靠性。随着北斗三号系统的全球组网完成，其服务能力和应用范围将得到进一步提升和扩展。

2）BDS 的工作流程

BDS 的基本工作流程包括以下八个步骤。

（1）询问信号发送。中心控制系统会同时向卫星 S1 和卫星 S2 发送询问信号。这些信号经过卫星的转发器，向服务区内的用户进行广播。

（2）用户响应。用户接收到询问信号后，会选择响应其中一颗卫星（例如卫星 S1）的询问，并同时向两颗卫星（S1 和 S2）发送响应信号。这些响应信号再次经过卫星转发回中心控制系统。

（3）信号接收与处理。中心控制系统接收并解调用户发来的信号。根据用户的申请服务内容，控制系统进行相应的数据处理。

（4）时间延迟测量。对于定位申请，中心控制系统会测量两个关键的时间延迟。第一个延迟是从中心控制系统发出询问信号，经过卫星 S1 转发到达用户，用户发出定位响应信号，再经卫星 S1 转发回中心控制系统的延迟。第二个延迟是从中心控制系统发出询问信号，经过卫星 S1 到达用户，用户发出响应信号，但这次是经卫星 S2 转发回中心控制系统的延迟。

（5）距离计算。由于中心控制系统和两颗卫星的位置均是已知的，系统可以根据上述两个延迟量计算出用户到第 1 颗卫星（S1）的距离以及用户到两颗卫星（S1 和 S2）的距离之和。

（6）定位计算。根据以上这些信息，可以确定用户处于一个以第 1 颗卫星（S1）为球心的球面上，以及一个以两颗卫星（S1 和 S2）为焦点的椭球面上。这两个面的交线即为用户可能的位置。

（7）高程确定。中心控制系统通过查询存储在计算机内的数字化地形图，可以确定用户所在位置的高程值，从而进一步确定用户位于某一与地球基准椭球面平行的具体椭球面上。

（8）三维坐标计算。结合上述信息，中心控制系统可以计算出用户所在点的精确三维坐标。该坐标经过加密处理后由出站信号发送给用户。

3）BDS 与 GPS 的比较

BDS 与 GPS 的比较如表 5-1 所示。

表 5 – 1　**BDS 与 GPS 的比较**

技术特性	BDS	GPS
定位原理	主动式双向测距二维导航，由地面中心站解算出位置后再通过卫星转发给用户，用户接收并显示接收到的信息	被动式单向测距三维导航，只需要接收 4 颗卫星的位置信息，由用户设备独立解算自己的三维定位数据
星体轨道	在赤道面上设置两颗地球同步卫星，卫星的赤道角距为 60°	共有 24 颗卫星，分布在 6 个轨道面上，轨道倾角 55°，轨道面赤道角距为 60°，其高度约为 20 000 km，属于中轨道卫星，绕地球一周约 11 h 58 min
覆盖范围	区域性卫星导航系统	全球导航定位系统，在全球的任何一点，只要卫星信号未被遮蔽或干扰，都能接收到三维坐标
系统容量	系统的用户容量取决于卫星的可用频带宽度、信号的调制和编码方式以及地面中心站的运算速度，用户容量有限	用户容量无限
定位精度	三维定位精度为几十米，系统的水平定位精度取决于用户高度信息的精度，如果用户的高度信息精度低，则误差可以达到几百米。另外，由于卫星的几何分布的关系，赤道区域的精度较低，而极高纬度区域因不能有效覆盖无法使用	三维定位精度民用码在取消选择可用性(SA)后约为 15 m
通信能力	具备定位与双向通信能力，可以独立完成移动目标的定位与调度功能	系统本身不具备通信能力，需要和其他通信系统结合才能实现移动目标的远程定位与监控功能

5.4　卫星通信在应急管理中的应用

　　卫星通信具有抗毁性强、对环境的适应性强、通信覆盖的地域范围广等多方面的特点，在应急管理中有着十分重要的地位，在某种意义上可以说是在极端条件下实现通信联络的"最后依靠"，优势极为明显。目前，卫星通信在应急管理中的应用正变得越来越普遍，相关技术也越来越成熟。

5.4.1　卫星通信作为应急通信的应用优势

　　如果在平时，单纯拿卫星通信与地面陆基通信进行比较，卫星通信无论是在容量、成本还是应用的方便性等各个方面都不占优势。但当各种类型的重大灾害或突发事件对陆基通信构成致命打击时，卫星通信的作用和地位就能得到充分的体现。卫星通信作为陆基通信的重要补充，越是在重大的灾难考验面前，越能彰显其自身的价值。作为一种有着独特优势的通信方式，卫星通信在应急管理的实际应用中发挥着极为有力的支撑作用。

总体而言，卫星通信在应急管理方面有很大的用武之地，其主要优势体现在以下四个方面。

（1）与陆基通信相比，卫星通信的基础设施受地面的干扰要小得多，即使在陆基通信的光缆和基站等通信基础设施受到全面损毁的情况下，卫星通信也能在短时间内快速部署，成为保障应急通信的主力。

（2）在通信电力保障方面，由于卫星通信自成体系，对电力的要求也可通过局部保障解决，因此只需要事先为相关卫星终端配备小型便携发电机或太阳能电池，就可以在灾难发生时提供电力保障。

（3）当出现道路毁坏、交通中断等意外时，小型的、便携式的卫星终端设备可通过空投或随身携带的方式进入灾区现场，能在最短的时间内保障通信畅通。

（4）由于卫星通信系统带有比较强的专用性，因此通信用户相对比较集中，一般不会出现由于超过接入网络设计负荷的呼叫和话务量而导致的网络瘫痪现象，从而可以避免因线路拥塞所带来的通信困难。

毫无疑问，卫星通信作为一种稳定性和独立性强的通信基础设施，其发送和接收信号的主要中继器(卫星太空船)位于地球大气层的外部，是应急通信保障体系的重要组成部分。尤其是在遭遇地震、洪水等灾害时，卫星通信更是担当着无可替代的重大责任。

从未来的发展趋势来看，卫星通信系统除能够独立开展通信业务之外，还将与地面有线或无线通信系统结合使用，以提供更为广泛的应急通信业务。尤其是当卫星通信与地面移动通信结合时，就构成了天地一体的移动应急通信系统，可以提供覆盖从江、河、湖、海到高山、大川等所有地点和空间的应急通信服务。

5.4.2　支持应急服务的卫星通信网络

支持应急响应行动的卫星通信网络主要有两种，地球静止轨道(地球同步轨道)卫星和低地球轨道卫星(Low Earth Orbit satellites，LEO)。

地球静止轨道卫星位于距离地球 36 000 km 远的一个固定位置上，它能向一个国家或一个地区提供服务，可以覆盖地球面积的三分之一，这类卫星能够提供全方位的通信服务，包括语音、视频和宽带数据等。与这些卫星配套使用的地面设备既可以是体积非常庞大的固定网关天线，也可以是形如普通手机的移动终端。目前全球有数百颗商用地球静止轨道卫星，分别由全球、地区或国家卫星承运商运作。

低轨道地球卫星在距离地球 780～1500 km 之间的轨道中运作，能提供语音和低速数据通信。这些卫星能够利用一个大型手机大小的手持单元进行运作。与依靠地球静止卫星的手持式终端相比，低轨道地球卫星由于其便携性在应急通信领域有很大的用武之地。

为了更好地发挥卫星通信系统在应急管理中的作用，相关的政府机构、救援组织及其他负责组织必须预先确定哪一类卫星通信网络和终端能更好地满足应急管理活动的需要。

5.4.3　卫星通信应急服务的通信方式

现今用于应急通信实践的卫星通信主要有移动卫星通信方式和固定卫星通信方式两种，本节对移动卫星通信方式和固定卫星通信方式进行介绍。

1. 移动卫星通信方式

现有的移动卫星通信系统都是能独立运作的通信系统，其使用方式类似移动电话，卫星可以被看作是覆盖范围超大的基地台。移动卫星通信用户通过移动卫星通信终端，利用卫星转接信号，再传送到同一系统的移动卫星通信终端用户，实现通信交互和信息传输的功能。若其中一方使用不同的移动通信系统，则可经地面的卫星中继站由公众交换电话网络进行转接。应用于应急管理的移动卫星通信系统包括手持式移动卫星通信系统和便携（可运输）式移动卫星通信系统两种类型。

手持式移动卫星通信（Handheld Mobile Satellite Communications）终端体积小巧、携带方便、使用灵活。这些终端设备既可以是与普通手机相仿的卫星电话，也可以是与普通寻呼机相似的卫星寻呼机，还可以是车载式的终端。手持式移动卫星终端如图 5.2 所示。

图 5.2　常见的手持式移动卫星终端

便携（可运输）式移动卫星通信（Portable and Transportable Mobile Satellite Communications）又称为"动中通"（Communications on the Move），包括可在汽车、卡车、轮船或直升机，以及商用飞机在内的其他航空器中传输和操作的设备。便携（可运输）式移动卫星通信在大容量的数据传输和高速的连接方面有很强的优势，其广泛应用在快速的灾害评估、医学评价，或者其他需要传输语音、视频和数据的场合。这类系统通常在不需要专业人员支持的情况下，就可在 5～30 min 之内得到部署，且不受地点限制。这种类型的卫星通信方式应用较为广泛，优势也较为明显，但缺点是终端和服务的价格都比较昂贵。

2. 固定卫星通信方式

固定卫星通信（Fixed Satellite Communications）方式一般应用在通信时间较长（如超过一个星期）及对通信品质要求相对较高的情况下。这类终端既可用于灾前的环境监测及通信的冗余备份等，也可用于灾后的恢复。在一些通信基础设施比较薄弱的地区，这类通信系统有很好的应用前景。总体来说，固定卫星通信方式可以提供从低速数据传输到高带宽的数据传输，且能实现高品质的视频传输，可在很大程度上取代地方及全国性的电信基础设施，但固定卫星通信方式需要一支训练有素的技术支持队伍。为了支持这类系统的安装与配置，不少卫星通信服务商已经建立了一个工业级标准的安装与维护培训认证项目，可为相关的用户提供专业的服务。

固定卫星通信系统可以提供各层级应急指挥中心与灾害现场、重要站点间语音、传真、数据、影像及视频会议等通信服务。这类卫星在用于应急通信时，除建立专用卫星网络，提供固定站点的各种通信服务外，还可以在受灾区域使用车载式或便携式卫星通信设备，在紧急时携带到现场架设，从而可以迅速建立临时通信站点，满足要求。

5.5 卫星应急通信应用案例

卫星应急通信系统在自然灾害和紧急情况下发挥着至关重要的作用，特别是在地面通信基础设施遭受严重破坏时，更能凸显卫星应急通信的价值。以下是卫星应急通信的应用案例，通过这些案例，我们可以看到卫星应急通信系统的有效性和必要性，以及它们在未来应急管理和灾害响应中的发展前景。

5.5.1 VSAT 卫星在应急通信中的应用

VSAT 卫星通信站能够很便利地组成不同规模、不同速率、不同用途的灵活且经济的网络系统。VSAT 目前在我国有较为广泛的应用，包括应急通信网以及政府、企业通信专网等。

VSAT 卫星通信系统特别适用于自然灾害或突发性事件的应急通信网建设，尤其适用于地形复杂、人烟稀少、环境较差的偏远地区。在地震、洪水、滑坡等紧急情况下，卫星应急通信能迅速将现场的视频、语音和数据等关键信息实时传输至后方指挥部，以支持快速决策和有效应对。在这些紧急场景中，FDMA/SCPC（频分多址/单路单载波）体制展现出了显著的优势。它能够根据业务需求灵活提供相应的载波资源，确保机动站设备能够最大限度地发挥其性能。与 TDMA（时分多址）体制相比，FDMA/SCPC 不需要配置庞大的天线，这就显著地提升了用户站的机动性和灵活性。这种优势使 FDMA/SCPC 体制在"动中通"应用中具有极高的价值，能够在复杂多变的应急环境中提供稳定、可靠的通信支持。

在应急通信网中需要设立的卫星通信设备有指挥中心和应急指挥车、便携站等，机动/移动通信车与指挥中心之间所传输的内容为视频、数据信息等，一般需要的带宽为 2 Mb/s 左右，满足视频会议、视频监控及应用系统数据信息传输的需要。

指挥中心的固定卫星地面站是应急通信保障的信息枢纽，可直接与应急通信车建立 FDMA/SCPC（频分多址/单路单载波）卫星链路，还能与地面网络互联，其主要设备包括卫星通信系统（Ku 频段 4.5 m 卫星天线、100 W 上变频功率放大器（Block Up-Converter，BUC）、LNB、卫星 Modem 等）、视频会议系统、以太网交换机、VoIP 语音设备等。

固定卫星地面站可以同时与应急通信车及地面网络互联互通，能将应急通信车采集的事故现场信息实时地传输到指挥中心及参与指挥的相关部门，并可为应急通信车提供数据网接入。固定卫星地面站设备组成示意如图 5.3 所示。

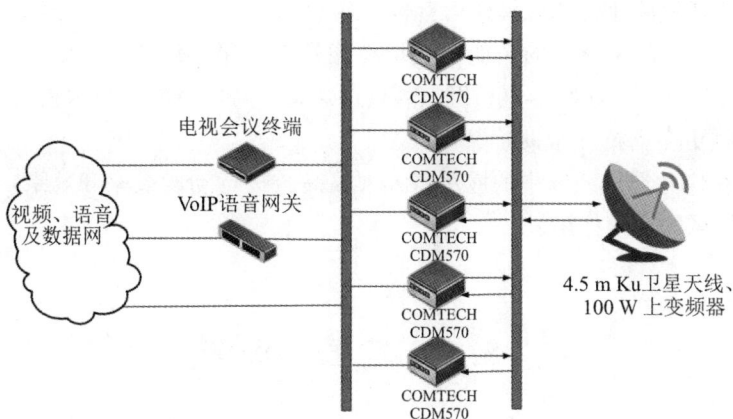

图 5.3　固定卫星地面站设备组成示意图

　　系统配备"静中通"和"动中通"应急卫星通信车，在车顶安装卫星天线及室外视频采集设备，在移动通信车内配备应急通信机柜，将其他应急通信所需的通信设备集成在应急通信机柜上。移动通信车配备的基本通信设备包括："动中通"卫星天线系统（含 40W 功放、LNB、天线控制器等）、卫星 Modem、无线单兵视频传输系统、以太网交换机、车载室内/室外摄像机、VoIP 语音网关、车载电话、会议电视终端及车载供电设备（发电机、UPS等）。应急通信车通过"动中通"天线系统与卫星地面站建立 SCPC 通信链路，实现与指挥中心之间的语音、数据和视频传输。"静中通"卫星车设备配置与"动中通"卫星车相似，承载车型更大，天线口径更大，为可展开/收起的天线形式。

5.5.2　星链计划在应急通信中的应用

　　2019 年 5 月 24 日，美国 SpaceX 公司以一箭多星的方式发射了 60 颗"星链"卫星，引起全球高科技业界的广泛关注。马斯克的 SpaceX 公司于 2015 年提出星链计划，预计到 2025年完成卫星组网部署，将向全球终端用户提供至少 1 Gb/s、最高可达 23 Gb/s 的低延迟、高带宽的网络宽带服务。

　　星链计划在应急通信系统中的应用具有革命性的潜力。在自然灾害或其他紧急情况下，传统的地面通信网络可能会遭受破坏或中断，而卫星通信则能够填补这一空白，提供至关重要的通信支持。星链计划具有以下四大特点。

　　（1）星链计划的高带宽和低延迟特性使其能够在紧急情况下快速部署并传输大量数据。在灾难现场，救援人员可以通过星链网络实时传输高清视频、音频和大量数据，帮助后方指挥部了解现场情况，做出及时准确的决策。

　　（2）星链计划的全球覆盖能力使其能够在偏远地区或地形复杂的地区提供通信服务。在自然灾害中，这些地区往往是受影响最严重的区域，同时也是救援力量最难以到达的地方。通过星链网络，救援人员可以与这些地区进行通信，协调救援行动，提高救援效率。

　　（3）星链计划的机动性和灵活性也使其在应急通信中具有重要意义。在紧急情况下，救援人员可能需要快速搭建临时通信基站，以支持现场通信。星链卫星的分布式部署和快速组网能力可以迅速满足这一需求，为救援行动提供有力支持。

（4）星链计划的商业化和规模化运营也为应急通信提供了更多可能性。随着星链网络的不断完善和扩展，越来越多的企业和组织将能够接入星链网络，享受高速、低延迟的通信服务。在紧急情况下，这些企业和组织可以迅速将自身的资源和技术投入到救援行动中，为应急通信提供更多支持和帮助。

星链计划在应急通信系统中的应用将大大提高救援行动的效率和效果，为全球用户提供更加安全、可靠的通信保障。

5.6 本 章 小 结

本章首先介绍了卫星应急通信及其特点、卫星通信的基本原理及系统组成及常用卫星通信系统；随后介绍了卫星通信在应急管理中的应用，包括卫星通信作为应急通信的应用优势、卫星通信应急服务的通信方式以及支持应急服务的卫星通信网络；最后介绍了两个卫星应急通信应用案例，分别是 VAST 卫星和星链计划在应急通信中的应用。

习 题

5.1 简述卫星通信基本原理及系统组成。

5.2 常用卫星通信系统有哪些？

5.3 北斗与 GPS 的主要区别是什么？

5.4 卫星通信在应急管理中的主要作用是什么？

5.5 结合书中案例，举一个你知道的最新卫星应急通信案例并分析。

第6章

数字集群应急通信系统

数字集群通信具有调度、组呼及快速呼叫等优点。相比于模拟通信，数字集群通信还具有更高的频率利用率、更好的语音质量、更保密的性能和语音及数据业务集成的可能等，因此在应急通信发展中具有举足轻重的地位和作用。数字集群网络作为专用移动通信系统，已成为当今应急通信发展领域不可或缺的组成部分。本章重点介绍数字集群。

6.1 集群通信及其组成

集群通信系统是一种专用的调度通信系统，它的发展历程悠久，起步于早期的一对一对讲模式。最初，这种通信方式采用了同频单工组网形式，随后发展到异频单工或双工组网。随着技术的进步，出现了单信道一呼百应系统，并进一步演进到具备选呼功能的系统。在 21 世纪前二十多年中，专用调度系统经历了更高层次的发展，演变成了多信道用户共享的调度系统，这种高级形态的系统被称为集群通信系统。

集群通信系统通过智能化的信道管理，允许多个用户高效共享有限的通信资源，显著提升了通信效率和灵活性。它不仅继承了传统调度通信的可靠性和即时性，还通过数字化技术实现了更广泛的功能，包括更优质的语音通信、数据传输能力以及更高的安全性。

6.1.1 集群通信系统

集群是从 Trunking 或 Trunked 意译过来的，Trunk 本意为中继或干线，因此若从中继或干线的意义来说，集群并不是新概念。可以说，从交换机诞生以来，就产生了中继的概念。所以，"中继"这一名词已被应用很长时间了，但在双向无线通信中体现，却是近 20 年的事情。因为只有随着电子元器件、微处理机技术和电子制造工艺的迅速发展，系统控制单元体积缩小、设备造价降低，才有可能实现通信系统的中继功能和作用。故无线集群和有线中继有类似之处。

根据 Trunked 的含义，集群应该是"系统所具有的全部可用信道都可为系统的全体用户共用"，即系统内的任一用户想要和系统内另一用户通话，只要有空闲信道，就可以在中心控制台的控制下利用空闲信道进行通话。所以，集群通信系统是多个用户（部门、群体）共用一组无线电信道，并动态地使用这些信道的专用移动通信系统，主要用于指挥调度通信。

　　集群通信业务是用具有信道共用和动态分配等技术特点的由集群通信系统组成的集群通信共网，能为不同机构的集团用户提供专用指挥调度等通信业务。集群通信分为模拟集群通信和数字集群通信两类。前者是利用无线接口采用模拟调制方式进行通信的集群通信系统；后者是利用无线接口采用数字调制方式进行通信的集群通信系统，两者均能向集团用户提供指挥调度等通信业务，业务类型主要包括调度指挥、数据和电话（含集群网内互通的电话或集群网与公众网间互通的电话）等。

　　集群通信的主要特点可归纳为以下几点：

　　（1）共用频率：将原分配给各用户的少量专用频率集中管理，供各用户一起使用。

　　（2）共用设施：基于频率共用将各用户分建的控制中心和基地台等设施集中管理。

　　（3）共享覆盖区：将各用户邻接覆盖的网络互联起来，从而形成更大的覆盖区域。

　　（4）共享通信业务：除可进行正常的通信业务外，还可有组织地发布共同关心的信息，如气象预报等。

　　（5）共同建网：可进行信道利用余缺调剂。共同建网时总信道数所能支持的总用户数，比分散建网时分散到各网的信道所能支持的用户总和大得多，因此也能改善服务质量；集中建网还能加强管理和维护，因而可以提高服务等级，增强系统功能。

　　（6）共同分担费用：共同建网比各自建网费用低，机房、电源、天线塔和天馈线等设施都可共用，有线中继线的申请开设和统一处理也更方便，相关人工费用、管理、维护费用也相应减少。

　　集群通信系统是一种高级移动指挥、调度系统，是一种共享资源、分担费用、向用户提供优良服务的多用途、高效能、高性价比的、先进的无线电指挥、调度通信系统，是一种专用移动通信系统。

6.1.2　模拟集群通信

　　通信最早是从模拟通信方式开始的，而且一直持续了很长一段时期。最早进入我国的集群通信系统就是模拟集群通信系统，即芬兰诺基亚公司的 450 MHz 称为 Actionet 模拟集群通信系统。但是诺基亚公司的 Actionet 系统后来在我国并没有很快地推广与发展起来，不久，却是日本有利电公司的 F.A.S.T 系统和美国摩托罗拉公司的智慧网（Smartnet）大量占领了我国集群通信市场。在较长的一段时间内，这两个系统占我国集群通信市场的80％以上。

　　最初，模拟集群通信采用模拟话音进行通信，整个系统内没有数字技术。后来为了使通信连接更为可靠，不少集群通信系统供应商采用了数字信令，使集群通信系统的用户连接更可靠、联通的速度更快，系统功能更多。因此，在模拟集群通信系统中，信令是数字制的。要指出的是，由于模拟集群通信系统采用了数字信令，因此，这段时间内有些生产商或国内代理商有意或无意宣传其产品是数字集群通信系统，甚至也有个别人称这些系统是数字集群通信系统。实际上这是误导，好在大量的用户和读者都能有正确的认识，所以并没有受到很大的影响。随着技术的发展和信息的透明化，市场上对数字集群通信的理解已经变得更加准确。目前，大多数用户能更好地识别和区分模拟和数字集群通信系统。

　　虽然模拟集群通信还是采用频率或相位调制以及一些普通的电信技术和电路，但其功能与蜂窝通信系统和其他的移动无线电话系统有许多区别。例如，在信道的分配技术、集群方式、信令、控制方式以及组网等方面，模拟集群通信都有它的特殊之处。

6.2　数字集群通信及其特点

数字集群通信系统是一种融合了语音、数据、图像等多种业务的综合业务传输系统，它将数字技术和移动通信技术有机地结合起来，不但使用户能在各种环境下进行语音通信，而且还可为用户提供更加丰富、灵活的业务。与模拟集群通信系统相比，数字集群通信系统具有许多独特的优势，如在网络安全性和稳定性上都有很大的提高，业务种类更加丰富等。

数字集群通信系统采用数字信令，在各个环节上都是数字处理的，其中最重要的是多址方式、话音编发技术，调制技术等。当然，实现数字通信后，还需要采用一些新技术来配合，如同步技术、检错纠错技术以及分集技术等。这些技术在各种移动通信中一般都被采用或选用。

目前，数字集群通信在应急通信中占主体地位，本节介绍数字集群通信与移动通信的区别、集群通信技术的主要制式及对 TETRA 标准的解析。

6.2.1　数字集群通信与蜂窝移动通信的区别

随着技术的不断扩容和完善，蜂窝移动通信满足领导层和应急管理人员的日常工作联络是可以的，但其功能不能完全满足突发事件中一线人员指挥调度的需要，尤其是在新的发展形势下，这种需求之间的差距越来越大。数字集群通信系统除具有选呼、群呼、等级优先和强拆、强插等调度功能外，还具有单工、脱网直通和较强的加密功能，这是蜂窝移动通信所不能满足和保证的。一般来说，在指挥调度中接续时间的长短往往是应急保障人民生命财产安全的关键，数字集群通信系统的接续时间往往在 300～500 ms，而发生突发事件和抢险救灾时，蜂窝移动通信常常遭遇系统瘫痪、信号阻塞及保障不力等情形，往往会贻误有利时机，甚至会造成生命财产的重大损失。

数字集群通信与蜂窝移动通信的比较如表 6 - 1 所示。

表 6 - 1　数字集群通信与蜂窝移动通信的区别

比较内容	数字集群通信系统	蜂窝移动通信系统
主要用途	指挥、调度	公众无线通信
建设部门	专业部门	公共通信运营商
用户对象	专业人员、一线人员	公众、私人、个体
通信方式	全双工、半双工、单工、脱网直通	全双工
业务范围	电话、数据传输、静止图像、电子邮件、GPS、车辆自动定位、自动控制	电话、数据、多媒体
接续速度	迅速建立、接续时间为 0.3～0.5 s	需要主被叫确认，一般需要数秒

比较内容	数字集群通信系统	蜂窝移动通信系统
网络结构	多种形式的网络结构(单区网、链状网、大容量网等),可选择与公网互通	一种网络结构(大容量、多区间),必须与公网互通
使用功能	群呼、组呼、优先、限时、强拆、广域调度	一般不具备限时、强拆、用户分组和组呼功能
终端类型	车载台和手台	手机和其他手持终端
通话时间	一般较短,数十秒为多	不受限制
计费方式	一般为包月租赁	一般按时长计费
计费要求	简单	完备
网络建设	共用设施、共用频率、共享通信业务、分担费用	分别安排建设
容灾能力	调度灵活,容灾能力强	容灾能力取决于核心网
鉴权加密	双向鉴权,加密等级高	单向鉴权,一般通信安全
发展趋势	数字化,强化数据功能	数据速率提升

6.2.2 集群通信技术的主要制式

经过较长时间的发展,数字集群已形成多种通信体制和系统。国际电信联盟从技术演进和业务需求的角度,重点突出了"调度业务"和"高效频谱"两个方面的特点,向世界各国推荐了7种集群通信体制和系统,即 APCO-25、TETRAPOL、EDACS、TETRA、IDRA、DIMRS(iDEN)和 FHMA,其中,APCO-25、TETRAPOL 和 EDACS 这 3 种采用了 FDMA(频分多址)标准,频谱效率较低,只在少数国家得到了应用,未能在全球范围内普及。TETRA、IDRA 和 DIMRS(iDEN)这 3 种采用了 TDMA(时分多址)技术标准,频谱效率较高,在国际上得到了较多的应用,尤其是 TETRA 制式目前在全球应用最为普及,已成为数字集群的主流制式。FHMA 则采用了跳频多址技术的标准,主要在北美和韩国使用。后来,APCO-25 也采用了 TDMA 技术,发展状况有所好转。

除此之外,我国的通信企业也推出了自己的通信体制和系统,中兴和华为分别开发了基于公众移动通信网的 GoTa(Global open Trunking architecture,全球开放集群体制)和 GT800 数字集群通信系统,这是我国自主开发的数字集群通信系统的重要制式。GoTa 是中兴在 CDMA2000 系统基础上开发的一种集群技术,是对公众 CDMA 通信网络在应用上的扩展;GT800 是华为在 GSM-R 基础上研发而成的基于集群专网应用的技术体制。这两种制式的集群通信系统在我国取得了一定应用,但规模和应用成效还不乐观。

6.2.3 TETRA 制式解析

TETRA 自 1995 年发布第一个核心标准以来,取得了快速的发展,已成为应用最为广泛的集群通信制式。它具有兼容性强、开放性好、频谱利用率高、保密功能强等诸多优点,是目前国际上制定的最周密、开放性最好、技术最先进并且参与生产厂商最多的数字集群标准。以下对 TETRA 的特点、业务类型及网络结构进行介绍。

1. TETRA 的特点

从通信的角度来看，TETRA 可提供集群通信和非集群通信，还具有语音、电路数据、短数据信息、分组数据业务的直接模式（移动台对移动台）等多种通信业务，并支持多种 TETAR 所特有的附加业务。

TETRA 制式可被看作是 TETRA 语音＋数据、TETRA 分组数据优化（PDO）和 TETRA 直接模式通信（DMO）三个普通制式的集合。采用该制式的设备既可以包含上述一个或多个制式的功能，也可以根据用户的需求对制式进行变通处理，从而使 TETRA 更加灵活、功能也更加丰富。此外，还有语音编码器、符合性试验、法律交叉问题、TBR 和 SIM 卡等辅助性标准。语音编码器是 TETRA 系统中的关键组件，负责将模拟语音信号转换成数字信号以及执行解码过程。符合性试验确保 TETRA 设备满足标准规定的性能和安全要求。这些试验对于验证设备能够与 TETRA 网络兼容并提供预期服务至关重要。在 TETRA 系统中，SIM 卡用于存储用户身份信息和网络配置，实现用户鉴权和个性化服务。通过这些标准，TETRA 系统能够提供更加灵活、安全和可靠的通信服务，满足不同用户和应用场景的需求。

2. TETRA 的业务类型

根据接入点不同，TETRA 的基本业务可划分为承载业务、用户终端业务及补充业务。

1）承载业务

TETRA 支持的承载业务包括分组数据和电路数据，提供下列用户比特率。

（1）未保护的语音或数据为 7.2 kb/s（最高可达 28.8 kb/s）。

（2）低保护度的数据为 4.8 kb/s（最高可达 19.2 kb/s）。

（3）高保护度的数据为 2.4 kb/s（最高可达 9.6 kb/s）。

分组数据可以通过专用或动态分组数据信道传输，动态分配分组数据包长，每个分组数据传送信道可以同时支持 60 个用户使用。

2）用户终端业务

TETRA 支持的用户终端业务包括以下几种。

（1）组呼（Group Call）：多点对多点。

（2）广播式呼叫（Announcement Call）：单向点对多点。

（3）紧急呼叫（Emergency Call）。

（4）单呼（Private Call）：私密呼叫。

（5）电话呼叫（Telephone Interconnect Call）。

（6）直通模式（Direct Mode Operation）。

3）补充业务

TETRA 支持的补充业务包括专业调度型补充业务和电话型补充业务。

专业调度型补充业务包括：

（1）接入优先、预占优先、优先呼叫。

（2）包容呼叫、动态转移、迟后进入。

（3）调度台核查的呼叫、监听、侦听。

（4）区域选择。

（5）缩位寻址。

（6）讲话识别，动态重组等。

电话型补充业务包括：

（1）列表搜索呼叫、呼叫转移、呼叫限制、呼叫报告、呼叫等待、呼叫保持、主叫/被叫识别显示、主叫/被叫识别显示限制、至繁忙用户/至无应答时的呼叫完成。

（2）计费通知。

（3）呼叫保留等。

补充业务适用于大多数承载业务和用户终端业务。

3. TETRA 的网络结构

TETRA 的网络结构一般由交换机、调度台和无线集群基站设备组成。

1）交换机

TETRA 网络的核心设备是交换机，交换机负责语音和数据的交互。交换机与其控制单元之间需要有冗余备份机制和双向环路保护，以确保在发生部分设备或链路故障时网络仍能继续运行。

2）调度台

调度台用于每个虚拟专网用户数据以及呼叫控制的预先或实时设置，其主要功能包括组织会话、通话组设置及用户管理等。

3）无线集群基站设备

无线集群属于蜂窝移动通信的一种。网络中的无线集群基站设备分布广泛，数量众多，连接方式灵活多样。例如，基站直接和交换机相连的是星状网络，其特点是单站设备或传输问题不会影响其他基站工作，但是传输成本较高。由若干个基站与交换机组成的闭合环状网络称为环状网，其特点是其中一段传输的故障不会导致任何基站失效，但建设成本低。由若干个基站 MS 组成的链式网络叫链状网，一般使用较少。

6.3　数字集群通信标准的制定

数字集群通信标准的制定主要是为了满足专业及商业用户对移动通信的特定需求，确保通信系统的效率、安全性和可靠性。数字集群通信标准的制定是一个多方参与、密切合作的过程，旨在为用户提供高效、安全、可靠的通信服务。通过不断的技术创新和标准更新，数字集群通信系统将可以为各行各业的发展提供有力支持。

6.3.1　适用范围和引用标准

工业和信息化部于 2000 年 12 月 28 日颁布并实施了 SJ/T 11228－2000《数字集群移动通信系统体制》行业标准。该标准规定了采用 TDMA 制的数字集群移动通信系统的频段、网络结构、业务、空中接口、同步、安全性、编号、接口要求和设备的基本技术要求，适用于数字集群移动通信系统(包括专用网和共用网)的规划、工程设计、使用设备的开发和生产。

6.3.2　系统特性

数字集群移动通信系统通常在设计和实现数字集群通信系统时采用两种不同的技术规范或标准，分别为体制 A 和体制 B。

TETRA 是体制 A 的代表，TETRA 是专为关键通信设计的标准，提供快速的呼叫建立和释放。公共安全、紧急服务、军事和安全敏感部门通常选择 TETRA，因为它们需要可靠的、安全的通信。TETRA 的技术特点如下：

(1) 支持直接模式操作(DMO)，允许终端在没有基站覆盖的情况下直接通信。

(2) 高效的频谱利用率，使用时分多址(TDMA)技术，每个信道支持两路通信。

(3) 提供优先级呼叫和紧急呼叫功能，适合关键任务通信。

体制 B 通常指 iDEN。iDEN 由摩托罗拉开发，是一种集成了调度和电话服务的数字集群技术。商业和个人用户可能更倾向于使用 iDEN，因为它提供了额外的数据服务和较高的频谱效率。iDEN 的技术特点如下：

(1) 支持时分多址(TDMA)技术，每个信道可以支持三路通信。

(2) 提供集成的数据服务，如短信、电子邮件和位置信息服务。

(3) 具有独特的能力等级和系统状态信息功能。

TDMA 数字集群移动通信系统的无线接口特性如表 6-2 所示。

表 6-2　TDMA 数字集群移动通信系统的无线接口特性

特　　　性	体制 A	体制 B
信道带宽/kHz	25	25
时隙	4	3/6
调制方式	$\pi/4$-DQPSK	M-16QAM
载波调制速率 kb/s	36	64
话音编码/kb/s	ACELP 4.567	VSELP 4.567

TDMA 数字集群移动通信系统的其他特性如下：

• 信号灵活：业务信道全忙时，信令信道可作为业务信道使用。

• 故障弱化：基站与交换节点连接失败(失效)时，基站仍能继续通信，但系统不接供全功能服务。

• 虚拟专网：系统为群体用户提供专用调度台，组成虚拟专网。

• 鉴权：支持鉴权功能。

• 空中接口加密：支持空中接口加密功能。

• 端到端加密：支持端到端加密功能。

• 直通工作方式：支持直通工作方式。

• 呼叫建立时间：同一交换局内，呼叫建立时间应不大于 500 ms。

根据业务的发起点和终止点，基本业务可分为用户终端业务和承载业务，如图 6.1 所示。TE(Terminal Equipment)为用户终端设备，MT(Mobile Terminal)为移动终端。

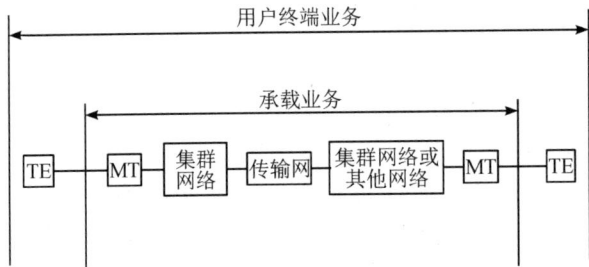

图 6.1 用户终端业务和承载业务

1) 用户终端业务

① 调度话音业务，包括单呼和组呼。

② 电话互连业务。

2) 承载业务

① 电路方式数据业务。

② 短数据业务。

③ 分组数据业务。

3) 基本补充业务

① 呼叫种类：可以分为单呼、组呼(包括组呼、全呼)。

② 区域选择：可以规定调度呼叫的工作区域。

③ 优先呼时：用户台呼叫具有优先级。优先级应包含若干个等级，呼叫时用户按等级可以排在低一级用户前，排队等候接入信道。

④ 预占优先呼叫：当系统繁忙时，具有预占优先权的用户可以使优先级最低的通信断开以继续其接续过程。预占优先也可以有若干级。预占优先呼叫等同于"紧急呼叫"。

⑤ 迟后进入：在群呼过程中，迟来的成员可以加入一个正在进行中的群呼。

⑥ 动态重组：允许调度台利用无线方式，对用户重新编组。

⑦ 自动重发：主叫用户按下呼叫发送键后，如未被控制中心确认，移动台能重发数次。

⑧ 限时通话：系统可以限制移动台通话时间。

⑨ 超出服务区指示：移动台接收信号强度低于某值时，移动台显示该台超出服务区。

⑩ 呼叫显示：显示主叫方或被叫方的识别码。

⑪ 主叫被叫显示限制：不显示主叫方或被叫方的识别码。

⑫ 呼叫提示：在繁忙用户台上显示其他呼入的主叫方的识别码。

⑬ 讲话方识别显示：组呼之中用户台显示讲话方识别码。

⑭ 无条件呼叫转移：允许用户台把所有的呼叫转移至另一个用户台或有线台。

⑮ 遇忙呼叫转移：当用户台繁忙时将呼叫转移。

⑯ 用户不可及时呼叫转移：当用户台关机或超出服务区时将呼叫转移。

⑰ 无应答呼叫转移：被叫用户台无应答时将呼叫转移至另一个用户台或有线台。

⑱ 缩位寻址：即缩位拨号。

⑲ 至繁忙用户的呼叫完成：当呼入繁忙用户时，在主叫退出之前一直等待到用户空闲为止。

⑳ 至无应答用户的呼叫完成：当呼入没有得到应答时，系统允许在主叫退出之前一直等待到用户空闲为止。

4）可选补充业务

① 调度台核查呼叫：在呼叫被允许进行之前，由调度台核查呼叫请求的合法性。

② 监听：被授权的用户台可以监听 1 个或多个用户，而无需被监听用户同意，被监听用户也不知道自己被监听。

③ 环境侦听：由调度台开启某被叫用户台的发射机，从而可以监听该用户台周围的声响，但该用户台没有任何发射指示，也不阻止该移动台在环境侦听期间像平常那样发出或接收呼叫。

④ 控制转移：多点呼叫的发起者可以将自己的控制权转移给另一方。

⑤ 计费通知：选择在呼叫开始、中间或结束时提供计费信息。

⑥ 密钥遥毁：用无线遥控方式销毁移动台或基站的密钥。

⑦ 强制呼叫结束：可以通过调度台将正在进行的用户呼叫进行拆线。

⑧ 开放信道呼叫：系统可以通过调度台将特定用户指定在某一个开放信道上进行呼叫（包括单呼、组呼），开放信道呼叫可以进行撤销。

6.3.3 工作频段

数字集群移动通信系统的工作频段为 806～821 MHz（移动台发、基站收）；851～866 MHz（基站发、移动台收）。双工间隔为 45 MHz，具体工作频率应符合国家无线电管理部门的有关规定。适用于专用网的其他工作频段应符合国家无线电管理部门的有关规定。

数字集群移动通信系统的上行载波重心频率为

$$f_{上} = f_{上min} + 0.001G + 0.025(C - 0.5) \text{ MHz}$$

式中，G 为防卫带，单位为 kHz，G 按国家无线电管理部门的相关规定取值；C 为信道号码（$C = 1, 2, \cdots, 600$）。

数字集群移动通信系统的下行载波中心频率为

$$f_{下} = f_{上} + D$$

式中，D 为双工间隔，单位为 MHz。

6.3.4 网络结构、基本业务和补充业务

数字集群移动通信系统的网络结构可以采用数字集群移动通信系统体制 A 的网络结构和数字集群移动通信系统体制 B 的网络结构。

运营商可以根据两种体制的特点和实际需求选用其中一种体制及相应的网络结构。

数字集群移动通信系统体制的空中接口为数字集群移动通信系统体制 A 的空中接口和

数字集群移动通信系统体制 B 的空中接口。

运营商可以根据两种体制的特点和实际需求选用其中一种体制式及相应的空中接口。

6.3.5　体制 A 和体制 B 的同步要求

体制 A 的基站和移动台的同步要求如下：

1）基站同步要求

（1）载频的产生和时基时钟共用一个频率源。

（2）频率源频率容差优于 $\pm 0.1 \times 10^{-6}$；当载频低于 520 MHz 时，频率源频率容差优于 $\pm 0.2 \times 10^{-6}$。

2）移动台同步要求

（1）移动台频率精度要求为 ± 100 Hz（与从基站接收的频率相比较）。

（2）移动台应利用从基站接收到的信号来调整其时基。当本地信号和接收到的信号之间的时差大于 1/4 码元宽度时，移动台应以 1/4 码元宽度为步进调整其时基。此调整应在不少于 1 s 和不大于 3 s 的时间间隔内完成，直至定时时差小于 1/4 码元宽度为止。

（3）对于从基站接收到的信号，移动台应采用误差小于 1/8 码元宽度的方法对其进行时间测量。

体制 B 的基站频率精度和移动台频率精度同步要求如下：

基站频率精度要求为 $\pm 0.06 \times 10^{-6}$。

移动台频率精度要求为 0.25×10^{-6}，与从基站接收的频率相比较。

6.3.6　通信安全保障

数字集群移动通信系统支持空中接口鉴权、空中接口加密和端对端加密三种措施，以保障通信安全。当运营商有鉴权和空中接口加密的需求时，供货商应能支持系统的鉴权、进行空中接口加密，提供空中接口加密的软件和硬件平台。当用户需要端对端加密时，供应商提供的设备应具有用户加密的接口和加密硬件的物理空间。

采用以下方式可以实施空中接口鉴权。

（1）网络基础设施对用户鉴权：网络基础设施对用户鉴权采用询问-应答协议。

（2）移动台对网络基础设施鉴权：移动台对网络基础设施鉴权采用询问-应答协议。

（3）移动台和网络基础设施相互鉴权：移动台和网络基础设施相互鉴权所用算法和密钥与单向鉴权相同。相互鉴权由第一被询问方（非发起鉴权方）决定，即首先询问方发起（单向）鉴权，应答方启动相互鉴权。相互鉴权时，如果第一次鉴权为假，则放弃第二次鉴权。相互鉴权有网络基础设施首先发起的鉴权和移动台首先发起的鉴权两种类型。

（4）设备签权：需要时，基站可以要求移动台发送加密的设备识别码，在登记时对设备签权。

数字集群移动通信系统的空中接口加密采用序列密码加密体制。空中接口加密可以对端对端加密的业务再次加密。

端对端加密适用于对通信的安全有特别严格要求的场合。在端对端加密的情况下，系统不参与密切的产生和管理。系统只为加密信号提供透明的传输通路。

6.4　数字集群在应急通信中的应用

数字集群应急通信网可以广泛应用在构建城市应急联动调度系统中。借助该网络，公安、交警、消防、急救和公共事业等部门可以纳入一个统一的指挥调度系统，在突发情况下组成应急联动系统，以及时应对突发事件。建立统一的无线指挥调度平台是应急联动系统的重要组成部分，政府部门只要建立一个应急联动指挥中心，设置总调度台和总管理台，当遇到紧急事件时，对相关部门进行指挥调度，即可利用数字集群通信在应急联动中大群组、快速呼叫等优势，达到迅速、有效地处理紧急事件的目的。

6.4.1　数字集群通信在应急通信中应用的主要优势

数字集群通信具有调度、组呼及快速呼叫等优点，因此在应急通信中具有重要作用。数字集群通信系统作为专用移动通信系统，可为一些要求通话建立速度快、通话成功率高的指挥调度部门(如公安、消防、急救等)提供有效的通信手段，具有较高的社会效益和经济效益。

数字集群通信在应急通信中的主要优势体现在其可靠性、灵活性、准确性、安全性与扩展性。

（1）可靠性：数字集群通信系统采用先进的技术和协议，能够实现可靠的通信连接。它能够在恶劣环境下保持稳定的通信质量，确保信息能够及时传递，提高应急响应的效率。

（2）灵活性：数字集群通信系统支持灵活的网络拓扑结构，能够根据不同的应急场景进行快速部署和配置。它可以适应不同地理环境和通信需求，提供多样化的通信方式和功能，满足应急通信的多样化需求。

（3）准确性：数字集群通信系统支持多媒体数据的传输，包括语音、视频、图像等。这保证了在应急情况下，可以进行实时的语音通话、视频监控、图像传输等操作，提供更丰富的信息交流和共享手段，有助于指挥决策的准确性。

（4）安全性：数字集群通信系统采用加密算法和安全认证机制，保障通信内容的机密性和完整性。它能够防止信息被非法入侵和篡改，确保通信过程的安全性，保证信息安全。

（5）扩展性：数字集群通信系统具有良好的扩展性，可以支持大规模通信需求。它能够连接和集成多种不同类型的通信终端设备，实现统一的通信管理和控制，为应急通信提供强大的扩展能力。

6.4.2　对我国数字集群应急通信发展策略的研究建议

在经济社会快速发展的背景下，我国应抓住数字集群应急通信发展的历史机遇，认真研究和把握数字集群发展规律和国家有关政策，积极探索数字集群发展之路，并结合当前实际，制定切实可行的发展策略，推动我国数字集群应急通信沿着快速、稳定、健康的方向发展。

1. 明确发展数字集群通信产业的重要性

通过 2008 年的雨雪冰冻灾害和汶川大地震、2010 年的玉树地震、2013 年的雅安地震等重大灾难性事件，我国政府已经认识到了建立一个与公众移动通信网络并行的专用移动通信网络的必要性和紧迫性。从目前来看，越来越多的城市应急联动系统的移动通信平台采用数字集群通信系统建设。由于我国集群通信网的建设在 20 世纪 90 年代初曾步入使用误区，因此其发展速度远远落后于公众网的发展。近年来，伴随我国国民经济和社会信息化的快速发展，相应需求对集群通信管理水平也提出了更高的要求，即要由粗放型向集约型、现代化管理转变。

数字集群通信系统对突发事件应急通信的有效保障，对国民经济的发展、社会的稳定和人民生命财产的安全保障起着十分重要的作用，现在国家十分重视移动通信产业的发展，并将其作为新的经济增长点，在各个方面给予大力支持，因此要充分把握这一时机，在重视公众移动通信产业发展的同时，进一步明确专用集群通信网的重要性，推动数字集群通信产业的发展。

2. 选择合适的制式建设数字集群应急通信网

全球范围内，目前 TETRA 已经在很多领域得到了应用，由于其产品的独特性，其重点应用领域集中在公共安全和交通运输等移动性强、紧迫性高的部门，在欧洲和亚太地区的应用分布十分广泛。

TETRA 以其良好的保密性与强大的组网调度功能，适合为政府机关、公安和安全等公共安全部门和铁路等涉及公用事业的部门执行任务，处理突发事件，提供高性能的、可靠的移动通信综合解决方案。因此，为政府部门提供应急通信服务的数字集群应急通信系统选择 TETRA 标准比较合适。目前，在北京、上海和其他城市部署的政府专用无线网、公安部的数字集群通信网都采用了 TETRA 标准技术制式。

我国各级政府的数字集群应急通信网应以社会应急联动和政府公共管理为核心，通过建设一个专用移动通信系统与信息系统集成的平台，统一协调公安、消防、急救等政府部门，为公众提供快速、及时的救助和相应的服务，以提高政府部门对重大突发事件的快速反应和处理能力。在建设数字集群通信网时，必须结合当地社会经济发展实际，客观地选择系统建设容量，经济合理地考虑系统覆盖，采取分阶段发展思路。分阶段就是当前数字集群网络的发展要以服务政府部门为己任，业务发展初期就在公安、消防、急救和城管为主体的城市应急联动系统中，在条件成熟的情况下，逐步建成覆盖其他城市的应急联动系统。

3. 必须加强对建设数字集群应急通信网的调研和规划

各地在网络规划建设之前要切实做好当地数字集群应急通信用户，即政府各个部门的调研工作，掌握目标用户群的具体分布、活动区域范围及特点，确定热点和重点区域，详细划分用户群，分析用户的使用特点，为后续网络规划、系统容量和业务功能等提供依据。

在网络建设的初期,应达到一定的覆盖范围和质量,尤其是要保证对较明确的政府部门的分布区域、活动区域和业务应用热点区域的覆盖,以满足开展业务的基本需要;在容量方面考虑重点覆盖区域,非重点覆盖区域的容量在建网初期不作考虑,但需预留扩容条件,同时在建网初期应预留一定数量的微基站、室内分布系统和直放站等设备或临时购置设备的资金,以满足用户数量增加的需要。在网络的完善阶段,对网络进行充分的优化,根据用户的发展情况,通过增加基站、直放站和室内分布系统,对热点地区进行有重点的覆盖,并进行适当扩容,提高网络性能和服务质量。

6.5　数字集群应急通信应用案例

数字集群应急通信系统是专为应急情况下设计的高效、可靠的通信解决方案。它通过集成先进的数字技术和集群通信原理,为紧急响应团队提供稳定、安全的通信服务。以下是一些数字集群应急通信应用经典案例。

6.5.1　成都市应急指挥调度无线通信网的建设

成都市位于四川省中部,是四川省省会,是国务院确定的中国西南地区的科技中心、商贸中心、金融中心和交通、通信枢纽,也是四川省政治、经济、文教中心,更是国家历史文化名城。全市人口 2140 余万人,区域面积为 1.4335 万平方千米(截至 2024 年)。成都市十分重视应急通信基础设施的建设,建成了国内一流的应急指挥调度无线通信网,其中数字集群通信系统是其核心的组成部分。

1. 系统概述

成都市应急指挥调度无线通信网采用摩托罗拉 800 兆 TETRA 数字集群技术,系统容量为 25 000 名调度用户。整个项目建设分两期完成,一期工程由政府投资建设,二期工程(全域覆盖工程)按照"社会化建设、维护,政府采购服务"的模式,由中国移动四川成都分公司投资建设并负责运行维护。

成都市应急指挥调度无线通信网是以成都市 800 兆 TETRA 数字集群移动通信系统为基础构建的政府指挥调度用移动通信网,包括系统平台及以虚拟专网方式构建的指挥调度通信体系,为全市党政与公共服务单位提供日常调度、应急指挥与后备通信保障。应急通信网主要用于成都市委、市政府所属的各委、办、局及其下属机构,公共服务机构,重点安全保障单位,安全生产重点保障单位及政府主管部门批准的其他机构。

2. 建设状况

成都市应急指挥调度无线通信网项目的一期工程建设从 2004 年开始,于 2006 年 4 月完成并投入使用。系统包括交换中心、调度系统及 8 个固定基站,实现了无线覆盖市区三环路以内及双流机场和机场高速,容量达到 5000 用户,并实现了与公网、公安 350 兆模拟集群专网、交警 400 兆模拟常规网、消防 350 兆模拟常规网的互联互通,必要时可与公众通信网互通。

一期工程建成后，该系统成功应用于应急办、人防办、公安、消防、交警、医院、急救中心、城管、交通委员会、自来水公司、电子政务外网维护、地铁建设等部门及其工作中，除用于各部门的日常业务工作外，还圆满完成了 2005 年至 2007 年的三次应急联动演习、黄金周交通运输指挥调度、2005 年中国花卉博览会、2007 年 9 月女足世界杯、2008 年抗震救灾、2008 年奥运火炬传递等临时和应急通信保障任务，取得了较为明显的成效。

项目二期工程在一期工程的基础上进行了升级扩容，采用包括一期基站在内的 56 个固定基站、2 个预留覆盖重点建筑物室内的基站、2 个移动车载基站共计 60 个基站的升级扩容方案，实现了成都市区和近郊区的完整覆盖，远郊区市县基本覆盖以及城区、工业区、旅游区和高速公路沿线的重点覆盖，加上机动通信手段，实现了覆盖整个成都市全部城乡区域的无缝指挥调度通信，系统设计容量为 25 000 个调度用户。

二期工程建设过程中，还圆满完成了"5·12"地震一周年纪念、2009 年国庆烟火燃放、2009 年中国国际软件合作洽谈会、2009 年中国西部博览会、2009 年世界电子竞技大赛和人防地下指挥大厅室内覆盖等一系列通信保障任务。

3. 案例评析

成都市应急指挥调度无线通信网的建设是成都应急通信事业发展史上的一项标志性工程，在全市范围内建立起了完整的应急指挥调度通信系统，对全面提升城市应急通信指挥和处置能力有着非同寻常的意义。它通过对现有资源的有机整合和高度融合，确保了政府部门对紧急与灾害事件的处置能进行统一指挥、联合行动、快速反应和协同作战，从而提高了成都市的抗风险能力，这对提高政府部门保障公共安全和处置突发事件的能力，减少灾害和事故的损失，保障人民群众生命财产安全和维护社会稳定具有重大意义。它在为经济社会的可持续发展提供保障的同时，也为社会管理创新做出了实质性的探索。

成都市应急指挥调度无线通信网的建成并投入使用，为兄弟城市应急指挥调度无线通信网的建设和应用提供了不可多得的参照。具体来说，有以下三个方面的经验值得学习和借鉴：第一，在全市范围内统一规划、统筹协调和统一管理，避免由各个部门分头建设造成的资源浪费和系统不兼容等问题，对切实保障建设和应用成效有着重要的意义；第二，采用服务外包方式，利用通信运营商的力量为项目提供技术支持和应用保障，这是一种模式的创新，可以更好地实现资源整合和优势互补，对提高应用成效大有裨益；第三，通过设立政府自身的管理机构——成都市软件产业发展中心，来加强项目的管理和运维，这是一种较切合实际的做法，这一机构对内有更好的协调能力，又具有一定的开发实力，能更好地引领各个业务部门的应用，成为推动成都市应急指挥调度无线通信网应用和发展的重要力量。

成都市作为我国率先建设应急指挥调度无线通信网的省会城市之一，所取得的发展经验对推动我国应急通信事业的发展有着很好的示范意义。

6.5.2 瑞典 Rakel 的发展案例

瑞典面积约 45 万平方千米，总人口 1056 万，主要出口机械、电子、通信、医药和钢铁等。瑞典的 Rakel 是该国公共秩序、安全和医疗保障的一个全国性的通信系统网络。

1. 发展背景

从全国范围来看，瑞典应用应急通信的用户来自 200 多个组织，总数超过 4.5 万人。其主要的用户构成如下：

- 国家：警察、海岸警卫队、政府办公室和当局。
- 地方：市（消防和救援服务部）。
- 区域：郡议会（主要是救护车服务），郡行政委员会。
- 私人：能源公司。

瑞典的危机管理体系如图 6.2 所示。

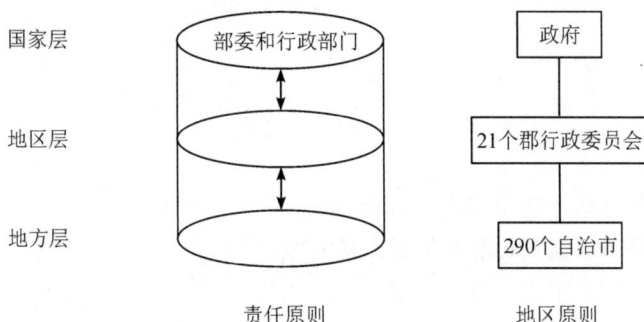

图 6.2　瑞典危机管理体系示意图

为了改变全国原有的各自分散的 200 多个应急通信网络的格局，更好地服务全国应急通信，瑞典民事灾难事故管理局（Swedish Civil Contingencies Agency）着手开展了全国统一的应急通信网络的开发和建设，这一名为"Rakel"的应急通信网络是一个全国性的数字通信系统，被用于紧急服务和一些民防、公共安全、应急医疗和医疗保障等领域。

Rakel 的主要用户包括警察、监狱和缓刑服务、海岸警卫队、瑞典政府办公室、全国卫生和福利委员会和瑞典辐射安全局等。此外，其他重要的组织，如民航局和瑞典海事管理局、在突发事件发生时也可以使用该系统。Rakel 让用户更容易合作，且能更有效地完成工作任务，即使他们的工作任务相差很大。

2. 运行管理

Rakel 项目由瑞典凯希典（CASSIDIAN）公司负责运行，该公司专注于数字集群通信的发展，是能够提供包括数字集群系统、指挥中心系统在内的全面的公共安全解决方案的系统和终端供应商。作为系统的全国运营商，CASSIDIAN 允许用户在全国范围内开展合作，这意味着各类用户将不再受之前的无线网络各自为战的束缚，实现了全国范围内真正意义的互联互通。在技术研发上，Rakel 项目专注于开发创新的通信技术，以满足公共安全和关键通信的需求，包括高数据速率、低延迟和高可靠性。Rakel 项目致力于提高频谱效率，通过先进的调制技术、信道编码和多址接入方法，使有限的频谱资源能够支持更多用户和更高的数据吞吐量。

3. 案例评析

瑞典的应急通信用户分布十分广泛，数量也较为庞大，为了在全国范围内建成广泛覆盖、互联互通的一体化应急通信网络，瑞典实施了 Rakel 项目，取得了较为满意的成效。这一系统简化了日常的通信联络，采用了新的方法，提高了易用性，能够有效地处理突发事件。Rakel 在突发事件发生时具有高灵活性，可以迅速方便地使用。

6.6 本 章 小 结

本章分别介绍了数字集群应急通信系统及其特点、数字集群通信原理及组成、数字集群在应急通信中的应用以及成都和瑞典的两个典型的数字集群在应急通信中的应用案例及评析。

习 题

6.1 简述集群通信系统组成及工作原理。

6.2 与蜂窝移动通信相比较，集群通信有哪些特点？

6.3 集群通信技术主要有哪些制式？

6.4 数字集群通信在应急通信中应用的主要优势有哪些？

6.5 结合书中案例，举一个你所知道的最新的集群应急通信案例并分析。

第 7 章

互联网应急通信系统

为满足多技术手段的事件信息智能获取、随时随地的移动应急处置、多样化的通信指挥应用等特殊的应急通信指挥需求，互联网应急通信系统应运而生。

7.1 互联网应急通信系统概述

互联网(Internet)是 20 世纪最重要的科技发明成果之一，它给人类社会的方方面面带来了重大而又深远的影响，已成为全球经济发展和社会进步的重要推动力量。互联网具有独特的信息交互和通信传输功能，且已形成广泛的用户基础，因此在应急管理领域正发挥着无可替代的作用，从减灾、备灾、应急处置到灾后恢复，互联网均有着各种形式的应用。从震惊世界的"9·11"事件，到伤亡惨重的印度洋海啸，再到 2008 年发生在我国的雨雪冰冻灾害及汶川大地震等，又到 2013 年的雅安地震，几乎在每一次重大突发事件的发生、发展和善后恢复的过程中，互联网都有着特别重要而又独特的贡献，尤其是在信息传播、预警发布、通信联络和社会动员等方面发挥出了重要作用。从某种意义上，在当今社会，没有互联网参与其中的应急管理几乎是不可能实现的，而且也很难在真正意义上取得成功。

从国际、国内突发事件应急管理的实践来看，互联网已经成为应急通信的重要载体，代表着应急通信未来发展的重要方向。只有充分发挥互联网在应急通信中的独特价值，才能为应急通信的发展注入全新的活力，开创应急通信前所未有的新局面。

7.1.1 互联网与应急通信的关系

应急通信贯穿于减灾、备灾、应急处置各个环节，其中互联网在应急管理的不同环节和不同阶段均担任着不可替代的角色。

减灾是为了减少灾害的发生而采取的一系列活动，既是应急管理的基础工作，也是全面提升应急管理能力的"基石"。在减灾阶段，应急通信主要为政府各部门之间、政府和公众之间提供防灾减灾信息的交互和联络，为减灾各方建立起一种紧密、高效的联系。

备灾是为了应对可能到来的灾害而采取的一系列行动，无论灾害最终是否发生或发生的程度如何，在这一阶段做好充分的准备都是非常必要的。备灾不但要准备好应对灾害的各种资源，包括人力资源、物资资源及抢险救灾资源等，而且更要准备好各种应对灾害的行动方案，如组织指挥体系和撤离线路等。互联网的应用可以实现不同地域的各种应急资源的"虚拟"整合，为灾害应对做好在线准备，一旦预定的灾害"如期"而至，就可通过互联网"激活"行动方案，进入应急状态。互联网在备灾阶段的应用对提高灾害应对准备的效率和水平有着十分明显的意义，从某种程度上可以说，离开了互联网的支持，备灾工作往往是不完整的，对灾害应对准备显得也不够充分。

应急处置是在灾害发生以后对灾害应变所采取的具体行动，在这个环节，争取时间、抢救生命财产、减少灾害事件所造成的各种损失是最重要的任务。互联网在灾害应急过程中只要应用得当就可发挥出非同一般的作用和价值。尤其是随着QQ、微信、微博和抖音等各类社交媒体的快速兴起，互联网在应急处置中的作用也变得更加突出。

7.1.2 互联网应急通信系统的特点

互联网应急通信系统是一种在紧急情况或灾害发生时，保障通信不中断的系统。它利用互联网技术，提供一种快速、灵活、可靠的通信手段，以支持应急响应、灾难恢复和危机管理。

互联网应急通信系统具有即时性、开放性和个性化等特点。

1. 即时性

应急通信最重要的特点就是能最快速地知晓灾情和发展情况以便采取具体的行动。近几年来，随着网络图文直播、音频直播和视频直播的出现，互联网应急通信的即时性日渐完善。利用互联网应急通信及时对突发事件进行报道，发布的灾情信息也具有较强的时效性。

2. 开放性

更加开放的互联网网络结构使互联网应急通信具有开放性。这种"无疆界"的优势得益于互联网所采用的TPC/IP协议。TPC/IP协议是互联网实现不同网络互联的标准。在开放的网络结构中，每个网络都可以根据特定的环境和用户特点自行设计和开发，而且可以有自己向用户提供内容的单独接口。互联网应急通信的高度开放性使全国乃至全世界对各种灾情应对的措施及经验都可以被整理、学习，有助于提高灾情预警能力和灾后处理能力。

3. 个性化

互联网应急通信系统可以将网络技术、多媒体技术以及超文本技术融合为一体，因而同时具有发布和交流的功能。互联网应急通信可以利用智能终端的软、硬件技术，为特定灾情提供个性化的应用服务，有针对性地采取应急处理措施。

7.2 互联网应急通信系统的主要作用

互联网应急通信系统在紧急情况和灾害处理中发挥着至关重要的作用，可以为救援人员提供及时、准确、高效的通信保障，协调各方力量共同应对灾害挑战，最大限度地保障人民生命财产安全。

7.2.1 互联网应急通信系统在减灾阶段的作用

在减灾阶段，互联网对于构建减灾资源体系发挥着重要作用。减灾是一项有着基础性战略地位的长期性工作，涉及政府和社会各界，而且与每一个社会个体休戚相关。利用互联网充分整合各种减灾资源，对做好减灾工作有着十分重要的意义。尤其是构筑适合防灾减灾需要的信息和知识资源库，对增强全社会的减灾能力作用极为显著。互联网作为具有强大数据存储和信息处理能力的知识载体，可以构筑起各种类型的、适合不同对象和类型的信息和知识资源库，并通过持之以恒的丰富和完善，成为应对各类灾害的重大武器，达到灾害应急信息和知识在更大范围内传播并发挥作用的目的。减灾信息和知识资源库是一个涵盖面极其广泛的体系，可以根据实际需要分阶段建设。例如，案例库的建设，可以将国内外已经发生的各种灾害性事件按相应的规则进行整理和归档，形成专业的案例库，供学者研究和公众学习借鉴，起到"前车之鉴，后事之师"的警戒作用；又如危险化学品应急知识库的建设，把各类危险化学品的物理和化学特性、处置方法和防范要点等以知识库的形式存储起来，需要时可作为处置同类事故的依据，对提高处置水平有极大的帮助。互联网作为整合减灾资源的有效手段，可以为政府和社会公众共享各方面的减灾信息和知识，促进全方位的互助与合作，发挥出不可替代的作用。

在减灾阶段，互联网可以充分促进应急宣传教育。在应对各类灾害事件时，前期的应急知识的宣传教育显得尤为重要，大力宣传普及各种应急知识可以在灾害发生时帮助公众先进行自我救助和相互救助，从而显著减少各类伤亡。因此，加强应急宣传教育工作，提高社会公众防范和应对各类灾害的能力是做好减灾工作的重要内容。互联网具有覆盖面广、传播迅速、互动性强及信息展示形式丰富等多方面的特点和优势，对做好宣传教育工作十分有益，是非常有效的宣传教育工具。通过互联网进行防灾减灾的宣传和教育有多种方法和思路，以公众喜闻乐见的方式提供各种参与项目，寓教于乐，必然会取得比较明显的成效。

在减灾阶段，可以利用互联网加强应急管理人员的教育和培训。应急管理人员是开展应急工作的主力军，他们的素质和能力直接影响着应急管理的成效。不断提高应急管理人员的能力和素质，是做好防灾减灾工作的重要任务。利用互联网加强应急管理人员的教育和培训，实现不同地域、不同部门应急管理人员之间的交流，促进相互之间的学习和合作，对全面提升应急管理人员的业务素质大有帮助。利用互联网构建知识社群，实现应急知识管理，是提高应急业务人员素质的有效途径，而且对互助合作机制的形成也会有很好的促进作用。

7.2.2 互联网应急通信系统在备灾阶段的作用

备灾是为应对可能到来的灾害事件进行相应的准备，这对减少灾害的危害、提高灾害应急的能力和成效有着重要的影响。

在备灾阶段，互联网可以及时进行灾害预警。灾害预警是在可能发生的灾害到来之前，向特定的对象传递专门的灾害信息的过程。加强预警信息发布系统的建设，建立畅通、有效的预警信息发布与传播渠道，扩大预警信息覆盖面，确保预警信息能及时、准确地传达给特定的对象，是备灾工作的重要任务之一。预警信息的发布有多种方式和渠道，如广播、电视和手机等，其中互联网是一个十分重要的发布渠道。因为互联网具有覆盖面广、互动性好、实时性强、抗毁性高和信息展示直观等优点，所以对灾害预警发布极为有利。基于互联网的灾害预警发布在国际上有很多成功的应用，在我国也开始发挥出越来越重要的作用，正逐步成为灾害预警发布的主渠道。譬如利用政务微博进行预警信息的发布，可以在第一时间将预警信息传递给广泛的受众，以便其更好地进行防范。

7.2.3　互联网应急通信系统在应急处理阶段的作用

在应急处理阶段，可以利用互联网进行指挥调度。指挥调度是灾害应急过程中最基本的职能，科学有效的指挥调度必须以准确及时的信息作为保障，并且要与不同的指挥调度对象建立起动态交互的联系。互联网作为信息传递和通信交互的重要载体，在灾害应急过程中可以大显身手，发挥其他媒体或通信方式无法具备的作用和价值。当一些重大的自然灾害导致常规的通信系统瘫痪时，互联网系统由于连通的路径多、抗毁性强，往往会成为最后可以依靠的传递信息的手段，是指挥调度不可或缺的载体。为了提高基于互联网的指挥调度的安全性和可靠性，可以通过对系统加密或采用 VPN 传输等多种方式实现。

在应急处理阶段，利用互联网实现实时的灾情发布。灾情发布是灾害应急阶段的一项十分重要的工作，因为它牵动着方方面面，是全社会普遍关注的焦点，而且它在时效性方面有着特别的要求。互联网在大量灾害应急的实践中已经发展成为不可替代的灾情发布第一渠道，在保障灾情信息的全面丰富和时效方面发挥出了极为出色的作用。互联网具有开放性和跨地域性的特点，当出现各种类型的突发事件时，无论是普通网民还是专业人员都可以在第一时间发布相关信息，这些信息可以在很短的时间内迅速传遍整个网络，进而引起广泛关注。互联网为灾情发布提供了一个可靠有效的渠道，但对政府相关部门来说，一定要变被动为主动，抢占互联网灾情发布的制高点，在第一时间发布权威、准确的灾情信息，以避免谣言的散播。

在应急处理阶段，利用互联网进行应急通信。与固定通信、移动通信和卫星通信相比，互联网应急通信也已被大多数人所了解，发挥着重要的作用。互联网作为通信网络，不但可以在 E-mail、QQ、微信和微博等社交媒体上传输，而且还可以传输各种类型（如文本、图像、视频）和数据量超大的信息。不管是固定网络、移动网络、卫星网络，还是互联网络，都可以用来独立进行应急通信。从发展趋势看，互联网已越来越成为应急通信的主渠道，尤其是随着移动互联网的快速发展，互联网作为应急通信的主要传输通道的作用将得到进一步的凸显。

7.3　互联网应急通信技术

互联网应急通信技术是在突发事件等紧急情况下，通过互联网技术实现快速、准确的信息传输和共享，以保障现场救援、指挥和调度所需的通信手段。这是一种高效、可靠、灵活的通信手段，可以在紧急情况下为救援人员提供及时、准确的信息传输和共享支持，也可以为应急救援工作提供有力的保障。本节对互联网的架构与互联网应急通信的关键技术进行介绍。

7.3.1　互联网的架构

互联网是由广域网、局域网及终端（包括计算机、手机等）通过交换机、路由器、网络接入设备等基于一定的通信协议连接而成的功能和逻辑上的大型网络。互联网的架构如图

7.1 所示。随着 IP 技术的迅速发展和应用的普及，互联网应用已经深入教育、商业等各行各业，成为重要的社会基础设施。

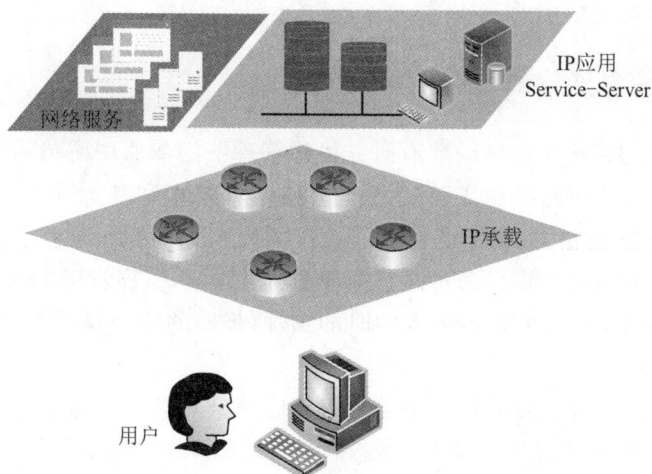

图 7.1　互联网的架构

人们日常生活中经常能够接触甚至依赖各种互联网应用，包括 Web 浏览、电子邮件、即时消息、IP 语音通信、IP 视频通信、公众信息发布等。借助这些应用提供部分应急通信能力是非常有益的。互联网对应急通信的有效支持有助于充分利用和整合现有资源，可作为原有应急手段的有效补充。

互联网的核心设计理念是"端到端透明性"，这可以简单地理解为 IP 承载和应用相互分离。简化网络的设计将尽可能多的复杂性和控制放在用户终端上。著名的互联网"沙漏"模型形象地描绘了互联网的特征，如图 7.2 所示。

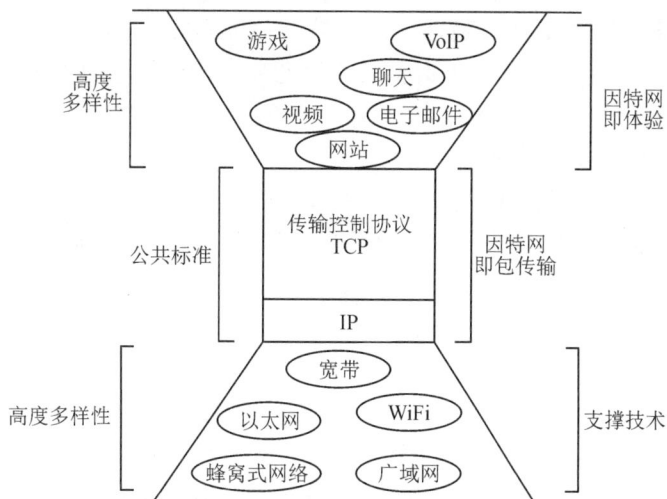

图 7.2　互联网的"沙漏"模型

互联网将应用的控制权完全交给了用户，把流量的控制权交给了用户，这也引发了互联网安全问题和流量控制问题。IP 网络以尽力而为（Best Effort）的方式工作，完全依靠终端的适配,难以支持需要服务质量(QoS)保证的应用和业务。基于互联网的这些特点,我们不难看出,互联网对于应急通信的支持是有限的。例如,需要保证通信质量和安全的政府机构之间的通信就必须要借助互联网的"沙漏"模型进行通信。

7.3.2　互联网应急通信的关键技术

互联网设计之初是科研团体或政府研究机构管理下的非商用网络,没有考虑任何应急通信的需求,因此,互联网缺少支持应急通信的基本架构和基本能力。随着近几年各种灾难事件频发,应急通信的需求也提到了互联网技术研究的日程上,IETF(Internet Engineering Task Force,国际互联网工程任务组)建立了 ECRIT(Emergency Context Resolution with Internet Technologies,基于互联网技术的应急议案工作组),专门研究互联网的应急通信问题。

应急通信的各种需求当中,首要考虑的问题应该是对最基本的紧急呼叫的支持,解决公众到政府机构之间应急通信的需求。紧急呼叫涉及以下三个关键问题。

(1)互联网应急通信的网络结构。互联网的设计没有考虑应急通信的需求,因此缺少支持应急通信的网络架构。

(2)终端位置信息的获取。紧急呼叫采用就近接入的原则,呼叫应该被正确路由接入离终端最近的紧急呼叫中心。因此,互联网也需要提供一定的技术对用户的位置信息进行解析,以达到正确路由紧急呼叫的目的。

(3)紧急呼叫的路由寻址。获取到终端的位置信息后的任务是要能够根据终端的位置信息将呼叫路由到离终端最近的紧急呼叫中心,这就涉及如何找到最近的紧急呼叫中心,也就是紧急呼叫的路由寻址。

1. 互联网应急通信的网络结构

互联网用户可以通过 IP 语音通信、IP 视频通信方式向位于互联网的紧急呼叫中心发起紧急呼叫,也可以在互联网通过即时消息方式与紧急呼叫中心进行紧急通信。为了支持紧急呼叫业务,互联网上有一些网络实体是必需的,一些网络功能也是要参与其中的。互联网的紧急呼叫主要涉及以下功能实体。

(1)公共安全应答点/紧急呼叫中心(Public Safety Answering Point,PSAP)。互联网上提供紧急呼叫业务,至少要提供一个架设在互联网上的紧急呼叫中心,支持 IP 语音呼叫,例如,用 SIP(Session Initialization Protocol,会话初始协议)作为呼叫控制信令,RTP 作为媒体传输协议。

(2)互联网接入服务提供者(Internet Acces Provider,IAP)。互联网接入服务提供者是为广大用户和互联网之间提供物理和数据链路连接的服务提供者,例如,专线运营者、拨号接入服务运营者等,在紧急呼叫中主要负责用户位置信息的获取。

(3)互联网应用服务提供者(Application Service Provider,ASP)。互联网应用层业务提供者包括语音业务提供者(Voice Service Provider,VSP)、文本业务、视频业务等。

(4)映射服务。映射服务负责用户的位置信息与紧急呼叫中心的 URI 之间的映射,直接提供离用户最近的紧急呼叫中心的 URI 或指向负责提供紧急呼叫中心位置的代理实体,协助路由紧急呼叫。

（5）紧急呼叫路由代理（Emergency Service Ronting Proxy，ESRP）。紧急呼叫路由代理是支持紧急呼叫路由的实体，负责调用位置信息映射服务功能获得合适的 PSAP URI 或者另一个 ESRP URI，实际中紧急呼叫路由代理提供者可以由多种实体扮演，例如 SIP 代理、SIP 用户客户端代理等。

互联网路由紧急呼叫架构如图 7.3 所示，当中涉及以上介绍的一些实体。

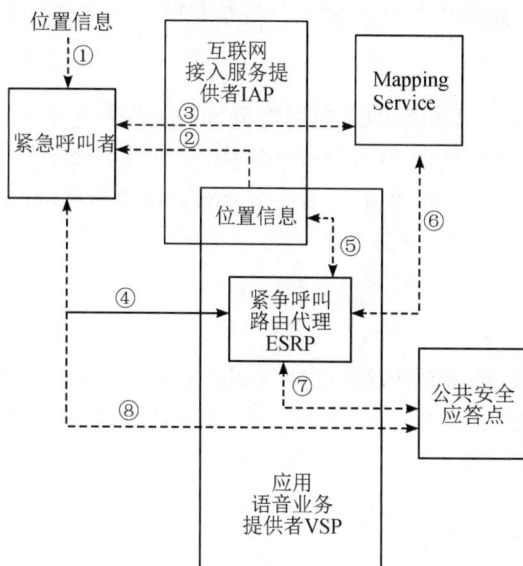

图 7.3　互联网路由紧急呼叫架构

根据图 7.3，紧急呼叫实体有很多部署方案。不同的部署方案中，具体的实体交互行为和信息也不尽相同。图中列出了所有可能发生的交互行为，重叠的部分表示一些功能可以被分解出来由单独的实体来完成。图中①～⑧的具体交互行为含义如下：

① 位置信息可能由终端驻地自己提供。

② 位置信息可能从互联网接入服务提供者处获得。

③ 紧急呼叫者可能需要请求映射服务获得对应于自己位置的合适的 PSAP（或相关信息），除了根据位置信息选择 PSAP，也可以考虑其他的属性，例如，合适的语言。

④ 紧急呼叫者可能获得紧急呼叫路由代理提供者的协助来路由呼叫。

⑤ 紧急呼叫路由代理提供者需要位置信息，用于下一步请求映射服务。

⑥ 紧急呼叫路由代理提供者可能需要请求映射服务获得紧急呼叫路由信息。

⑦ 基于网络的紧急呼叫路由需要紧急呼叫路由代理提供者转呼叫到 PSAP。

⑧ 基于终端的紧急呼叫路由将由终端（紧急呼叫者）自己调用映射服务和初始化连接，直接与 PSAP 建立连接，不需要任何中间任何支持紧急呼叫的路由实体参与。

2. 终端位置信息的获取

用户终端位置信息包括行政位置信息和地理位置信息。行政位置信息是通过其他一些参考系统描述的位置信息，例如行政区域名称、街道地址名称等；地理位置信息是用经度、纬度、高度标识的终端位置信息，例如使用 WGS-84 坐标系（经纬度坐标系）描述位置信息。

互联网紧急呼叫中的一个关键问题是终端位置信息的获取，那么如何以及何时添加位置信息到 VoIP 紧急呼叫信令消息中。一般情况下，有 3 种方式获得位置信息。

（1）用户代理插入。呼叫者的用户代理插入位置信息到呼叫信令消息中。

（2）用户代理提供参考信息。呼叫者的用户代理通过固定的或暂时的标识指向位置信息，这些位置信息一般存储在专门的位置服务器中，PASP、ESRP 或其他授权的实体根据标识到位置服务器中获取。

（3）代理插入。呼叫路径中的代理插入位置信息或位置参考信息，例如，ESRP。

3. 紧急呼叫的路由寻址

紧急呼叫的路由寻址即互联网的映射服务器应具备根据紧急呼叫消息中携带的紧急呼叫的统一资源名称（Uniform Resource Name，URN）和用户终端位置信息映射为相应的紧急呼叫中心 URI 的能力，映射服务客户端应具备能够正确路由该呼叫的能力。

从图 7.3 中我们可以看到，紧急呼叫的路由根据网络部署的不同存在差异，可以分为网络负责的路由和终端负责的路由两种方式。

1）网络负责的路由方式

用户代理只需要具备发起带有紧急呼叫标识（例如，110）的紧急呼叫功能即可，应用/语音服务提供者识别出紧急呼叫标识，应将其路由到 ESRP。ESRP 向位置信息映射服务器发起映射请求（带有终端位置信息），位置信息服务器返回适合的 PSAP URI，ESRP 根据 PSAP URI 信息负责将紧急呼叫路由到相应的 PSAP。

2）终端负责的路由方式

首先，终端用户代理需要在发起紧急呼叫前或同时，向位置信息映射服务器发起映射请求（带有终端位置信息）；然后，位置信息映射服务器返回适合的 PSAP URI；最后，终端代理根据 PSAP URI 信息负责将紧急呼叫连接到相应的 PSAP。一般情况下此方式不可取，将 PSAP URI 暴露给终端代理是非常危险的行为。当然，位置信息映射服务器也可以在返回终端映射响应的时候，只返回选定 PSAP 的参考信息，要借助网络才能翻译这些参考信息为 PSAP 的地址，将其正确路由到目的地。

无论哪种路由方式，调用位置信息映射服务的客户端（用户代理或 ESRP）都需要初始化映射请求，通过映射协议发送到映射服务器。目前，比较合适的映射协议为 LoST（Location-to-Service Translation），具体可参考 RFC 5222。

除了上述的一些关键技术，互联网上的紧急呼叫还要面临互联网上的安全问题，如何保证相关网络服务器的安全，防止信息的篡改和泄密，都是紧急呼叫架构设计和协议设计时必须重点考虑的问题。

7.4 互联网应急通信系统应用案例

本节介绍互联网应急通信系统在不同紧急情况下的应用案例，通过具体案例分析来展示互联网应急通信系统的有效性和面临的挑战，并提出对未来发展的建议。

7.4.1　SARS 事件中的互联网应急通信系统应用

发生在 2003 年春天的 SARS 事件是我国在 21 世纪初爆发的重大突发公共卫生事件，对这一事件的处置和应对暴露出了我国应急管理体系上的诸多问题。互联网在这一事件的发展和应急管理过程中始终担任着不可或缺的角色，尤其是在后期的应急处置中起到了积极的作用。

2002 年 11 月和 12 月，广东河源、佛山和中山等地出现了 SARS 病人，当时由于病因不明，诊治困难，使得处置工作的难度非常大。又由于当时对 SARS 病毒的认识不足，SARS 事件造成了较大范围的社会恐慌。面对严峻而又复杂的形势，党中央、国务院及时做出了部署，把 SARS 定性为"一场突如其来的重大灾难"，并采取了一系列切实有效的措施，最终使 SARS 疫情得到了有效控制，取得了抗击 SARS 的重大胜利。

根据世界卫生组织的统计，从 2002 年 11 月初至 2003 年 6 月上旬，席卷 30 余个国家和地区的 SARS 疫情，导致全球累计临床报告病例 8421 例，其中，中国内地 5328 例，占 63%；全球死亡病例 784 例，其中，中国内地 340 例，占 44%。这一严重的公共卫生危机对我国应急管理体系的建设和完善起到了实质性的推动作用。

尽管在 SARS 事件发展的初期，互联网作为非主流媒体的话语权并没有得到应有的重视和足够的关注，但它在整个过程中在各方面所发挥的作用是十分重要和积极的。截至 2003 年 3 月 17 日，来自 10 个国家的 17 个实验室依靠卫星通信与互联网开始了跨实验室和跨国界的合作，寻找新的病原体。可以说，各国科学家借助互联网建立起了非常广泛和直接的互助合作机制，为共同战胜 SARS 疫情创造了良好的条件。与此同时，在应对 SARS 的后期，互联网在及时准确报道疫情、快速有效破除谣言、凝聚提升公众信心、整合社会应急资源、传递社会关爱、弘扬社会责任等方面发挥出了十分重要的作用。

7.4.2　河南暴雨洪水中的互联网应急通信系统应用

2023 年 7 月 17 日起，河南省遭受了极端强降雨的侵袭，郑州市的降雨量更是创下了历史新高。这场罕见的持续暴雨导致郑州市多处水利设施出现险情，市区内涝严重，铁路、公路和民航交通受到极大影响。紧急疏散避险的人数高达约 10 万，洪灾导致郑州市区至少 12 人遇难。在这场突如其来的灾难面前，互联网、大数据、5G 等现代信息技术发挥了巨大作用，全方位助力救援工作。

互联网技术不仅在灾害发生时提供紧急响应和救援支持，还有助于后期的灾害预防、准备和恢复工作。随着技术的不断进步，互联网在灾害管理中的作用将变得更加重要和多样化。在信息公开方面，互联网展现出其独特的优势。降雨信息通过互联网实时更新，确保公众能够及时获取关键信息，避免生命危险。同时，受困群众也能通过互联网发布紧急求助信息，这不仅节约了救援时间，还显著提升了救援效率。

互联网应急系统为救援部门提供了一个获取及时、准确灾害信息的平台。在传统通信方式因灾害受阻时，互联网应急系统利用卫星通信、无线网络等多元化手段，实时收集和发布灾害动态。这使得救援部门能够迅速掌握灾情发展、受灾区域、人员伤亡等关键信息，为救援行动的策划提供了科学的决策支持。

此外，互联网应急系统还促进了跨部门、跨地区的协同合作。在面对重大灾害时，跨领域的合作至关重要。互联网应急系统通过信息共享和协同工作机制，打破了行政壁垒，跨越了地理界限，实现了救援资源的有效整合和优化配置。

在分秒必争的救援现场，互联网技术的应用大大提高了应急响应速度。从灾害预警、视频监控、生命探测，到远程指挥系统的运用，互联网技术在各个环节都发挥了关键作用。在河南暴雨期间，快手、抖音、微博、腾讯等社交媒体和互联网公司迅速开通了暴雨互助通道，特别是快手，为受灾最严重的郑州提供了专门的互助通道，并在河南同城页面置顶了防汛救援直播和辟谣信息。

通过该案例，我们可以看到互联网应急系统多方面的优势：

（1）数据收集与分析。利用大数据技术，救援机构可以收集和分析来自各种来源的信息，包括气象数据、地理信息系统(GIS)数据和社交媒体信息，以评估灾情和制订救援计划。

（2）通信基础设施的补充。在传统通信基础设施受损时，互联网可以通过卫星链路、无线网络和蜂窝数据提供补充通信手段，确保关键通信不中断。

（3）智能预警。互联网支持的智能预警系统可以提前预测灾害发展，向可能受影响的区域发送预警信息，减少灾害影响。

（4）跨部门协作平台。互联网提供了一个协作平台，使不同部门和机构能够共享信息、协调行动，实现更高效的联合救援。

河南暴雨事件中，互联网应急系统发挥了不可替代的作用，为救援工作提供了有力的支持。展望未来，我们应持续加强互联网应急系统的建设，提升其稳定性和可靠性，确保在灾害面前能够更好地保护人民的生命财产安全。通过引入更先进的技术，如人工智能辅助决策、物联网实时监控、大数据分析等，进一步提升应急响应的智能化和精准度，构建更加完善的应急通信体系。

7.5　本章小结

互联网作为当今世界应用面最广泛、影响面最巨大、作用面最广泛的现代技术之一，正在引领着经济与社会的全面变革。互联网与应急通信有着天然的联系，是支撑未来应急通信发展需要的主要承载网络之一。本章主要介绍了互联网应急通信系统及其特点、互联网在应急通信中发挥的主要作用、互联网应急通信的主要技术和互联网在应急通信的两个案例。

习　题

7.1　简述互联网应急通信系统的组成及特点。

7.2　简述互联网在应急通信中的主要作用。

7.3　互联网支持应急通信的关键技术有哪些？

7.4　结合书中案例，举一个你知道的最新互联网应急通信案例并分析。

第 8 章

多网融合应急通信系统

任何单一的应急通信系统都有其局限性，只有综合应用各种应急通信系统，取长补短，才能更好地高效处置突发事件，一个实际的应急通信方案常常是基于多个网络支持的融合通信系统。本章在 8.3 节中引用了震有科技在多网融合应急通信中的研究成果和案例，更好地展示多融合在应急通信中的重要性。

8.1　多网融合应急通信系统发展现状

应急通信作为通信技术在紧急情况下的特殊应用在不断地发展，应急通信技术手段也在不断进步。出现紧急情况时，从古代的烽火狼烟、飞鸽传书到电报、电话、微波通信的使用，我们早已步入信息时代，应急通信手段更加先进，可以使用传感器实现自动监测和预警，使用视频通信传递现场图片，使用地理信息系统（GIS）实现准确定位，使用互联网和公用电信网实现告警和安抚，使用卫星通信实现应急指挥调度。不同紧急情况下，应用不同的通信技术。应急通信所涉及的技术体系非常庞杂，有不同的维度和体系。

随着应急通信技术的发展，应急通信网络已经发展成为综合利用多种通信技术，集成各种通信网络的多网融合的综合系统，包括 IP 网络、公共交换电话网络（PSTN）/专网、移动通信网络、集群通信网络和卫星通信网络等。从网络类型看，应急通信的网络涉及固定通信网、移动通信网、互联网等公用电信网；卫星通信网、集群通信网等专用网络以及无线传感器网络、宽带无线接入等末端网络。专用网络在应急通信中基本用于指挥调度，例如卫星通信、微波通信、集群通信等；而公用电信网，如固定通信网、移动通信网、互联网等，基本用于公众报警、公众之间的慰问与交流以及政府对公众的安抚与通知等。近年来，利用公用电信网支持优先呼叫成为一种新的应急通信指挥调度实现方法，公用电信网具有覆盖范围广等优点，政府应急部门可以临时调度运营商公用电信网网络资源，通过公用电信网提供应急指挥调度，保证重要用户的优先呼叫。公用电信网支持重要用户的优先呼叫，逐渐成为应急通信领域新的研究热点。现代应急通信系统涉及语音、传真、短消息、数据、图像、视频等多种业务。因此，在不同场景下，应急通信需要将多种技术综合应用，以满足应急通信的需求。图 8.1 所示为应急通信综合利用各种通信网络的示意图。

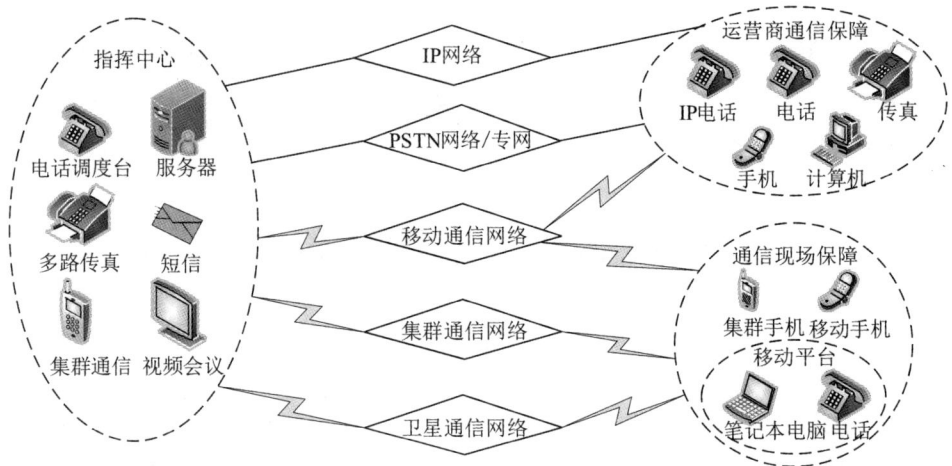

图 8.1　应急通信综合利用各种通信网络的示意图

本质上，应急通信可以理解成通信技术和手段在应急管理中的具体应用，所涉及的技术体系虽然较为庞杂，但并不是全新的技术，如集群通信、卫星通信和移动通信等技术并不是只用于应急通信，平时也都在各种场合中使用。由于应急通信具有自身业务需求的特殊性，因此必然会形成自身的应用体系和技术架构，成为通信发展领域一个重要的分支。

8.2　多网融合应急通信系统关键技术

应急通信网络属于典型的异构网络，网络异构成为应急通信网络的基本特征，如何解决网络异构问题成为应急通信网络需要解决的关键问题。解决这一关键问题的过程中涉及将 MANET 与 Internet 技术互联等多种技术互联。

8.2.1　MANET 与 Internet 技术互联

1. Internet 支持应急通信系统

利用互联网传统的 Web 浏览、电子邮件、即时消息、IP 电话、IP 视频通信等应用，能够在一定程度上提升应急通信指挥能力，如实现报警、信息发布、公众互救等。特别是随着移动互联网业务与新应用，如微信、微博等即时通信、社交媒体等应用的兴起和普及，有助于利用和整合现有公网通信资源、公众和非政府组织的资源，将其作为应急通信指挥的新手段和有效补充。

互联网由于在设计之初没有考虑应急通信需求，在支持应急通信的网络结构、终端位置信息采集、紧急呼叫的路由寻址等方面存在很多技术挑战。例如，IP 网络系统发起的紧急呼叫，如 VoIP 电话，与公众电话交换网、公众移动通信网发起的紧急呼叫不同，其精确的呼叫发起地址，如 IP 地址、MAC 地址等，通常难以很快确定，时效性差。这类问题就需要互联、融合 MANET 与 Internet 来解决。

2. MANET 与 Internet 融合

由于 MANET 和 Internet 分别采用不同的路由协议，两者之间要进行无缝互联，就需要在 MANET 和 Internet 之间设置网关，它既能够适应 Internet 网络的层次路由机制，也能够适应 MANET 中的特定路由机制。在此，结合应急通信需求，分析三种逐渐演进的 MANET 与 Internet 互联方法，分别是基于移动子网、移动 IP 和中心代理的 MANET 接入方法。

1）基于移动子网的 MANET 接入方法

基于移动子网的 MANET 接入方法是将 MANET 看成 Internet 的一个子网，采用 DHCP(Dynamic Host Configuration Protocol，动态主机配置协议)或其他机制为 MANET 中的节点分配 IP 地址，使 MANET 内部各节点的 IP 地址网络部分相同。通过这种动态地址分配方式，连接 MANET 和 Internet 的网关能够区分 MANET 内部和外部节点。同时，网关承担边缘路由器功能，既支持 MANET 中的对等式路由协议，又支持 Internet 中的层次式路由协议。在 MANET 内部的数据传送采用 MANET 的路由机制，而传统的 IP 路由机制决定哪些数据包应该发送到或是传出 MANET。

2）基于移动 IP 的 MANET 接入方法

移动 IP 技术可为移动节点在不同的网络之间漫游的同时保持不间断通信提供技术支持。通过使用移动 IP 技术，MANET 中的节点可以自由移动、加入或离开网络，而不受节点地址的限制，从而也不用将 MANET 作为 Internet 的一个子网。但是，移动 IP 技术主要解决单个移动节点或某个有线连接的移动子网和外地代理之间仅有"一跳"距离时的接入问题。当 MANET 中某个节点需经过"几跳"接入外地代理时，外地代理不应当承担 MANET 的路由寻找责任，路由计算应由 MANET 自身完成。因此增设外地代理的网关功能必然增加其复杂性并限制 MANET 的整体移动性能。

3）基于中心代理的 MANET 接入方法

基于中心代理的 MANET 接入方法是将 MANET 作为 Internet 的一个移动无线子网，通过某种方式推选出该自组织网络的虚拟中心，并由此中心代表整个 MANET 作为移动协议的"一跳"节点，即移动代理，该移动代理与 Internet 通过移动 IP 技术能够实现随时随地的互联。MANET 中其他节点则通过 MANET 内部路由协议与该移动代理通信，从而由移动代理作为中继节点实现与 Internet 的通信。

根据前面对应急通信需求的分析，自组织网络主要用于应急现场实时信息的采集、单兵之间的信息共享，同时也可以通过与 Internet 互联，将现场信息传输到指挥中心及其他地方，对 MANET 节点的移动性要求不高。因此应用于应急通信的 MANET 与 Internet 融合可采用基于移动子网的网络融合方案，其融合的网络结构如图 8.2 所示。

图中，A1～A6 均为 MANET 内部的移动节点，若干个移动节点构成 MANET，A6 (GateWay，GW)为网关节点，它作为移动节点与外部主机通信的桥梁，CN 为 MANET 外部的 Internet 主机。在 MANET 内部采用"无线自组网按需平面距离向量路由协议(Ad hoc On-Demand Distance Vector Routing，AODV)"来建立移动节点之间的路由。其融合后的运行模式如下：

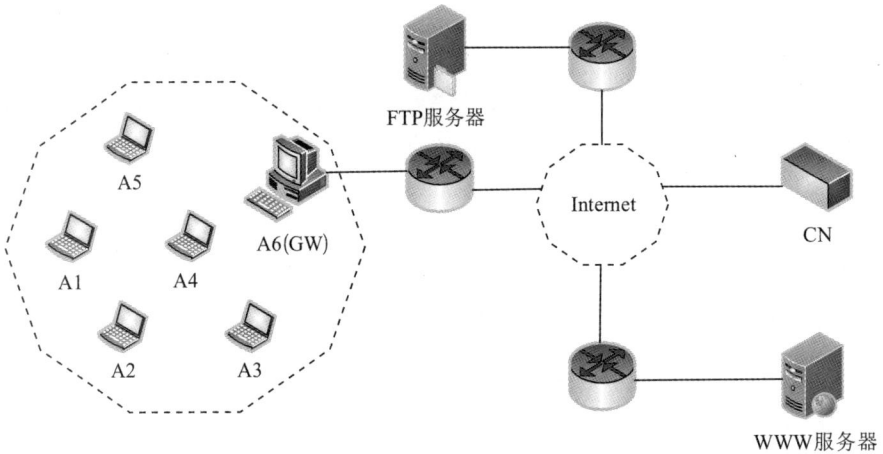

图 8.2　MANET 与 Internet 互联网络结构

节点 A1 在需要访问 Internet 网络资源时，先查找自己的路由表项中是否有有效的路由。如果没有，则进行路由的查找建立过程，节点 A2、A3、A4、A5 等节点收到广播的路由请求消息分组（Route Requests，RREQ）后，解析出路由请求消息分组 RREQ 中目的的地址字段值与本节点 IP 地址不一致，且这些节点的 AODV 路由协议不工作在网关模式下，故这些节点对该广播消息不予响应。而 A6 节点收到该路由请求消息分组 RREQ 之后，同样解析出目的地址字段和自己的 IP 地址不一致，但是 A6 节点工作在网关模式下，此时 A6 节点需作以下判断（见图 8.3）。如果查询的 IP 地址在本自组织网络的网段内，则认为此时不需要启动网关功能，A6 节点按照 AODV 路由协议处理该路由请求消息分组 RREQ；如果 A6 节点判断发现此次寻址的地址不在本自组织网络的网段内，则 A6 节点启动其默认网关功能，分别执行 RREP 代理和地址转换（Network Address Translation，NAT）功能。

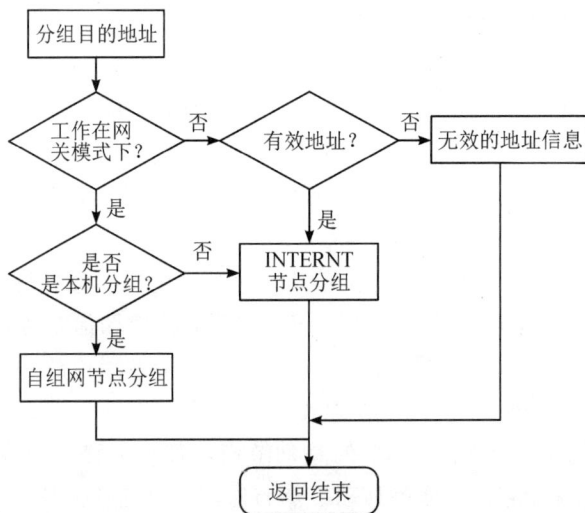

图 8.3　网关工作处理流程图

此时，A6 节点将产生一条路由应答消息分组（Route Reply，RREP），该路由应答消息分组 RREP 将标明目的地址为 A6 节点的地址。至此，任何从 Internet 服务器送至 A1 的数据包都可利用 AODV 路由协议建立的路由进行传输，到达边缘节点 A6。通过 A6 节点的转发，A1 发送至 Internet 网络中节点 IP 地址的链路顺利建立，数据包可成功到达。

由于 MANET 节点与 Internet 主机协议栈的差异，移动节点与外部主机不能直接通信，它们必须以网关作为桥梁才能进行信息交互。因此，要实现 MANET 与 Internet 的融合，需要解决的问题主要有两个：一是设计网关节点，解决移动节点与 Internet 主机协议栈的差异；二是设计协议，建立移动节点到网关、移动节点到外部主机的路由，从而实现移动节点与外部主机的通信。

8.2.2　集群通信与移动通信网络的技术互联

1. 集群通信支持应急通信系统

应急通信系统是在一些突发任务或灾难情况下，为更好协调不同部门，高效处理这些突出事件提供通信功能的系统。集群通信系统的主要应用范围为对指挥调度功能要求较高的部门和企业，主要包括政府部门（如军队、公安部门、国家安全部门和紧急事件服务部门）、铁道、水利、电力、民航等。集群系统通常属于各部门自建的专网，如消防专网、公安专网等。而集群通信系统具备特有的调度功能和组呼功能以及快速呼叫的特性，因此在应急通信系统中具有重要作用。

从应用的角度，集群通信可以是专用集群通信系统，也可以是基于公网的虚拟专网，它们都具有专网的特需功能。专网一般应支持直通工作方式，包括如下三种：① 基本工作方式：移动台之间直接通信；② 转发器工作方式：移动台之间经过直通转发器通信；③ 集群网关工作方式：移动台经过集群网关与集群网络中的移动台通信。而虚拟专网，除向用户提供一般专用网络所具有的功能外，各虚拟专网之间在工作上相互独立，各虚拟网可单独进行虚拟网内的调度控制和业务管理，也可各自根据需要选择功能。

从现实的角度，宽窄带关系有一种观点认为，移动通信技术已经很先进，像公网一样，一张宽带专网足以解决语音、数据和图像的全部问题，窄带技术是落后的技术，不必再建设窄带网。这种观点看似超前，但忽略了一个重要问题：工作于 350 MHz 频段的 PDT 专网系统的覆盖距离是工作于 1.4 GHz 频段的 LTE 专网系统的 6 倍左右；如果要达到 PDT 系统同样的覆盖范围和效果，LTE 系统的站点数量是 PDT 系统的 10 倍以上，其投资总额也是 PDT 系统的 10 倍以上。许多部门难以承受如此高额的宽带专网建设和运维费用。

《警用数字集群（PDT）通信系统互联技术规范》中详细规定了 PDT 集群系统核心网应该遵循的系统间互联协议，PDT 集群系统的各个生产厂家的产品都支持跨系统间互联接口，利用 PDT 集群系统的系统间互联接口的模式进行扩展，将 PDT 集群系统的核心网接入到融合指挥调度平台中，实现对 PDT 集群系统的语音和数据调度功能。通过网管协议扩展接口，融合通信系统向网管系统查询基础数据信息，网管系统收到命令后将基础数据信息（包括组织信息、个号信号、组信息等）回复给融合通信系统。

基于应急通信的重要性和现实性，行业和专家形成比较统一的主流观点：

① 应急通信应该必须建设专用通信网；

② 应急通信适宜采用宽窄带融合模式；

③ 窄带系统实现全覆盖，保证最基本的语音通信，宽带系统覆盖热点地区，承担图像和大数据通信。

目前，一些成熟的 PDT、LTE 技术，以及公专互补、固移结合等多系统融合的通信装备还没有在应急领域得到广泛应用。整个应急通信与管理工作仍然存在各系统独立运行、独立管理，各个系统无法互通，信息无法共享，形成"信息孤岛"，无法满足应急管理多部门协同行动的诉求。

2. 现场应急通信指挥体系架构

现场应急通信指挥通常以应急指挥专网为基础，社会公网与卫星通信网互备，作为骨干信道，以无线宽窄带通信技术作局部必要覆盖，构建现场应急指挥场所与各应急救援队伍、各级应急指挥机关及相关部门之间互联互通的通信网络如图 8.4 所示。

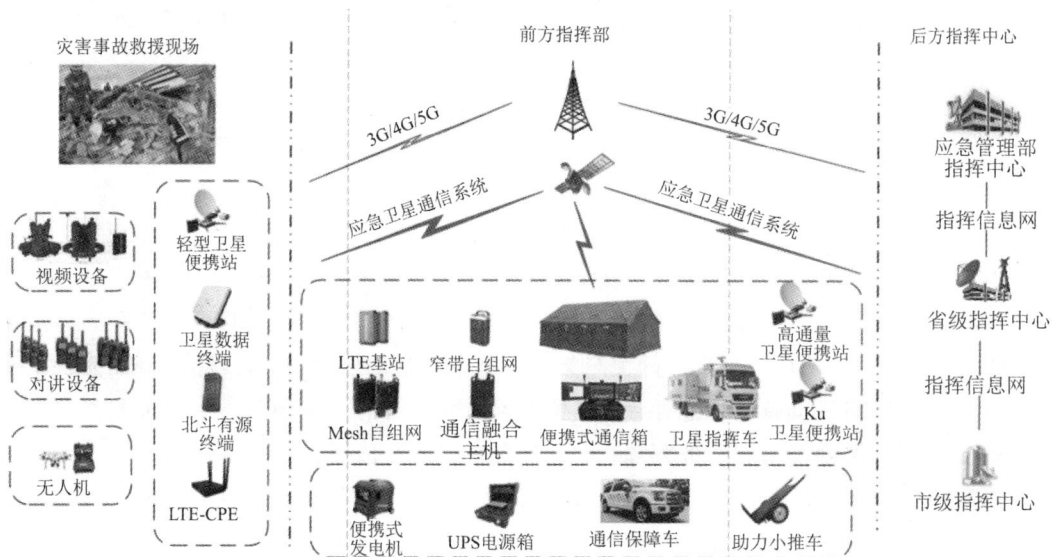

图 8.4　现场应急指挥通信体系架构示意图

现场应急指挥所与上级指挥机关之间，有条件的地方通过公网，无公网条件的通过卫星通信网实现宽带互联互通。卫星通信系统主要通过 Ka 或其他高通量卫星便携站、Ku 卫星便携站等设备，完成救援现场、前方指挥部以及后方指挥部之间的远距离信息传输。现场应急指挥所与一线救援队伍之间，距离较近且条件具备时，可通过 PDT、Mesh、LTE 等宽窄带无线通信技术，实现语音、视频、数据的互联互通；距离较远，条件不具备时，现场应急指挥所通过卫星便携站、卫星电话、北斗短报文等通信手段，与一线救援队伍之间实现互联互通。现场应急指挥所与相关部门及社会单位之间，通过上级指挥机关中转，实现语音、视频和数据联通。

应急指挥专网建设的基本原则如下：

（1）专网打底，公卫互备。应急指挥专网是联通全国各级应急管理指挥机关和相关部门的基础网络，灾害事故应急救援现场指挥所应通过公网或通信卫星等方式就近接入指挥专网。现场指挥场所优先选择具有有线宽带网络、良好的无线公网、充足电力供应的场所环境进行设立。考虑到不同灾害事故场景和极端条件，不具备通过公网联通应急指挥专网条件的，应选择通过通信卫星联通应急指挥专网。

（2）宽带优先，语音保底。为实现应急指挥可视化、扁平化，考虑 4K 等高清视频传输等新技术发展趋势，应急指挥通信建设应优先选择高宽带和高速率通信方式。极端情况下，应保证语音通信畅通，语音通信优先选择多模融合终端。

（3）融合汇聚，灵活部署。现场应急指挥场所应建设通信融合平台，打通各类通信手段之间的接口、协议壁垒，形成通信枢纽，并根据灾害事故不同等级、不同种类及现场实际情况，灵活选择合适的通信技术装备，高效构建稳定可靠的通信信道。

（4）轻型便携，快速机动。考虑到灾情紧急，现场指挥场所相关装备需要就近调动，及时到位，快速展开，装备建设应以省级政府为主安排，尽可能选择小型化、模块化、智能化和高机动的装备，方便运输、安装和使用。应急管理部赴现场救援指挥人员配备必要的小型智能化装备，满足应急通信联络需要。

（5）标准规范，符合实际。装备配备应符合《应急管理卫星通信系统建设规范（试行）》《应急指挥信息化与通信保障能力建设规范（试行）》等技术规范相关要求。通信装备应根据地方灾害特点、地形地貌条件、卫星及公网通信资源，有针对性地配备。应坚持底线思维，充分考虑断电、断网、断路等极端条件下的通信联络。

3. 集群通信与宽带移动通信网络的融合

应急通信应该遵循的首要原则是实用性原则。目前，集群通信用于应急通信有其固有的优缺点，宽带移动通信网络直接用于应急通信也有其优缺点，二者的结合是目前比较认可的取长补短的优化选择应急通信方案之一。

目前公安、消防等部门的应急管理系统不外乎三种主要形式：① 基于公安部《警用数字集群（PDT）通信系统总体技术规范》（GA/T 1056—2013）等相关标准的独立应急管理体系；② 基于 LTE 和 5G 等宽带网络的现代应急通信系统；③ 基于宽窄带融合的应急通信与管理系统。

基于 350M 的 PDT、TETRA、模拟常规、基于 800M 的数字集群、LTE 无线宽带、基于公网的公网集群等多种通信系统互不兼容，通信终端互不通用，出现跨区域、协同行动过程中，指挥及一线人员需要同时配备多个终端、通信疲于应付的尴尬局面。

因此，设计和建设应急通信系统应选用成熟稳定、性价比高的产品，各模块具备故障分析和容错能力，建成的系统安全可靠，稳定性强。系统具备公网 IP 网络、专网等多种网络接入能力，确保通信顺畅，同时达到路由抗毁效果，提高系统在执法现场的可用性。

在公网集群领域，中国中兴高达走过一段市场经营的弯路后，于 2017 年 4 月正式推出自研的中兴 eChat 系统并对外运营，树立了公网对讲系统应用的性能、业务深度融合的标杆。中兴高达公网集群系统架构如图 8.5 所示。eChat 业务平台依托于已有覆盖完善的运营商通信网络，采用互联网服务中的"端-管-云"系统架构思路，构建端到端的数字集群调度业务。

图 8.5 中兴高达公网集群系统架构

云平台分为业务，数据以及运营管理三个个域。业务域提供核心业务逻辑，包括语音对讲、位置、视频以及各类实时多媒体通信服务和语音视频等多媒体录存等。数据存储域提供集群，群组和用户签约数据、用户业务数据的存储。运营管理域通过 Web 客户端提供运营管理、代理商管理和集团群组和用户管理服务，并提供各类客户端的登录、认证服务。

中兴高达系统采用分布式架构，遵循 3GPP MCPTT 协议架构，支持大用户量、电信级的全网统一运营。中兴 eChat 系统架构示意如图 8.6 所示。

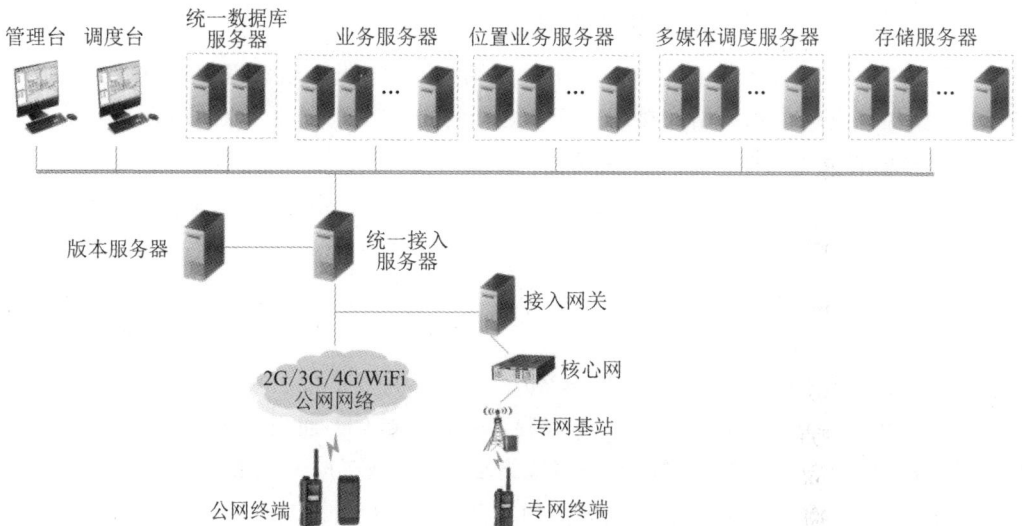

图 8.6 中兴 eChat 系统架构示意图

在该系统架构中，集群调度服务、位置业务、多媒体消息业务、实时视频业务、存储服务分别为独立的子系统。在子系统内，各服务器节点之间可以实现负荷分担及冗余备份，可通过简单的服务器堆叠扩充系统容量。所有用户通过统一接入服务器接入网络。全网用户信息存储在统一数据库中。中兴 eChat 系统支持远程升级，可以在版本服务器上设置升级策略，根据需求对指定终端推送版本实现无线升级。中兴公网系统支持与无线专网融合，实现公专网融合调度。

本系统实现了与公安 PDT 系统、4G 集群系统(B-TrunC)、TETRA、QChat、GoTa 等网络的对接，能够实现公网与专网的统一管理、统一调度。本系统也能够实现与视频会议系统、视频监控系统对接。

4. 集群通信系统与 GSM 通信系统的融合

集群通信系统与 GSM 通信系统分别属于不同的范畴，有不同的服务对象和用途，无法相互替代。集群通信系统服务于专网用户，已发展成为一种多用途、高效能、低投入、调度通信与电话通信相结合的先进移动通信系统。与其他移动通信系统相比，集群通信系统信道利用率高，具有更强的快速接入和处理突发事件的能力，在公安、交通、水利、地震等部门得到广泛应用。GSM 通信系统主要服务于公网用户，是目前基于时分多址技术的移动通信体制中比较成熟、完善、应用最广泛的一种系统，信号覆盖范围广，用户遍及社会各部门各阶层。

正如集群通信系统与 PSTN 电话互联，使得专网通信扩展到了公网有线通信网络一样，集群通信系统与 GSM 通信系统互联，可使专网通信扩展到公网无线通信网络，从而可充分利用 GSM 通信系统的技术优势，大大增强集群通信系统的应急通信能力。

集群通信系统与 GSM 通信系统互联结构如图 8.7 所示。在该互联方案中，集群通信系统通过其 GSM 接口单元实现与 GSM 通信系统的电话互联。

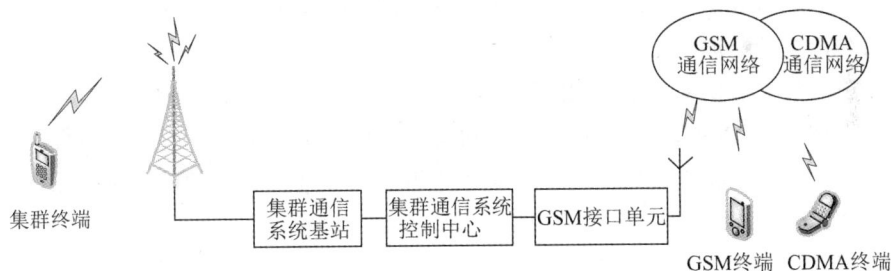

图 8.7　集群通信系统与 GSM 通信系统互联结构

当集群终端呼叫 GSM 终端时，GSM 接口单元首先接收集群通信系统控制中心送来的被叫 GSM 终端用户号，然后控制其内部集成的 GSM 调制/解调器，发起对被叫 GSM 终端的呼叫。

当 GSM 终端呼叫集群终端时，GSM 接口单元首先通过 GSM 调制/解调器与 GSM 通信网络建立连接，然后接收 DTMF 格式(Dual Tone Multi Frequency，双音多频)的被叫集群终端的用户号，并发送到集群通信系统控制中心，经集群通信系统控制中心处理后，发起对被叫集群终端的呼叫。由于 GSM 通信系统与 CDMA 通信系统互联互通，该电话互联方案还可间接实现集群通信系统与 CDMA 通信系统的电话互联。

当集群系统的终端呼叫 GSM 系统时，集群终端只需一次拨号即可呼叫到 GSM 终端，集群系统呼叫 GSM 系统处理流程如下：

（1）MCU 中断接收集群通信系统控制中心下发的被叫 GSM 终端用户号（如"130＊＊＊＊＊＊＊＊"），并置 1"呼叫 GSM"标志位。

（2）主程序查询到"呼叫 GSM"标志后，通过串口向 TC35T 发送 AT 指令"ATD130＊＊＊＊＊＊＊＊；＜CR＞"，使 TC35T 建立 GSM 网络连接。

（3）呼叫建立后，MCU 中断接收集群通信系统控制拆线子程序清 0 的各相关标志位，之后返回主程序。

（4）若主程序查询到"集群拆线"标志，则通过串口向 TC35T 发送 AT 指令"ATH＜CR＞"，控制 TC35T 断开 GSM 网络连接；若主程序查询到"GSM 拆线"标志，即收到 TC35T 回送的"NO CARRIER"，则上报集群通信系统控制中心，结束本次呼叫。

（5）拆线子程序清零各相关标志位，之后返回主程序，准备处理下一次呼叫。

5. GSM 系统呼叫集群系统处理流程

由 GSM 系统的终端呼叫集群系统时，采用二次拨号方式，GSM 终端首先拨打 GSM 接口单元 TC35T 模块所使用的 SIM 卡用户号，听到系统提示音后，再键入被叫集群终端的用户号，软件实现过程如下：

（1）TC35T 收到 GSM 终端的呼叫后，通过串口向 MCU 回送"RING"，表示收到有效的 GSM 呼叫申请（此时 GSM 主叫方处于振铃状态）。

（2）MCU 中断接收到"RING"后，置 1"振铃"标志位。

（3）主程序查询到"振铃"标志后，通过串口向 TC35T 发送 AT 指令"ATA＜CR＞"，使 TC35T 摘机应答，建立 GSM 网络连接。

（4）MCU 控制 MT8880 发送约定的系统提示音给 GSM 终端，并准备接收 GSM 终端送来的 DTMF 格式的被叫号码。

（5）GSM 终端听到系统提示音后，再键入被叫集群终端的用户号，如"20520201"。MCU 收齐被叫号码"20520201"后，上报集群通信系统控制中心，申请集群网络连接。

（6）MCU 中断接收集群通信系统控制中心下发的呼拨号即可呼叫处理结果，置 1 相应的标志位，如"可以接续""被叫忙"等。

（7）若主程序查询到"可以接续"标志，则进入循环"叫 GSM"拆线标志过程，并按查询结果做出相应的拆线处理；若主程序查询到"被叫忙"标志，则控制 MT8880 产生忙音信号，之后再拆线；若在规定时间内未收到集群通信系统控制中心下发的接续指令，则主动拆线。

（8）拆线子程序清零各相关标志位，之后返回主程序，准备处理下一次呼叫。

8.2.3　卫星通信与 Internet 技术互联

卫星通信具有组网灵活快捷、无缝隙覆盖能力强、对距离不敏感等特点。更重要的是其在抵抗地震、洪水等自然灾害方面比光缆、微波具有更高的可靠性，已经成为应急通信中不可缺少的组网技术。因此，在现代通信网中，卫星通信作为应急通信和地面通道的备份手段不可或缺，是 Internet 骨干网中一种重要的传输手段。卫星通信和互联网的融合，充分体现了无线网络的方便性、灵活性、移动性、宽带性、安全性，可以引发新的宽带网络通信变革，以满足各种不同业务的需求。

　　卫星通信与 Internet 互联结构如图 8.8 所示。卫星通信网络成为 Internet 的骨干网，终端通过网关节点与卫星网控中心站通信，网控中心站之间采用卫星作为中转，建立有效的通信。

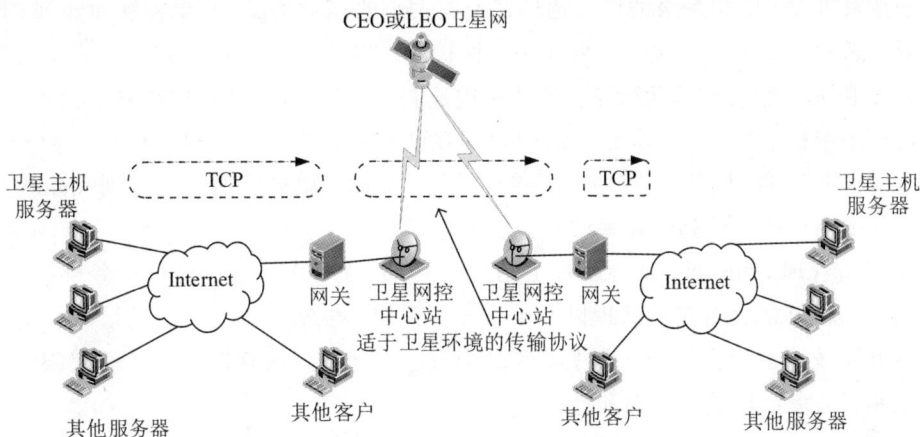

图 8.8　基于卫星链路的 Internet 网络拓扑

　　卫星通信网控中心站主要负责全网通信的监控、管理。卫星网控中心站由卫星发送站、卫星调制器、数字视频广播（Digital Video Broadcasting，DVB）复用器、IP 网关、卫星网关、文件媒体服务器、代理服务器、视频编码器等组成，其中射频部分与卫星通信系统共用，卫星通信网控中心站功能结构如图 8.9 所示。

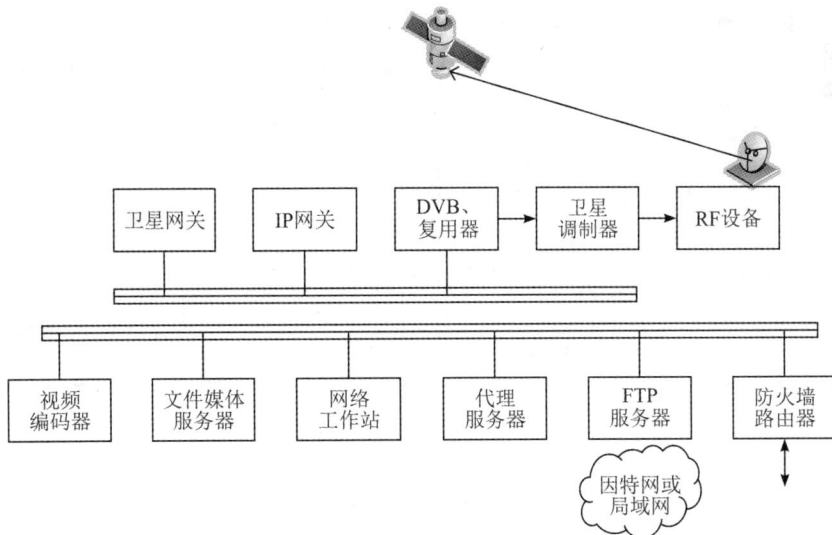

图 8.9　卫星通信网控中心站功能结构

　　卫星通信网控中心站信息流程是：IP 流控网关先将多个待发数据媒体体流按照管道的优先级，将管道中的媒体流数据进行统计复用后，写入虚拟数据接口，再打包成 DVB 帧的数据包，经过同步数据接口传输到卫星调制器进行调制，经过变频器进行频率变换，最后进行功率放大，再由卫星天线将信号发送到约定的卫星转发器上，向网内用户进行单项广播发送。其中，流控网关起到流量控制和流量统计、传输协议和传输介质的转换等作用。

卫星通信网控中心站的文件媒体服务器发送、管理各种静态多媒体文件，接口是LAN，作用是传输文件。针对卫星单项广播的特点，文件媒体服务器可以进行手动按帧补发、自动按帧补发、应用一级的可以选择冗余度大小的冗余功能、目录监视功能等。代理服务器是接入互联网的中介设备，主要作用是保护网络安全，实现 ISP、ICP 服务，其接口为LAN。代理服务器所实现的功能是：处理接收小站从拨号网络或其他链路上传的 IP 数据包，进行权限审核，然后按要求分别访问内部互联网数据库或互联网上的信息数据，并将反馈的大量数据传送到卫星流控网关上进行发送，此时，单向广播带宽达到几兆或几十兆赫兹，使远端用户能以较高的速率访问互联网。

卫星网络管理采用 SNMP 协议对主站进行管理，对 DVB 系统进行有条件接收控制，还可以对卫星网络的设备进行管理以及小站通道授权，小站用户（变更）登记与小站用户的分群管理和系统通道优先级、速率等参数的配置。并且进行网管操作人员的权限管理，网管操作的审计，审计记录的查询和打印。

卫星网与 Internet 互联利用 TCP/IP 协议，实现数据传输已成为卫星通信中最重要的研究领域。但由于如长延时、高误码率、网络不对称性等卫星网络固有的一些特性影响了TCP 在高速数据传输中的性能。因此，卫星通信与 Internet 要解决的一个关键问题就是在网关对传输协议进行改进。

1. 网关协议转换

传输过程中，卫星链路中信息的传递通过可靠 UDP 协议实现，它是在标准 UDP 协议基础上，通过网关的分段协议转换模块为其增加应答控制、重传算法和流量控制等功能，在保证网络数据高效传输的同时，保证数据正确性的。其网关协议转换如图 8.10 所示。

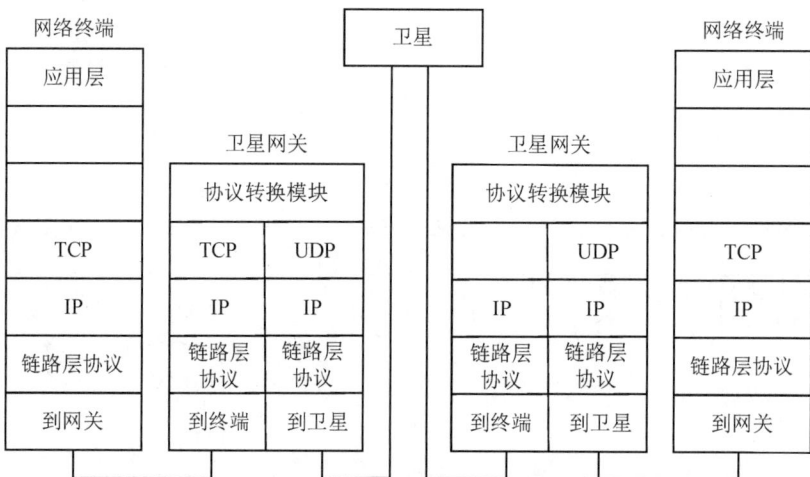

图 8.10　网关协议转换

2. 可靠 UDP 协议

可靠 UDP 协议在传输层实现，不用修改操作系统的协议内核，因此协议代码容易编写，移植性强；应答控制、重传控制和流量控制等功能可以根据需要灵活定制。可靠 UDP 协议的基本构成如图 8.11 所示。

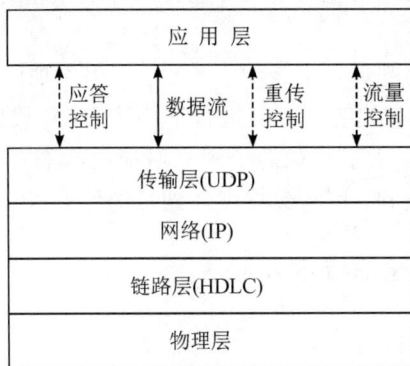

图 8.11　可靠 UDP 协议的基本构成

以下几点描述了可靠 UDP 协议的实现机制，这种机制通过增加一些特定的功能来提高 UDP 协议在不可靠网络(如卫星通信)中的可靠性。

1) 应答控制

应答控制在应用层实现并与 UDP 套接字绑定，包括数据流应答控制、链路检测信息应答控制，通过应答控制使 UDP 协议通信的两端成为一个有机的环路，应用程序能够轻易地检测链路的通断状态，及时了解数据的收发情况，并根据应答报告和应答超时来执行数据的重传控制。

2) 数据拆分与恢复

由于 TCP 数据是以面向连接的流的方式传送的，在计算机终端和网关之间，传送的数据包可以无限大，而 UDP 协议包长受操作系统的限制。同时应考虑到卫星信道高误码、长延时以及重传等特点，数据包的大小必须限制在一定的范围内，例如本系统中可设置为小于 32 KB，这样才能保证在既能充分利用带宽，又能保证信道质量恶劣的同时，通信效率不明显降低。因此，在发送端，要对从 TCP 接收到的数据进行拆分处理，即首先将较大的 TCP 包拆分成适宜卫星信道传输的小数据包发送；在接收端，将接收到的小数据包重新组合，恢复出正确的 TCP 数据。

3) 数据重传

数据在经卫星信道传输时，由于卫星信道的不稳定，会出现数据包丢失和错误。为保证最终数据的正确性，接收端在接收到错误数据或判断出帧丢失后，立即通过回传信道向发送端发送重传请求；发送端收到回传请求后，终止并记录当前的发送处理，处理需要重传的数据，发送完后，再进行先前的发送处理。

4) 数据缓存

当客户端发送到本地网关的速率大于卫星信道的传输速率时，网关需要对数据进行缓存。受网关内存的限制，数传不能完全放到内存，采用内存和外存共同存储的方式进行处理。将大的数传信息以文件的形式存放到物理硬盘上，在内存中建立到磁盘文件的快速索引，文件索引表为一个先进先出的静态链表，每个索引项包括文件名、帧序号、总帧数、子帧数及帧状态。文件名对应存储在物理硬盘上的数据文件，帧序号对应可靠 UDP 线程发送/接收的包顺序，总帧数对应当前数据文件包含的分数据帧的数目，帧状态对应当前数据文件是否接收完成。

在发送终端的 IP 网关的逻辑索引表中，当每一索引子项的子帧号对应的状态都为发送完时，表示整个 TCP 数据包发送完成，可进行下一个 TCP 数据包的发送；在接收端的 IP 网关的逻辑索引表中，当每一索引子项的子帧号对应的状态都标志为接收完成时，表示一个完整的 TCP 数据包被接收到，可将数据发送到目的计算机。

8.2.4 短波通信与卫星通信技术互联

1. 短波通信网支持应急通信系统

短波通信是在如卫星通信系统损毁等极端情况下，为满足不受网络枢纽和有源中继制约的应急通信指挥需求，进行应急通信指挥的必备手段。

短波通信技术主要用于现场短距离快速组网以及与现场外的广域应急通信指挥，支持语音和低速数据业务。短波通信技术在应急通信指挥中多应用于短波应急电台与短波收音机。

1) 短波应急电台

短波应急电台对准频率后即可通信，通信链路建立快，能够在现场进行短距离通信以及与后方的固定应急指挥平台进行广域通信。根据应急通信的用途，短波应急电台分为便携式、机动式(如车载、舰载、机载等)和固定式电台。便携式电台主要用于保障现场单兵的通信，机动式电台主要用于进行移动应急通信指挥，并作为现场与后方的通信枢纽，固定式电台主要用于保障后方与现场的通信。另外，利用短波应急电台组建短波应急通信网，保障现场区域以及与后方的通信。

2) 短波收音机

短波收音机能够使应急处置部门向公众发布信息，包括预警信息、事件进展通报、自救指导、安抚信息等。例如，日本几乎每个家庭都已将收音机作为家庭防灾的常备紧急物品，在地震、海啸等灾害发生时收听紧急广播。

短波通信技术在应急通信指挥系统中的应用存在一些不足与改进方向，具体包括以下两方面。

(1) 短波通信可用频段窄，通信容量和传输速率小。短波通信的可用频段窄，只有 28.5 MHz，规定每个信道占用 3 kHz 带宽，最高传输速率为十几 kb/s，仅支持语音和低速数据业务。

未来，短波通信将在现有标准和技术的基础上，研究高速率宽带短波通信关键技术。在卫星通信和其他地面通信手段损毁的情况下，充分发挥短波固有的远距离通信特性，提高其支持语音、数据、图像、视频等多媒体综合业务的能力。目前，最新的 MIL STD 188 110C 标准采用宽带数据传输技术，最大带宽为 24 kHz，最高传输速率达 120 kb/s。在短距离通信时，通常选择频宽更大的超短波替代短波通信。

（2）短波通信受电离层电子扰动和多径效应影响大。当短波利用天波传输时，因电离层有时会出现不稳定状态，使反射路径发生变化，引起接收端接收信号强度的波动甚至造成瞬时中断。短波通信由于路径衰耗、时间延迟、多径效应等因素，会造成信号的衰落和畸变，影响通信效果。

短波通信将不断采用新的抗干扰技术，如信道编码、基于多天线的空间分集、软件无线电等，提升通信的可靠性。

2. 短波通信网络与卫星通信融合

超短波网络和卫星网络都是使用拨号方式进行通信，而建立连接后的语音信号也都为双音多频信号，这使这两种网络的互联在二次拨号的情况下成为可能。超短波和短波网络都属于需要触发 PTT 才能通信的网络，这说明在同一个电平可以同时触发两种电台的PTT 的前提下，这两种电台也可以实现互联互通。从三种网络的工作原理可知，超短波电台在满足一定的条件情况下，可以同时接入卫星通信网和短波通信网，也就是说，一名指挥人员只需一个超短波电台手持机即可接入这三种无线网络，实现"动中通"通信，这在应急通信系统中具有重要作用。

在灾难救援现场，临时指挥系统所使用的可能是车载指挥系统编队，在一个一定规模的车载指挥系统编队中，需要对外通信的往往包括不同业务部门的各种车辆多部，而由于信道资源、电磁干扰以及设备造价等多种原因，一般的车载指挥系统编队都只在一辆通信车上配置卫星车载站和短波电台，其他车的对外通信都主要通过该通信车完成。当这些编队车辆在行进中需要通信时，车与车之间一般通过超短波电台的近距离通信方式，而系统与外部的协同通信指挥一般由通信车上的短波或卫星通信设备完成。短波/超短波与卫星通信互联结构如图 8.12 所示。

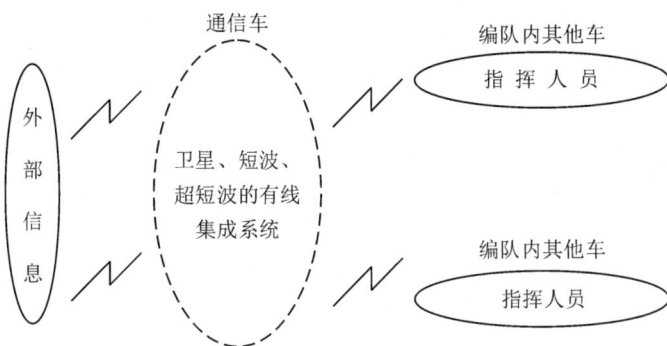

图 8.12　短波/超短波与卫星通信互联结构

当系统外部的信息需要通过短波或者卫星传达给该车载指挥系统时，首先需要呼叫通信车上的短波电台或卫星车载站，和通信人员联系上之后再由通信人员将情况传达给相应业务部门车上的指挥人员。在这种通信方式下，外部信息可以直接传达给相关业务部门的指挥人员，简化了应急通信的救援流程，形成了迅速、准确、可靠的协同救援系统，能更有效地将通信、指挥、情报、监视和侦察等功能集于一体。在通信车中也不需要专门的值班人员，节约了人力资源。同时，对卫星及短波的信道资源也做到了最大限度的节约利用。

实现"三网合一"的关键技术在于三个网络之间需要一个专用的有线/无线适配器来完成语音信号的转接和延长,既要能接入卫星的双音多频信号,又要能直接自动触发短波电台的 PTT 信号。该设备具体工作原理为:根据不同设备的语音电平(超短波电台和卫星的语音电平)以及 PTT 电平(短波电台和超短波电台的 PTT 电平),作相应的接口电路用以接收和发送双方的 PTT 信号及语音信号,启动语音通路并顺利通话,做到不同的无线通信网之间的自动互联互通,其工作原理如图 8.13 所示。

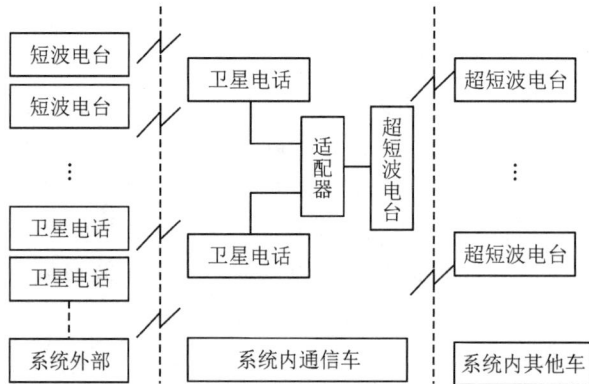

图 8.13　系统集成原理图

当系统内某超短波电台用户需要联系系统外某卫星电话用户时,首先通过无线拨号拨通通信车上的超短波电台,听到二次拨号音后继续拨打所需的卫星电话,接通后即可正常通信。在此过程中,适配器通过有线方式识别本端超短波电台的语音信号来返回二次拨号音,并自动将语音信号转到本地的卫星电话上,因此用户二次拨号时已经是由本端卫星电话向对端卫星电话的直接拨号。

同样,当系统内某指控车的超短波电台用户需要联系系统外某短波电台用户时,首先通过无线拨号拨通通信车上的超短波电台,接通后即可向对端短波电台直接喊话。在此过程中,适配器通过有线方式来识别本端超短波电台的语音信号并自动触发本地短波电台的 PTT,用户的直接喊话已经是由本端短波电台向对端短波电台的直接短波通信。反之,当有外部信息需要与本系统通信时,其下行通信的通信路由与上行通信原理相同,不同的是主叫与被叫的关系。

从工作原理看,适配器的作用与有线网络中的路由器类似,都是在不同的网络之间通过寻址识别来建立通信路径,不同的是适配器连接的是不同的无线通信网络,而路由器连接的是有线通信网络。

8.2.5　短波通信与 Internet 技术互联

短波通信系统采用电离层传输信号,具有结构简单、应用灵活、安装快捷等突出优点,能实现远距离、低成本的通信,在边远地区野外作业、抗洪救灾、紧急抢险等领域有着广泛应用。短波通信系统与 Internet 互联,将在应急通信中发挥非常重要的作用。

短波接入 Internet 的结构如图 8.14 所示。将 TCP 作为传输层的协议,其上的应用层与各 TCP/IP 终端保持一致。当在短波子网内部进行数据传输时,可以直接采用自动报文交换(Automatic Message Exchange,AME)这一短波子网的网络层协议,而无须经过 TCP 和 IP,以减小其报头开销。由于短波子网须通过以太网接入 Internet,因此,该协议包含了 IEEE 802 协议与子网的互联。短波数据链路(High Frequency Data Link Protocol,HFDLP)和数据调制解调器(MODEM)的主要任务是保证数据传输的可靠性,自动联络建立技术(Automatic Link Establishment,ALE)和 ALE MODEM 则保障建立无线链路。

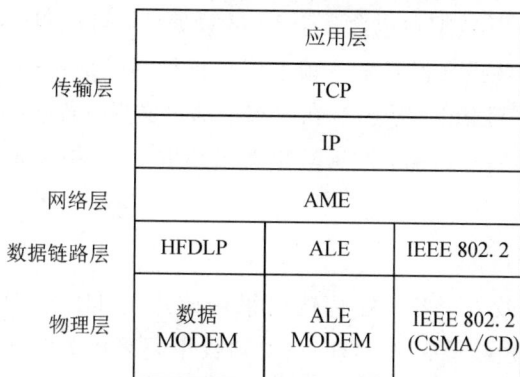

图 8.14 短波接入 Internet 协议结构

在短波通信系统中,采用一种可变长度数据包提高传输的有效性。在报文传送过程中,采用"选择重发 SW-ARQ"模式来同时发送多个数据包,减少协议的空闲时间。在传输层中,采用 IP 报文代理协议,克服误码率高、时延大等缺点,短波网络与 Internet 互联的协议模型如图 8.15 所示。

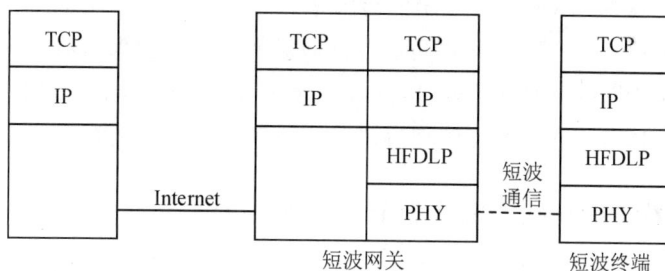

图 8.15 短波网络与 Internet 互联协议模型

短波子网的通信效率是短波接入 Internet 协议设计的关键问题。在短波数据链路层,采用一种可变长数据包结构,由于该数据包结构的特点大大提高了短波子网的通信效率。本系统根据短波子网传输速率、SW-ARQ 协议等待时间及信道误码率等指标,确定数据包的长度,从而达到最大的有效数据传输速率。

1. 可变长数据帧封装格式

可变长数据包的封装格式如图 8.16 所示。报头包括 2 个字节的数据包序号和 2 个字节的数据包长度。报尾包括 32 比特的 CRC 校验。数据包长度项指定当前数据包的长度,而在定长数据包中并不包含此项。

数据包序号 (2B)	数据包长度 (2B)	上层数据包	32 bit CRC

图 8.16　逻辑链路层数据包格式

2. 选择重发 SW-ARQ 方式

选择重发 SW-ARQ 的数据包包含多个 LLC 数据包，可以封装成一个上层报文。发送报文的过程为：先按 LLC 报文格式将一帧上层数据包封装成多个 LLC 数据包，在发送时采用多个 LLC 数据包一起发送，接收端在收到全部报文后，若接收报文中包含出错，则将出错 LLC 报文的序号返回发送端，发送端重发出错的 LLC 报文及出错数据包，直至所有数据包都正确接收为止。

3. 传输层协议选择

为了提高协议的有效吞吐率，在传输层采用改进的 HF-TCP 协议。在接入系统中，HF-TCP 协议主要用于短波网关中。HF-TCP 协议主要采用分割连接协议，在短波网关处增加一个报文代理模块，将固定主机与短波终端之间的连接分割成两个独立的连接，即固定主机与短波网关之间的有线 TCP 连接、短波网关与短波终端之间的无线 TCP 连接。具体而言，即在 TCP 协议上增加选择性 ACK(Acknowledge)和采用适合于短波信道的链路层重传协议，从而提高系统性能。在短波网关处，采用两个分离 TCP 连接传递指针指向同一个缓存的方法，可以避免对同一份报文的复制，以减小短波网关缓存区的占用。这种分割的主要优点在于将 TCP 发送端与无线信道传输差错相互隔离，而短波网关可以针对短波信道差错采取重传技术，从而提高系统的传输率。

在分割连接协议中，TCP 发送端可能在接收端收到数据包前就收到该数据包的确认信号。每个数据包都必须在短波网关处进行两次 TCP 协议处理，同时短波网关必须记忆双向 TCP 连接的状态。因此，这种报文代理协议对短波网关的运算能力要求较高。

8.2.6　基于无线 Mesh 网络的应急异构网络互联

1. 无线 Mesh 网络技术原理与结构

无线 Mesh 网络是一种应用型的网络技术，它的出现并不是偶然的，是 Ad Hoc 网络技术的扩展，是应用需求直接驱动的结果。在实际应用中，特别是应急通信场合下，无线 Ad Hoc 网络不可避免要与其他的异构网络互联，比如蜂窝网和因特网。因此要实现它们之间的无缝互联，就必须存在一种特殊的网关，无线 Mesh 网络应运而生。无线 Mesh 网络采用网状拓扑结构，借助 Mesh 骨干路由器，既能适应基础设施网络的层次性路由机制，也能实现无线 Ad Hoc 网络中的特定路由机制，提供了一种新型的宽带无线网络接入方式，完成了不同网络之间节点的互联互通。

无线 Mesh 网络是基于 IP 协议的大容量、高速率、覆盖范围广的无线网络，通过呈网状分布的无线接入点(Access Point，AP)间的相互合作和协同，成为宽带接入的一种有效手段。每个无线 Mesh 网络的节点可以作为接入终端，也可具有路由和信息转发功能，具有极高的组网自由度。无线 Mesh 网络运行方式很像因特网，且提供从源头到目的地的多条冗余通信路径。如果一条路径由于硬件故障或干扰而停止工作，网状网会自动改变信息包的路由，使它们穿过一条替代路径。从某种意义上讲，无线 Mesh 网络是一种网络架构思想，其主要功能体现在无中心、自组网、多跳连接和路由判断选择等，具有与现有无线网络的兼容性及互操作性。

　　无线 Mesh 网络由网关节点、无线 Mesh 路由器（Wireless Router，WR）节点和用户节点组成。但在不同的场合，根据网络具体配置的不同，无线 Mesh 网络不一定包含以上所有类型的节点。网关节点是高速连接外部网络的接入点，是完成异构网络互联的关键节点。无线 Mesh 路由器一般移动性不强，它们通过长距离高速无线技术互相连通，以较低的发射功率获得同样的无线覆盖范围，组成一个多跳的无线 Mesh 骨干网。Mesh 用户之间互联构成一个小型对等通信网络，在用户设备间提供点到点的服务，这种结构实际上就是一个 Ad Hoc 网络，可以在没有或不便使用现有的网络基础设施的情况下提供一种通信支撑。Mesh 用户节点既可以通过 Mesh 路由器接入骨干 Mesh 网络，也可以通过其他 Mesh 用户为其转发分组到达无线 Mesh 路由器，形成 Mesh 网络的混合结构。这种网络结构提供与其他一些异构网络的连接，增强了网络的连接性，扩大了网络的覆盖范围。典型的无线 Mesh 网络混合结构如图 8.17 所示，图中虚线和实线分别表示无线和有线连接。

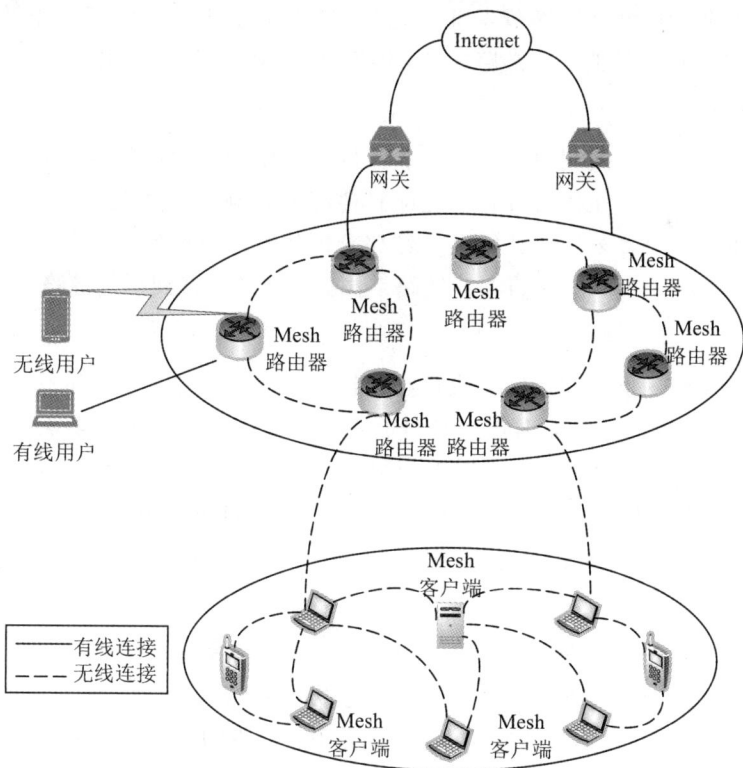

图 8.17　Mesh 网络混合结构图

　　无线 Mesh 网络在通常的无线网关（Wireless GateWay，WGW）、无线用户终端的基础上，增加了无线路由器，各路由器间由无线连接，路由器与 WGW 间由无线连接，并可交叉链接，形成密集网络，最终完成异构网络的互联互通。通过这种混合网络结构形成的无线Mesh网络可以依托可用的基础网络设施（如 Internet，卫星网络等）与临时部署的机动通信系统（如短波网络、集群通信网络等），构建有机融合的有基础设施网络和无基础设施网络，涵盖有线、无线、卫星、集群以及蜂窝移动通信等多种通信手段的异构应急通信网络，实现不同通信技术间的优势互补和协同工作，以便能够在复杂多样的应急环境中为不同用户群体提供各自所需的通信。

无线 Mesh 网络在组网与选路等特征上与传统无线网络存在着明显的区别，更像是Internet 网络的一种无线版本。由于节点只和其邻近节点通信，从一个节点发出的数据分组将根据路由协议的配置以逐跳的形式传递到目的节点。无线 Mesh 网络的混合网络结构与传统点对多点网络结构相比具有较多的优势，主要表现在下列几个方面。

1）可靠性提高

提高网络可靠性的方法是让每个节点能够使用多条路径进行接续，以使链路出现故障时，整个网络不受影响。在传统的点对多点网络中，节点接入采用星型结构，即多个节点将首先接入一个中心点，再由中心点接入到网络中。因此，当网络中的中心节点出现故障时，会影响到整个网络的正常工作，甚至导致整个网络运行瘫痪，因而这种网络结构的可靠性不能得到很好的保证。而在无线 Mesh 网络中，网络结构采取网状结构，使每个节点可使用的链路数大大增加，且每个网络节点都具有路由功能，如果其中的某一条链路出了故障，节点便可以自动转移到其他可选链路接入，因而网络的可靠性有了很大程度的提高。

2）碰撞降低

无线 Mesh 网络可以较大程度地减轻业务执行时碰撞现象的发生。无线 Mesh 网络提供了多个可选路径，业务在执行过程中受路径碰撞的影响便会降低。无线 Mesh 网络还提供了碰撞保护机制，那些未经认证的无线链路若因执行 Mesh 业务而引起碰撞，系统将自动对此碰撞与链路进行标志，并将在此链路上执行的业务转移到可选链路中。

3）无线链路设计简化

无线 Mesh 网络的节点间呈网状或环状连接，相距较远的节点间进行通信时，数据分组可以通过多个节点的转发，逐点传递到目的节点。因此，与点对多点链路相比，无线Mesh 网络链路的长度通常更短，对天线传输距离与性能的要求便会大大降低，降低了天线的成本；另外，无线链路越短，所需的发射功率就越低，降低了射频信号间的干扰，从而也减少了整个网络的自干扰现象。

4）可扩展性增加

无线 Mesh 网络是一种对等网络，网络中的每个节点是对等的，这样连接到一共同节点的链路数目就会减少，因而需要进行信道分配的无线链路数目也会随之减少，增加了网络的可扩展性。另外，对于网络带宽的配置可以通过对接入点的配置来完成，也可以通过运行在接入点上的无线路由器协议对不同业务进行带宽的匹配，实现不同业务间带宽的平衡。

2. 基于无线 Mesh 技术的网络融合

混合结构的无线 Mesh 网络包括如无线局域网、WiMAX、无线蜂窝网、MANET、WSN、因特网以及无线骨干网等各种异构的无线/有线网络，具有网络覆盖范围大、频谱利用率高、可靠性高、多跳路由、组网灵活、维护方便和支持与其他无线网络兼容和互操作等优点，可以应用到不同的应急通信场景中。无线 Mesh 网络将成为未来无线核心网理想的组网方式，在这种网络覆盖情况复杂、多种技术并存的移动通信环境中，采用 Mesh 技术可以实现异构网络技术的有效融合与协同工作，实现异构资源的优势互补和协调管理，这不仅是技术发展的必然趋势，也是实现最优资源使用的有效途径。

异构网络由于相对独立自治，相互间缺乏有效的协调机制，存在系统间干扰、重叠覆盖、单一网络业务提供能力有限、频谱资源稀缺、业务的无缝切换等问题无法解决。异构网络的融合已经成为应急通信网络各个层面的主要趋势，体现在网络融合、业务融合、终端融合以及管理融合，各种业务都被整合在一个网络的物理媒介（融合网络）中进行传输，统一的传输控制协议/网间协议（TCP/IP）的普遍采用，使各种以 IP 为基础的业务都能在不同的网上实现互通。基于 Mesh 技术的融合需要从四个不同的层面来实现。

1）核心网与接入网的融合

目前基于 IP 分组数据网络的有线网络已经成为下一代网络要采用的基础架构，这种网络也必将为应急通信系统中的各种接入网提供合适的有线网络基础结构。而不同的应急通信移动接入网络覆盖不同的区域，具有不同的技术参数，提供不同的业务能力，执行不同的通信与控制协议，具有不同的网络结构。因此，要想实现不同的移动接入网络支持基于 IP 的网络融合，需要它们之间具有一定的信息交互能力。同时，终端的多模型，也就是可重配置能力，为接入不同网络提供了保障，而 IP 技术的广泛应用使得不同的接入网络将基于 IP 网络层进行融合。

2）业务融合

业务融合是指不同的业务网提供统一的平台、统一的用户账号和对用户隐藏的自动切换机制，让用户感觉无论在什么情况下都能进行畅通无阻的通信，享受最佳的多元化服务。通过多种接入技术，在不同业务支持能力的网络及终端限制条件下，使业务同时向多个终端提供服务。

3）终端融合

异构网络条件下，在同一地点存在不同制式的无线网络交叠覆盖，不同网络提供不同的业务和 QoS，要求终端在综合考虑多种无线接入技术的能力、网络覆盖情况、用户业务差异等方面问题的同时，保证终端的元件组成不会产生质的变化，且需兼容所有在当地存在的无线接入技术。因此，软件无线电的思想可以引入其中，使用基于软件无线电的重配置技术提高终端的兼容性、减少体积、降低功耗和节约成本。多模可重配置移动终端的实现使原本单一的移动终端具备了接入不同移动网络的能力，为异构网络的互联互通提供了基本保障。

4）管理融合

异构网络融合中的鉴权、认证和安全计费是用户在异构环境中实现安全接入的基本前提，因此异构网络融合的管理问题也是当前的一个研究热点。管理系统需要为用户提供统一的网络管理界面和网络服务界面，保证异构网络的统一的认证与鉴权服务。

基于无线 Mesh 技术的网络融合含义十分广泛，在如何利用先进的技术系统提高网络传输效率的同时，也需要考虑如下实际问题。

（1）可用性。除适当增加可用带宽之外，需要规范、控制业务应用所占用资源的优先级别，从而解决由于应用增多带来的关键业务无法保障、服务质量急剧下降问题。

（2）安全性。通过采用加密、虚拟专用网（VPN）和防火墙技术解决信息资源的访问控制和授权用户网络接入存在的隐患，消除由于网络的可移动性和灵活性等带来的安全风险。

（3）服务质量。不同的数据、语音及视频业务需要考虑不同的服务质量，在管理完善、带宽充足、延迟特性良好的 IP 网络上也需要保障服务质量，尤其是在不同的应急通信场合，保证对数据、语音及视频等业务的服务质量显得尤为重要。

3. 基于无线 Mesh 网络的应急通信网络融合

图 8.18 中给出了一个无线 Mesh 网络应用到应急通信系统中的实例。各种用户终端可以通过相关无线技术连接到蜂窝网、WiFi 网络、WiMAX 网、卫星通信网、短波/超短波通信网和自组织方式的无线传感器网络等，不同的网络根据其支持的协议选择与 Mesh 网关通信，而 Mesh 网关可以通过无线多跳与视距范围外的路由器、Internet 核心网或者 PSTN 网络建立联系，最终实现整个应急通信区域内网络的无缝覆盖。系统中，Mesh 路由器承担融合的任务，并组成了无线 Mesh 骨干网，网络间的融合通过 IP 层来实现，Mesh 终端采用多模或重配置方式适应用户和业务的需求，最终实现整个应急通信异构网络的融合。

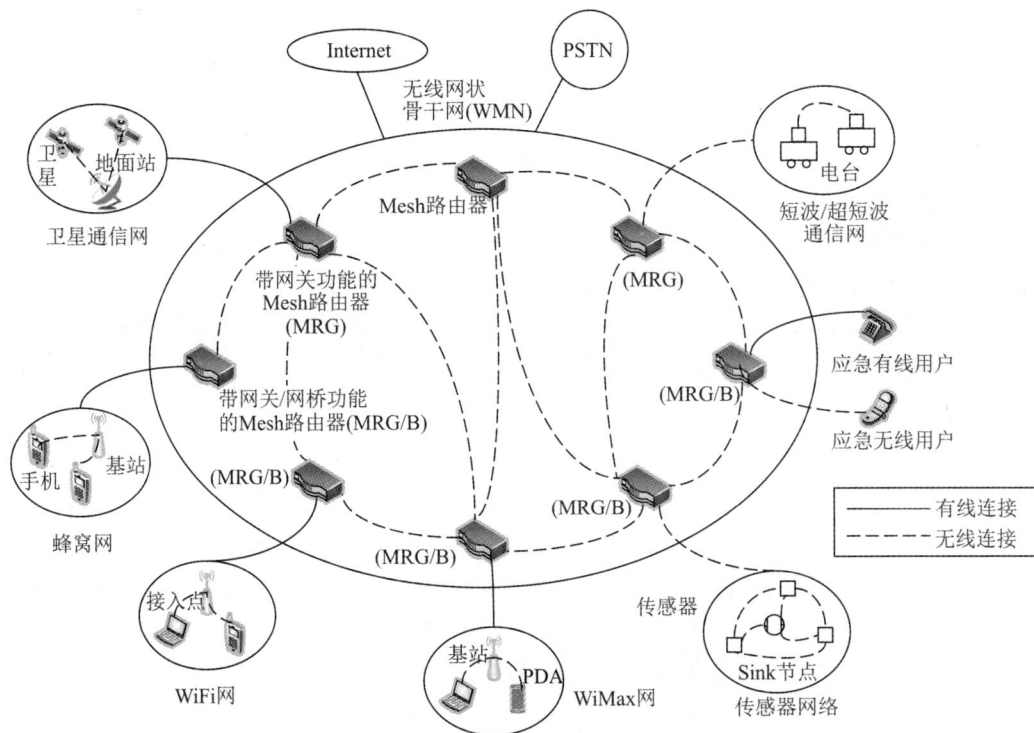

图 8.18 基于 WMN 的应急通信异构网络互联系统

8.3 多网融合应急通信系统应用案例

震有科技智慧应急指挥平台在煤炭、电力、环保、水利等部门或行业均有良好的应用，以震有科技的应用实例进行说明。

8.3.1　震有科技智慧应急指挥平台架构

震有科技应急指挥平台构建了省、市、县(区)三级上下贯通、左右协同的应急平台架构体系。省级应急平台负责:① 向应急管理部平台上报突发事件及汇接数据,配合上级平台进行统一调度;② 接收下级平台事件上报、数据汇接;③ 对下级平台进行统一指挥调度;④ 联动公安、气象、交通等部门进行协同救援。市级应急平台负责:① 向省级平台上报突发事件及汇接数据;② 本级进行本市的应急救援及应急处置等工作;③ 对下级县(区)平台统一指挥;④ 联动其他部门。县(区)级应急平台负责:① 向市级平台上报突发事件及汇接数据;② 本级进行本县(区)的应急救援及应急处置等工作;③ 接受上级平台的调度联动;④ 联动其他部门。

震有科技融合通信系统为应急指挥中心的支撑技术平台的核心系统,对上提供丰富的标准开放接口与应急各部门通信业务应用系统对接,对下连接各类终端,实现多渠道信息接入并有效支撑融合指挥服务。震有科技应急系统总体架构如图 8.19 所示,系统将语音终端、视频监控、视频会议终端、业务应用及单兵系统接入统一通信平台实现互联互通,并通过封装标准的 API 接为上层应用提供统一的融合调度服务。

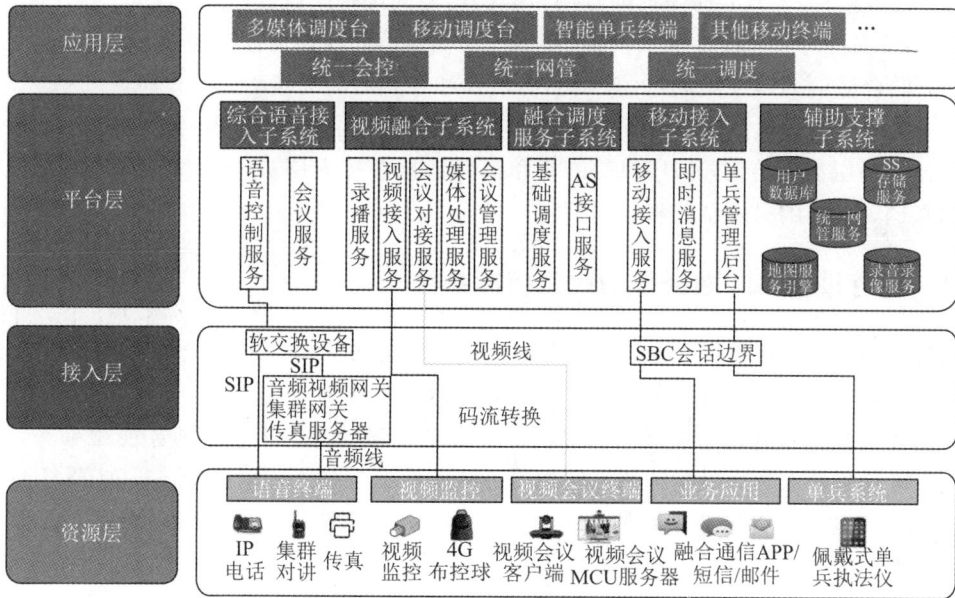

图 8.19　震有科技应急系统总体架构

震有科技融合通信系统包括应用层、平台层、接入层和资源层,以下详细介绍。

1. 应用层

(1) 多媒体调度台:包含软件界面,用于监控和管理多媒体通信会话。

(2) 移动调度台:为移动设备优化的调度解决方案,包括专用应用程序。

(3) 智能单兵终端:为现场工作人员设计的便携式设备,具有通信、摄像、定位等功能。

（4）其他移动终端：包括智能手机、平板电脑等，通过应用程序接入系统。

（5）统一会控/网管/调度：集中管理系统，提供会议控制、网络管理和资源调度功能。

2. 平台层

（1）综合语音接入子系统：允许用户通过多种方式接入语音通信，如 PSTN、VoIP 等。

（2）视频融合子系统：处理和分发来自多个来源的视频信号。

（3）融合调度服务子系统：集成语音、视频、数据等多种通信方式的调度服务。

（4）数据库/存储服务：后端存储解决方案，存储通信数据、用户信息等。

3. 接入层

（1）音频/视频网关：转换不同格式的音视频信号，以便在 IP 网络中传输。

（2）集群网关：提供对讲和集群通信的接入点。

（3）码流转换：转换数据流格式，以适配不同的通信协议或设备。

（4）传真服务器：处理传真通信，包括传真到电子邮件的转换。

（5）应用层通过平台层的服务引擎和接入层的网关与资源层的通信设备进行交互。

4. 资源层

（1）IP 电话、集群对讲：基于 IP 网络的语音通信服务，包括电话和对讲。

（2）视频监控/会议：提供视频监控和会议功能的设备或服务。

（3）4G 布控球：一种便携式设备，集成了 4G 通信和视频监控功能。

（4）融合通信 APP：集成短信、邮件、语音和视频通信的移动应用程序。

（5）佩戴式单兵执法仪：便携式设备，包括摄像头和录音功能，用于现场执法记录。

数据在各层次间传输，如用户的语音和视频数据在接入层被转换和传输，在资源层被处理和存储，在应用层被显示和管理。

8.3.2 震有科技多网融合移动应急指挥系统

在地震救灾、森林火灾、应急救援等场景下，为解决灾害现场因公网瘫痪或无线信号覆盖差等问题，震有科技应急通信指挥平台利用自身集成的 LTE 核心专网、软交换以及事件处置等功能快速搭建前方指挥所，提供区域通信保障，满足应急现场音视频采集、单兵指挥、救援任务分派等应急指挥调度需求。同时也可依托卫星、微波、光缆、MESH 自组网等传输链路实现与后方指挥中心的音视频互通，实现前后方联动指挥和业务协同，形成救援一线、现场指挥所以及后方指挥中心的多级联动。

1. 融合通信 APP

融合通信 APP 可以实现以下功能：

（1）通讯录同步：APP 侧支持与平台侧同步通讯录同步。

（2）电话呼叫：APP 侧支持长号、短号呼叫。

（3）电话会议：APP 侧支持发起电话会议功能，具备邀请、踢出、禁言、结束会议等会控功能。

（4）网络对讲：APP 侧支持群组网络对讲功能，群组可在后台权限设定。

（5）视频直播/回传：APP 侧支持视频直播功能，可将现场画面实时回传，其他类型终端调阅直播画面。

（6）视频监控：APP 侧根据权限设定，可调阅权限范围内的视频监控画面。

（7）视频会议：APP 侧支持发起视频会议功能，具备邀请、踢出、禁言、结束会议等会控功能。

（8）事件/任务/过程管控：事件上报任务接收、进度反馈、事件处置过程管控。

2. 决策指挥可视化调度系统

决策指挥可视化调度系统紧密贴合救援业务需求，汇聚应急指挥救援相关数据、资源、信息，结合应急预案及救灾进度呈现不同阶段的灾情信息，实现灾情救援精准调度与指挥；依托融合通信调度能力、紧密结合指挥救援业务，实现突发事件处置模式下的指挥救援全业务流程可视化，对事件任务处置节点以时间轴方式进行呈现，快速联动指挥、统一协调处置救援。决策指挥可视化调度系统具有应急信息汇聚可视化与突发事件救援可视化两大核心子系统。

1）应急信息汇聚可视化（综合分析展示）

应急信息汇聚可视化子系统汇聚展示应急指挥救援相关的数据、资源、信息，根据不同类型灾情自动匹配呈现该类型灾情对应所需的救援队伍人数、救援物资、车辆装备、灾情信息等应急资源和动态信息，结合通信指挥手段开展资源调度，结合应急预案及救灾进度呈现不同阶段的灾情信息，实现灾情救援精准调度与指挥。

2）突发事件救援可视化

突发事件救援可视化子系统依托底层融合通信调度系统提供的统一通信调度能力，实现突发事件关联数据/信息/资源汇聚可视化和事件处置模式下的指挥救援全业务流程可视化，对事件任务处置节点以时间轴方式进行呈现，满足对事件救援精准指挥、全程掌控的目的。

（1）事件初步研判。地图可视化呈现事件发生的位置、基本信息以及详细内容描述，智能分析，关联相似案例历史信息。系统自动关联事件相关的各类人员，智能分析事件发生地附近应急资源和应急设施，研判分析事件对周边一定距离范围内可能造成的影响和危害。

（2）决策态势。智能提取事件关键要素信息关联呈现事件相关的应急预案，基于地图呈现应急预案类型、事件影响程度、预案处置流程等，实现预案结构化分解可视化。结合响应级别启动应急预案，向各应急群组发送事件详情、职责任务以及调度指令，实现预案执行全过程可视化。

（3）事件处置、任务跟踪。实现事件信息的汇集分析，对周边各类应急资源查询和调用，通过创建任务快速向处置小组下发救援处置指令，并直观呈现各小组工作状态，迅速控制事件发展态势。以时间线的方式直观呈现处置方案信息，并以时间线方式跟踪任务执行情况。

（4）事后评估。针对所发生的事件从经济损失、人员伤亡、处置时效、预防措施等几个维度进行数据统计分析，形成统计分析图以及评估结果。

3. 指挥救援业务管理系统

震有科技按照"平战结合"理念，建设统一的指挥救援业务管理系统，满足应急管理部门指挥救援业务工作的数字化、自动化、智能化需求。

1）值班值守、应急指挥体系管理

值班值守子系统主要满足日常应急业务智能化管理需要，辅助值班人员进行值班工作智能化管理、日常工作处理、应急通讯录、日常办公管理、查询统计等业务，有效提高应急值守和各项日常工作的办公效率。根据预案的响应级别及对应的处置流程，配置应急组织机构、响应人员及响应通信手段（电话、短信和传真模板）。建立事件处置小组，可基于任务需要一键执行语音呼叫、语音会议、语音广播、群发短信、录音通知、视频会议等操作，达到指令快速下达和扁平化处置指挥的效果。

2）指挥调度、协同会商

围绕救援指挥过程中对各种车辆、移动通信终端、视频终端的指挥调度需要，基于地图实现车辆及终端设备的位置定位、状态追踪、调度操作。实现各类终端进行语音呼叫、视频回传、召开音视频会议等功能，满足各类应急资源的可视化精准调度与指挥。通过整合现场监控图像、单兵设备、移动终端和视频会议等多媒体手段，建立数据传输、语音通话、视频接入的融合通信系统，实现前后方和相关部门的音视频会商，基于 EGIS 一张图开展各类信息综合关联分析，实现多方协同综合研判会商。主要包括音视频会商、协同标绘、文件共享等功能。

3）辅助决策分析、预警信息发布

利用多源数据融合、关联分析、案例推演等技术，结合法律法规、标准规范、事件链、预案链、事故案例、资源需求、专业知识等信息，建立面向各类事灾害的辅助决策知识模型，采用系统自动生产、人工干预等方式，分析各类事故灾害发生特点、演化特征、救援难点等内容，提出风险防护、应急处置等决策建议，为高效化、专业化救援提供支撑。汇集各部门安全生产、自然灾害相关预警信息，利用多种渠道向社会提供预警信息，最大限度预防和减少突发事件发生及其造成的危害，保障公众生命财产安全。

4）结构化预案

实现依据突发事件类型及响应级别，对预案响应标准、级别和指挥体系进行梳理分解和量化配置管理。事件发生时可实现智能匹配关联、一键启动应急预案，为事件处置救援赢得宝贵时间。

5）综合分析展示、案例推演

汇聚整合应急物资、救援队伍、避难场所、车辆装备、通信资源、预警信息、风险隐患、物联感知、事件态势等各类应急相关数据和信息，构建应急综合信息展示一张图；能够进行综合呈现交叉分析，也可根据不同类型灾害事件应用场景分类呈现，也可按照类型、时间、区域等方式进行查看和使用各种应急数据和信息。根据突发事件应急处置流程进行记录，再现应急过程。以时间轴顺序还原整个处置过程中产生的所有信息，包括事件接报、值班员的操作记录、领导批示、预案的升/降、次生事件、现场上报信息、指挥调度过程、任务执行过程、通话记录等。基于历史回溯和过程再现，对案例进行总结推演，按照时间节点、处置步骤生成总结报告。

8.3.3　震有科技智慧应急指挥平台实例

震有科技智慧应急指挥平台广泛应用于危化品监测预警与应急联动、消防融合作战指挥应急场景等，以下进行说明。

1. 危化品监测预警与应急联动

震有科技围绕应急管理部门直接监管的危险化学品、油库、化工企业、库区等重大危险源，建立安全监管指挥平台。安全监管指挥平台的建立，可以为安全生产监管工作提供强大的基础数据信息，包括重点企业位置信息、危险化学品的实时动态参量信息、视频图像信息、应急机构及队伍信息、应急预案信息、应急资源信息、重大危险源信息等内容。系统将进行预测预警分析及事前预警、事中应急调度，这为事后事故处理分析提供强大的决策依据，为领导决策提供有效的信息，变被动救灾为主动防灾，进一步提高安全生产监管工作的针对性和监管效率，实现从粗放管理向精细管理的转变。

2. 消防融合作战指挥应急场景

震有科技消防融合通信调度解决方案依托智慧应急平台构建消防融合作战指挥体系，充分利用内外部基础信息、业务信息、有线网、无线网、卫星网的深度融合，集超短波、短波、卫星、集群、有线通信、视频监控、视频会议、移动单兵等多种通信手段，覆盖消防大队指挥中心、基层消防中队值班室及扑火前指挥中心的一体化指挥调度平台，利用信息化手段提升防火监测、灭火救援指挥能力、促进信息共享和资源整合，实现辅助决策科学化、指挥调度实时化。图 8.20 为震有科技消防应急通信系统架构图。

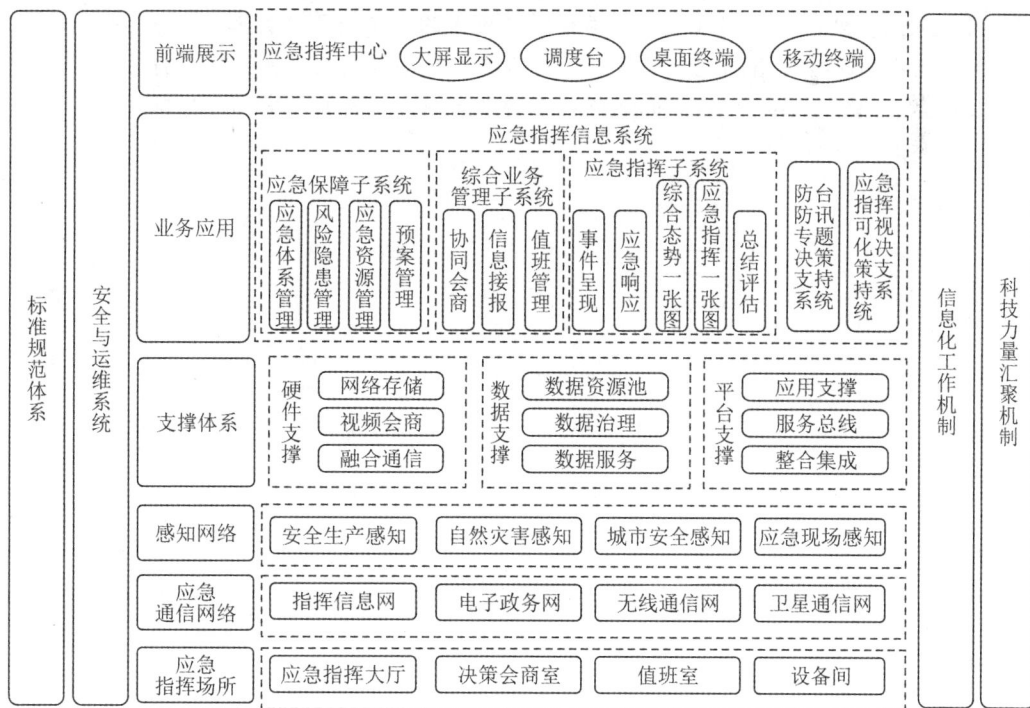

图 8.20　消防应急通信架构

　　震有科技吴江区应急管理综合应用平台项目，采用急用先行的思路，结合吴江区应急管理业务需求和上级部门下发的任务书要求，重点建设应急通信网络、基础支撑、业务应用三层面，采用"六横四纵"的总体架构，业务应用包含应急保障子系统、综合业务管理子系统、应急指挥子系统、防台防汛专题决策支持系统、应急指挥可视化决策支持系统等。

8.4　本章小结

　　应急通信网络的定位是协同各种通信系统和技术手段，使应急人员无论在何时何地、采用何种接入方式，都可优先利用残存的通信资源或临时构建的网络建立呼叫/会话，在应急情况下保障通信畅通。本章介绍了一些典型的异构网络互联的关键技术，并从应急通信网络的特殊需求出发，介绍了现有应急通信网络可能的几种异构互联方案。应急通信网络异构互联是涉及管理、网络和技术等多个层面的问题，需要按步骤分阶段制定应急通信网络异构互联及融合的标准，建立完善的标准体系。

习　题

8.1　何为多网融合应急通信系统？

8.2　多网融合应急通信系统有哪些关键技术？

8.3　简述短波通信技术在应急通信指挥系统中的不足与改进方向。

8.4　无线 Mesh 网络的混合网络结构与传统点对多点网络结构相比具有哪些优势？

8.5　结合书中案例，举一个你知道的最新多网融合应急通信案例并分析。

第9章

业余无线电应急通信系统

业余无线电是全球广大无线电爱好者以兴趣为纽带发展起来的一种通信组织模式。受无线电爱好者们的兴趣驱动，业余无线电具有旺盛的生命力，无论是参与规模还是技术演进，都有着极大的发展空间。业余无线电作为应急通信领域的一支非主流队伍，在我国的应急通信体系中，在一定程度上发挥了重要的补充作用。

9.1 业余无线电概述

业余无线电由来已久，历经了一个多世纪的发展，在应急通信领域更是担当着特殊的角色。"业余无线电"的英语名称是"Amateur Radio"，另一个称呼为"HAM radio"，因"HAM"的英文含义是"火腿"，所以"业余无线电"爱好者们又被有趣形象地称为"火腿族"。国际电信联盟根据不同用途将全世界所有无线电通信分为若干种业务，业余电台属于"业余业务"。国际电信联盟将"业余业务"定义为"供无线电爱好者进行自我训练、相互通信和技术研究的无线电通信业务"。业余无线电爱好者是经过正式批准的、对无线电技术有兴趣的人，其兴趣是个人爱好而不涉及谋取利润。此处的"业余"并非指参与者水平低，而是指他们未全力投入其中。业余无线电通信技术是一项内涵极其丰富、专业化程度较高的专门技术，因此人们把获得发信资质、精通业余无线电通信的爱好者称为"业余无线电家"，以区别于一般的电子通信技术的爱好者。

业余电台分为集体业余电台和个人业余电台两种。由团体申请设置并由设台团体使用的电台称为集体业余电台，国际上常称为俱乐部电台(Club Station)；由业余无线电爱好者本人申请设置并由其本人操作使用的电台称为个人业余电台。目前，全世界共有 300 多万个业余电台，绝大多数是个人业余电台。在任何国家、任何地方，未经国家主管部门批准的无线电发信(包括试验发信)都是被严格禁止的。

9.2 业余无线电的常见业务

作为一种特殊的通信方式，业余无线电具有以下八个方面的业务。

1．本地通信联络

本地通信联络是指业余无线电爱好者通过使用手持电台或车载电台，与本地业余无线电爱好者进行通信联络。这里所说的"本地"往往是业余无线电爱好者所在的城市。本地通信联络一般使用 UHF（超高频）或 VHF（甚高频）。在业余无线电术语中，UHF 也称作 70 cm（波长），VHF 也称作 2 m（波长）。

2．远程通信联络

远程通信联络是指使用短波电台与世界各地的业余无线电爱好者进行通信联络。它是业余无线电爱好者们的一项重要工作。在中国，"短波"泛指 HF（高频），也就是 10～100 m 的波长范围。与我们远程通信联络的业余无线电，可能在本国（如新疆），可能在邻国（如日本），也可能在地球的另一面（如智利），也可能在地图上查找不到的某个岛屿上（如瑙鲁）。因此，远程通信联络比本地通信联络更有乐趣、更有挑战性。远程通信联络的数量与难度是衡量业余无线电专业水平的主要依据。

3．数字通信联络

数字通信联络是指通过专门的软件将电台与计算机连接起来，在业余无线电之间进行信息交换。这种方式既利用了传统的无线电技术，又利用了当代的计算机技术，极大地丰富了业余无线电的内涵。在我国，最常见的数字通信联络方式有三种，分别是无线电传（Radio Tele Type，RTTY）、慢扫描电视（Slow Scan Television，SSTV）和 Packet（数据包），均需要专门软件的支持。

4．在线通信联络

在线通信联络是指将业余无线电技术、计算机技术和网络技术三者结合起来，以实现基于互联网的在线通信联络。在国际上，最著名的网上在线通信联络系统是 IRLP（Internet Radio Linking Project，互联网-电台连接方案）。通过这个方案，世界各地的业余无线电爱好者可以使用普通的手持电台，轻松地与其他区域的业余无线电爱好者进行通信联络。在国内，类似的系统也已投入应用，这为业余无线电爱好者们提供了更为直接和便捷的通信联络。

5．外空通信联络

外空通信联络是指利用业余无线电设备，实现与宇宙空间站上宇航员的通信联络，或以卫星为中继器，进行国际、洲际的远程通信联络。随着通信技术的不断进步，实现外空通信联络已经不再是难题。美国、俄国的宇宙空间站上安装了较多的业余无线电设备。有些宇航员本身就是业余无线电的爱好者，他们会在工作闲暇时间与地球上的业余无线电爱好者们进行通信联络。

6．通信联络竞赛

通信联络竞赛是指世界各地的业余无线电爱好者们经常会开展各种形式的通信联络的竞赛，如全球性的摩斯电码的通信联络竞赛，又如 14 MHz（20 m）的通信联络竞赛等。对于世界各国的业余无线电爱好者们来说，参加各种通信联络竞赛，既可以切磋技艺，又可以增进了解、加深感情。

7. 自制设备

对于广大业余无线电爱好者来说，除各种形式的通信联络之外，另一大乐趣便是自制各种无线电通信设备。业余无线电爱好者们自制的通信设备多种多样，既有硬件的，又有软件的，还有不少是创新性的应用。正是广大无线电爱好者们的不断探索，才使这一领域充满着旺盛的生命力。

8. 应急通信

当发生紧急情况或重大自然灾害时，常规的通信服务经常会受到严重冲击，有时甚至会遭遇全面瘫痪。常规通信面临灭顶之灾时，正是业余无线电系统大显身手之际。在国际上，有很多专门服务于应急通信的业余无线电组织，如美国的业余无线电应急服务团（The Amateur Radio Emergency Service，ARES）是由众多既具有业余无线电资质又拥有通信设备的业余无线电志愿者组成的组织，这些组织专门服务于各类重大事件的应急通信。在我国，业余无线电作为应急通信的重要补充，在各种类型的灾害事故中正发挥出越来越不可替代的作用。

9.3　业余无线电的通信方式

通信是业余无线电的核心职能，从目前国内外的发展进程来看，业余无线电的通信方式主要有以下八种类型。

1. 语音通信

语音通信一般是在短波段采用占用频带较窄的单边带话，简称单边带（Single-side Band，SB）方式，在通信中双方直接利用语言，主要是英语明语以及"通信用 Q 简语"和"缩语"等进行交谈。作为业余无线电的首要功能，语音通信为满足应急业务需求提供了十分重要的支撑。

2. 等幅电报通信（CW）方式

等幅电报通信（Continuous Wave，CW）是通过电键控制发信机产生短信号"．"（点）和长信号"—"（划），并利用其不同组合表示不同的字符，从而组成单词和句子。这种通信方式所需设备最为简单，占用频带也很窄，且发射效率较高，在同等条件下通信距离更远。

3. 无线电传（RTTY）方式

无线电传用"移频键控"（FSK）的方式进行发射，即用键盘进行操作，发出的信号以不同的频率表示"1"或"0"，用若干个"1"和"0"的不同组合代表不同的字符。当进行 RTTY 操作时，调制解调器先把键盘操作产生的字符信息转换成由两个不同频率信号组成的"五位码"，再用这些表示数据"0"或"1"的一串串音频信号通过单边带方式调制发射出去，然后接收端把这些信号还原成字符并在监视器屏幕上显示出来。收、发方轮流操作，就可以进行在线聊天式的交谈。

4. AMTOR 方式通信

AMTOR 方式是业余无线电爱好者们经常采用的一种数字通信方式，具有纠错功能。

AMTOR 是在 20 世纪 80 年代由英国业余无线电爱好者 Peter Matinez 发明的，共有两种通信模式：一种是自动请求重传，也称 Mode A；另一种是前向纠错，也称 Mode B。在 Mode A 下，发送方与接收方之间采用握手协议，以三个字符为一组，组成发送数据包，接收方根据是否接收到数据包对发送方发送确认（ACK）或否认（NAK）信号。ACK 信号表示已经收到全部的三个字符，这样，发送方就可以接着发送下一个数据包了。NAK 信号表示没有正确收到数据包，可能是三个字符都没有收到，也有可能是三个字符中仅收到了一两个，这就要求发送方重新发送数据包。在 Mode B 中，发送方将每个字符发送两次，接收方每隔两个字符对接收到的字符进行校验，确认字符是否一致。如果一个或多个发送方的字符格式是一致的，就显示字符；如果每个字符的格式都不对，则接收方显示或打印出空白或下画线。AMTOR 方式所具有的纠错功能在确保信息传输的完整性和准确性等方面有着较为明显的优势。

5. 无线电传真（FAX）方式

发送端的传真机通过光电转换将文稿图片的黑白信息变成电信号发送出去，接收端再将电信号转换成光电信号，这样从传真机上便可以得到原稿的复制品了。

6. 慢扫描电视（SSTV）方式

慢扫描电视方式即将视频设备所取得的图像经扫描变换器通过无线电发送/接收设备进行传送。由于所用的设备比较简单，是以单张图片为单位进行传送的，速度较慢，因此称为慢扫描电视方式。这种方式不需要复杂的设备就可以进行远程无线电图像的传送，很适合业余无线电爱好者。这种通信方式的设备配置也较为简单，一般只需要笔记本电脑加上自制的接口和一台对讲机即可进行图像通信，因此很受业余无线电爱好者的欢迎。另外，这种方式涉及无线通信技术和图像编辑技术，不仅有技术性，还有艺术性，因而成为众多爱好者切磋技艺的一种方式。

7. 业余卫星通信（AMSAT）方式

业余卫星通信（Radio Amateur Satellite Corporation，AMSAT）是业余无线电与卫星通信结合的一种应用。1961 年 12 月 12 日，全世界的业余无线电爱好者成功地将第一颗业余卫星送上了天，并取了一个美妙的名字——奥斯卡 1 号（Orbiting Satellite Carrying Amateur Radio1，ASCAR 1）。到现在，已经先后有数十颗业余卫星被世界各国的爱好者制成并送入地球轨道，使业余无线电进入了太空时代。

8. 月面无源发射通信（EME）方式

月面无源发射通信（Earth Moon Earth，EME）也称为月球反弹（Moon Bounce），它利用月球这一天然的卫星把地面上发射出去的信号发射到地球的另一个地点。在这种方式中，月球被用作一个被动的卫星。一开始的时候，这种方式被认为近乎天方夜谭，但现在已经变成了现实。这种方式有较为明显的"时延"缺陷，因为月球与地球大概相距约 402 336 km，无线电波从地球传到月球，再从月球传回地球，至少需要 5.4 s 的时间，所以双方的对话并不能做到实时。此外，这种方式还存在信号衰减和信号干扰等问题，在实际应用中也有不少实际困难。

9.4　业余无线电应急通信系统应用案例

业余无线电自问世以来，一直在寻求在各个领域的应用，其中为各类突发性灾害事件的处置提供应急通信支持是一项重要的使命。实际上，在国际、国内的各类重大灾害性事件中，业余无线电已经发挥出了越来越重要的作用，当之无愧地成为应急通信的生力军。本节以业余无线电在"汶川大地震"中的应用为例进行介绍。

发生在 2008 年 5 月 12 日的四川汶川大地震虽已过去多年，但留给人们的记忆仍刻骨铭心，令人永世难忘。地震发生后，常规的各类通信系统在第一时间几乎全军覆没，灾区的通信联络在最紧迫的时刻陷入瘫痪状态。在这紧要关头，全国各地的业余无线电精英们迅速行动，为解决灾区的应急通信燃眉之急提供了重要的支撑，为灾区的抢险救灾做出了十分重要的贡献。

1. 业余无线电的启动

5 月 12 日下午 2:28，地震发生后的瞬间，灾区的移动通信、固定通信陷入瘫痪。正在成都的四川省业余无线电协会总工程师刘虎在下午 2:31 即通过业余无线电控制台进行了地震信息播报，并在 439.225 MHz 和 439.800 MHz 两个频率上形成了应急通信秩序，电话通联井然有序，各种信息迅速传达，参加应急通信的业余无线电爱好者近 200 人，总共收到 100 余条情况报告，很快确认了成都没有重大伤亡，并且在十几分钟内就从各地爱好者的报告中得知震中及省内其他所有震区的位置。这些无线电爱好者在与业余电台的震区取得了联系后，得知汶川及很多重灾区的正常通信已全部中断，于是又立即动员了省内外爱好者携带设备进入震区和交通中断的地区。

2. 业余无线电的运作

5 月 13 日，四川省业余无线电协会秘书长向四川省无线电管理委员会主动请缨，要求成立四川业余无线电应急通信网指挥中心，并以 BY8AA 作为控制台呼号，纳入省抗震救灾指挥系统，对所有参加四川救灾的业余电台进行统一指挥和调度。省无线电委员会当即指示：发挥业余无线电优势，积极支援救灾通信，并同意使用 BY8AA 呼号担任控制台，在不干扰航空通信的前提下，可动用业余频段内的所有频率资源，注意保障免受有害干扰。当天上午，应急通信指挥部组建完成，指挥中心设在成都市锦江区三圣乡现代艺术博物馆，这里既可遮雨，又可在余震中随时向四处撤离。四川业余无线电应急通信网指挥中心分成三个组：指挥组、情报组和后勤组。情报组负责搜集前线传来的情报，整理得出救援需求，交给指挥组调度业余无线电爱好者前往；后勤组为派往灾区的值班电台提供后勤保障。

为了尽快恢复各地的通信，各大无线通信设备经销商、运营商和通信管理局等有关单位全部出动，但是技术人员出现了很大的缺口，因此指挥中心又从省内外调集了多批技术全面的业余无线电爱好者前往支持。各种专业通信网建立后，业余无线电爱好者们的主要工作又转向了为志愿者的行动及救援物资调度等提供通信服务。

四川省业余无线电协会在地震发生后迅速响应，成立应急通信网指挥中心，以 BY8AA 为控制台呼号，统一指挥救灾业余电台。四川省无线电委员会支持该行动，并允许在不干扰航空通信的前提下使用业余频段频率资源。应急通信指挥部在成都市锦江区设立,分为指挥、情报和后勤三个组,分别负责调度、情报搜集与后勤保障。面对技术人员缺口,指挥中心从省内外调集业余无线电爱好者提供技术支持。随着专业通信网的建立,业余无线电爱好者转向为志愿者行动和救援物资调度提供通信服务。

中国无线电协会发布通知,号召业余无线电爱好者参与抗震应急通信,要求爱好者配合救灾部门,提供通信服务,监听短波电台常用频率,向灾区电台提供援助,并及时上报灾情。该通知得到广泛响应,业余无线电爱好者积极参与救灾,展现出无私的奉献精神。

深圳通信工程师尹本勋等携带通信设备及物资增援成都。各地业余无线电爱好者无偿提供设备,甚至开动越野车前往灾区,架设应急通信中转站,参与运送物资和伤员。应急指挥中心迂回成都后,面对设备短缺困难,业余无线电爱好者们调配资源,并向全国发出援助征集令,在短时间内便募集到了所需通信设备和天线。河南户外联盟救援队等专业队伍携带通信装备进入灾区,北川县城架设通信中继,覆盖半径 25 km,为救灾指挥中心提供关键信息,同时进行抢险救援,显示了业余无线电在应急救灾中的重要作用和技术价值。

3. 业余无线电保证应急通信的成效

到 5 月 17 日,业余无线电在地震抢险救灾的黄金时刻取得了显著的成效。据统计,电台值班联络日志上的记录就多达 300 多页,仅在日志上出现的业余无线电爱好者人数就多达 1900 余名;投入的各类通信设备超过 6000 台(套),参与调动车辆 8000 余台次,转运伤员近万名,成为应急抢险救援的重要生力军。5 月 17 日后,四川业余无线电应急通信网已完成了前线支持和应急通信等主要任务,任务重点调整为灵活调度支援二线骨干城市之间的运输和通信。从中不难看出,业余无线电在灾害发生后常规通信手段瘫痪直至恢复的这一段空档期,有着十分重要的功效,而且因为是民间力量,所以反应更为及时,速度也更为快捷,功不可没。

当然,与发达国家相比,我国的业余无线电在规模、装备及制度规范等方面还存在不小的差距,但成千上万名业余无线电爱好者在汶川地震中的出色表现,充分展示出了业余无线电在应急通信中的独特地位和美好前景。我们必须予以高度重视,并采取各种得力有效的措施使业余无线电成为我国应急通信的生力军。

作为应急通信领域的一支非主流队伍,在我国的应急通信体系中,业余无线电在一定程度上还处于边缘化的地位,应有的作用尚未得到充分的发挥。从国际、国内业余无线电在应急通信中发挥的作用来看,我国的业余无线电尚有较大的潜力可以挖掘,政府主管部门一方面要加强对各类业余无线电组织和人员的管理和引导,另一方面要积极创造条件为业余无线电组织和人员更好地参与应急通信的实践提供保障。

9.5 本章小结

本章主要介绍了业余无线电应急通信及其特点,业余无线电常用网络形式与分类,介绍了一个业余无线电在应急通信中的典型应用案例。从国际、国内业余无线电在应急通信中发挥的作用来看,我国的业余无线电尚有较大的潜力可以挖掘。

习　题

9.1　什么是业余无线电？

9.2　设立业余无线电系统必须符合哪些原则？

9.3　业余无线电的通信方式有哪些类型？

9.4　业余无线电应急通信有什么特点？

9.5　结合书中案例，举一个你知道的最新业余无线电应急通信案例并分析之。

第 10 章

应急通信新技术

应急通信涉及的内容是多方面的,应急通信技术及其相关技术的发展也在与时俱进。本章介绍无线传感器网络、GIS(Geographic Information System,地理信息系统)应急通信系统、云计算和智能信息处理技术以及无人机技术等在应急通信中的应用。

10.1 无线传感器网络

无线传感器网络是集传感器技术、微机电技术、无线通信与网络技术于一体,对覆盖范围内感知对象进行无人值守的信息采集、传输和处理的网络。

10.1.1 无线传感器网络概述

无线传感器网络由多个传感节点通过自组织方式组网,周期性或连续性地采集感知对象的信息,并以多跳中继方式发送给无线传感器网络的汇聚节点,再经汇聚节点将网络内所有被感知对象的信息发送给外部网络。可见,无线传感器网络是一种特殊的自组织网络,主要具有以下特点:

(1)组建方式自由。无线传感器网络的组建不受任何外界条件的限制,组建者无论在何时何地,都可以快速地组建起一个功能完善的无线传感器网络,组建成功之后的维护管理工作也完全在网络内部进行。

(2)网络拓扑结构不确定。从网络层次的方向来看,无线传感器的网络拓扑结构是变化不定的,例如,构成网络拓扑结构的传感器节点可以随时增加或者减少,网络拓扑结构图可以随时被分开或合并。

(3)控制方式不集中。虽然无线传感器网络把基站和传感器的节点集中控制了起来,但是各个传感器节点之间的控制方式仍是分散式的,路由和主机的功能由网络的终端实现,各个主机独立运行、互不干涉,因此无线传感器网络的强度很高,很难被破坏。

(4)安全性不高。由于无线传感器网络采用无线方式传递信息,因此传感器节点在传递信息的过程中很容易被外界入侵,从而导致信息的泄露和无线传感器网络的损坏,加上大部分无线传感器网络的节点都是暴露在外的,这大大降低了无线传感器网络的安全性。

10.1.2　无线传感器网络的组成

无线传感器网络主要由节点、传感网络和用户这三大部分组成。其中，节点一般是通过一定方式布置在一定区域，以满足监测的范围；传感网络是最主要的部分，它对所有的节点信息通过固定的渠道进行收集，然后对这些节点信息进行一定的分析计算，并将分析后的结果汇总到基站，最后通过卫星通信传输到指定的用户端，从而实现无线传感的要求。

10.1.3　无线传感器网络的信息安全

由于无线传感器网络使用无线通信，其通信链路不像有线网络一样可以做到私密可控，因此在设计传感器网络时，更要充分考虑信息安全问题。手机 SIM 卡等智能卡利用公钥基础设施(Public Key Infrastructure, PKI)机制，基本满足了电信等行业对信息安全的需求。同样，亦可使用 PKI 来满足无线传感器网络在信息安全方面的需求。

无线传感器网络的信息安全主要体现在以下六方面。

(1) 数据机密性。数据机密性是重要的网络安全需求，要求所有敏感信息在存储和传输过程中都要保证其机密性，不得向任何非授权用户泄露信息的内容。

(2) 数据完整性。有了机密性保证，攻击者可能无法获取信息的真实内容，但接收者并不能保证其收到的数据是正确的，因为可能在中间节点截获、篡改和干扰信息。通过数据完整性鉴别，可以确保数据传输过程中没有任何改变。

(3) 数据新鲜性。数据新鲜性是强调每次接收的数据都是发送方最新发送的数据，以此杜绝接收重复的信息。保证数据新鲜性的主要目的是防止重放(Replay)攻击。

(4) 可用性。可用性要求传感器网络能够随时按预先设定的工作方式向系统的合法用户提供信息访问服务。然而，攻击者可以通过伪造和信号干扰等方式使传感器网络处于部分或全部瘫痪状态，破坏系统的可用性，如拒绝服务(Denial of Service, DoS)攻击。

(5) 鲁棒性。无线传感器网络具有很强的动态性和不确定性，包括网络拓扑的变化、节点的消失或加入、面临各种威胁等。因此，无线传感器网络对各种安全攻击应具有较强的适应性，即使某次攻击行为得逞，鲁棒性也能使攻击的影响最小化。

(6) 访问控制。访问控制要求对访问无线传感器网络的用户身份进行确认，确保其合法性。

根据网络层次的不同，无线传感器网络容易受到的攻击可以分为四类。

(1) 物理层攻击。主要的攻击方法为拥塞攻击和物理破坏。

(2) 链路层攻击。主要的攻击方法为碰撞攻击、耗尽攻击和非公平竞争。

(3) 网络层攻击。主要的攻击方法为丢弃和贪婪破坏、方向误导攻击、黑洞攻击和汇聚节点攻击。

(4) 传输层攻击。主要的攻击方法为泛洪攻击和同步破坏攻击。

10.1.4　无线传感器网络技术在应急通信指挥中的应用

无线传感器网络技术主要用于在现场提供无人值守时感知对象的信息，这些信息能够作为应急通信指挥的重要决策依据，主要包括监测预警信息上传和应急远程控制。

1. 监测预警信息上传

事前，利用预先部署的无线传感网络感知各类事件信息，对事态的发展进行主动预测，并保证紧急信息触发的传感节点及时有效地发送预警信息。

事中，利用飞行器搭载传感器，并空投至单兵、车辆等无法进入的现场，快速部署并完成信息采集、传输、处理等应急处置工作，实现现场多参数的实时采集、传输、快速处理以及定位等功能，为指挥决策提供支持。

2. 应急远程控制

通过对现场的传感节点进行应急远程控制，如信息采集周期、节点休眠、节点唤醒等操作，可以提高对事件发生区域的信息采集精确度，并保证紧急事件信息优先上传。

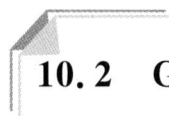

10.2 GIS 应急通信系统

GIS 应急通信系统即结合 GIS 技术的应急通信系统，它是一种功能强大的现代化救援工具，能够在紧急情况下为救援人员提供准确、及时的信息支持，提高救援效率和安全性。随着技术的不断发展，该系统将在未来的应急救援中发挥出更加重要的作用。

10.2.1 GIS 应急通信系统的基本概念

GIS 是一门地理学、地图学、信息学、管理学等多学科交叉的学科，是描述、存储、分析和输出空间信息的理论和方法。同时，GIS 又是一个以地理空间数据库为基础，采用地理模型分析方法，适时提供多种空间和动态地理信息，为地理研究和地理决策服务的计算机技术系统。

GIS 系统按其内容，主要分为专题地理信息系统（Thematic GIS）、区域信息系统（Regional GIS）和地理信息系统工具（GIS Tools）或地理信息系统外壳三大类。GIS 系统按其构成，主要分为计算机硬件系统、计算机软件系统、地理数据（或空间数据）和系统管理操作人员四部分。

GIS 是应急指挥系统的重要辅助决策支持系统，它通过对地形地貌、人员和物体等目标的地理位置、空间距离等多种应急信息（如地图、影像、多媒体等）进行可视化的交互显示，能够加快应急处置，如对突发事件的了解、危机判断、决策分析、预警预测、命令部署、模拟演练、联动指挥等。

10.2.2 GIS 应急通信系统的体系架构

GIS 应急通信系统的体系可分为五个部分：空间信息平台、公共数据接口层、GIS 通用功能层，专业应用分析层和决策支持系统。

1. 空间信息平台

空间信息平台包括 GIS 系统建立的具有空间信息的矢量数据和专题图件栅格数据，以及遥感动态系统采集的具有空间信息的遥感影像数据、属性数据和多媒体数据等。

2. 公共数据接口层

公共数据接口层是整个系统的各个子系统实现集成的关键和基础。它以灵活的方式与数据库管理系统连接，通过连接管理数据，能为下一层提供基本的数据组织形式。各类输入数据的处理与各类空间查询(分层检索、定位检索、区域检索、条件检索、空间关系检索等)应属于此层。公共数据接口层能屏蔽数据格式及其访问技术。当数据库格式发生改变时，只需对该层做相应的改动即可。

3. GIS 通用功能层

GIS 通用功能层在不考虑应用的基础上，可以抽象地实现一些地理信息系统的基本、通用的功能，为下一层提供通用的功能模块。缓冲区分析、网络分析、DEM 分析、图层叠置分析等属于此层。此层不能直接访问数据库，需要通过公共数据接口层来访问数据。此层作为 GIS 的核心部分，其成员对象应有良好的扩充性、稳定性，便于功能的扩充以及与行业逻辑层的对接。

4. 专业应用分析层

在继承通用功能层的基础上，专业应用分析层针对应急指挥中心管理和决策的需求，开发专业应用模块，如虚拟现实、综合查询、分析决策等。

5. 决策支持系统

决策支持系统利用空间信息平台和各种专业应用为高层管理决策人员提供辅助决策功能。该系统将各个专业应用模块的信息进行综合处理，提供更高层的决策信息。

10.2.3　GIS 应急通信系统的主要功能

GIS 应急通信系统为其他子系统提供了基础平台，同时也与其他子系统的数据库之间具有良好的接口，可实现各子系统的集成，使各子系统计算分析的结果真正成为决策的基础。GIS 应急通信系统包括以下 7 种功能。

1. 紧急响应指挥

当区域处于紧急情况时，相关单位能快速反映情况发生的准确位置、边界、受影响的人口、损失以及应急资源和措施。

应急指挥部门在遇到大量突发事件的调度问题时，首先通过用 GIS 应急通信系统做出详细地图，再将地图的拷贝转给值班人员，然后统一协调各职能部门的行动，这样在大多数情况下，突发事件发生后的几小时内便能解决问题或缓解压力。

2. 突发事件监控

当突发事件发生时，如果不能及时准确地掌握信息，就会严重影响指挥人员的正确决策。应急监控系统可以准确地图示突发事件的空间分布，这能为突发事件空间查询与专题分析、突发事件趋势分析和突发事件空间分析等提供数据基础。

3. 环境监控

环境监控包括环境监测和环境管理，并对所采集的数据进行信息查询与统计，从而采取相应措施，进行污染事故、环境灾害的处理等；在现有基础数据(空间数据与属性数据)

的基础上，给予合理假设条件，进行重大污染事故区域预警，采取有效的措施预防以应对可能发生的重大环境污染、环境灾害事故，减少或避免环境污染。

基于 GIS 应急通信系统不但能够直观地显示地区的环境监测点、污染源，对其详细情况进行简单查询，而且能实时反映地区大气污染、水污染、环境噪声等状况，并进行合理的监测分析，利于区域环境保护。GIS 应急通信系统的建设可帮助环保部门解决以下问题：

（1）将地理信息与属性信息有机地结合在一起，既实现了传统的数据查询，又引入了图示查询，满足了用户各方面的要求。

（2）将地理信息与监测数据结合在一起，提出了基于 GIS 的新的环境质量状况评价方法，既能更真实地反映整体的环境质量状况，也能为环境质量的改善提供决策依据。

（3）在现有基础数据与监测数据的基础上，进行合理的假设（给出较大可能性的一些假设条件），预知可能发生的环境污染、环境灾害等，从而为环境治理提供更好的决策支持。

（4）通过深入地评价功能，且全面考虑高度、气象情况及时间因素的动态真三维环境质量模拟及评价系统，可更有效地利用在地图数据库中录入的地形数据。

4. 资源管理/调度

通过 GIS 应急通信系统，指挥人员可利用电子地图直接查询区域内的信息，如建筑情况、人口情况、医疗资源、救护资源、护理能力的分布情况，以及各医疗机构的床位、转运能力、专业医生、护理能力、诊疗设备、救治药品、防护设施等信息。如果有一些特殊情况，可在电子地图上方便地进行修改、调整。

利用计算机和地理空间信息产品的相关特性，资源管理的主要功能包括：图形编辑和属性编辑，视图控制和综合查询，统计分析，图形和属性输出。

利用电子地图，采用空间信息技术手段可以帮助指挥人员提高资源管理/调度能力。运用空间信息技术的手段，系统可根据位置进行资源分配，加快资源调度速度。储运部门可根据位置合理调度运力资源，缩短运输时间。

5. 信息检索

GIS 系统可以通过专题图和统计图的形式将区域（城市）突发事件的发展过程清晰地展现在决策者面前，让其方便地找出最新问题、问题原因以及解决问题的措施。

以往的做法是通过数据库查询得到多个数据表格，在这些表格的基础上做各种分析，这样做既繁琐，分析结果又不直观。而利用 GIS 系统的地图信息技术，用户可以在一幅地图上看到所有下属单位的地理分布位置，通过简单的操作就可以查看各单位相关的数据，而且可以把这些来源于不同数据表中的数据通过 GIS 产品的专题分析功能全面地、多样化地反映在地图上。

6. 电子沙盘

信息化指挥中使用的电子沙盘可以实现军事地图系统的手控移动、放缩、旋转和二/三维切换等基本操作，并可以将电子地图推演与监控系统、作战值班系统、资料查询等与计算机、网络、实时视频信号进行协同操作，实现基于信息化的综合演练。

7. 实时标注

指挥者通过手动或其他辅助工具可对屏幕显示的三维地图进行放大、缩小、漫游、拖拉、写字、画圈、标注等操作，这些操作可保存或擦除。

10.2.4　GIS 辅助决策系统

作为应急指挥体系的重要组成部分，GIS 辅助决策系统能够为决策者提供两方面的重要支持，其一是能够实时了解紧急事件的信息，其二是有相应的辅助工具来支持领导的决策。

GIS 辅助决策系统是以地理信息为基础，结合其他业务系统的数据，利用空间信息平台和各种专业应用为各级领导提供不同层面的数据图形化展现，为指挥员提供决策的依据的系统。它能帮助用户通过空间数据、应用模型、软件工具和专家知识对一个与空间有关的问题作出决策并选择最好的解决方案。

GIS 辅助决策系统主要用于事件现场地理环境分析和辅助决策，可辅助指挥员完整、准确、快速地分析环境地理要素，从而提供科学的决策支持。

10.2.5　GIS 技术在应急通信中的应用

在消防通信指挥系统的建设和运转过程中，GIS 技术有着不可替代的应用价值，用好这一技术手段已经成为提高消防工作质量和指挥成效的关键措施。把 GIS 技术应用到消防通信指挥系统当中的必要性主要体现在以下几个方面。

（1）消防事业发展的内在需求。经济事业的快速发展，推动了生活水平的提高，也带来了建筑物数量和规模的日益增加，更推动了城市化和城镇化建设。人们在享受经济事业发展带来诸多便利条件的同时，也开始面对大量接踵而至的社会问题，尤其是各类灾害事故频发，威胁到了人们生命与财产安全。对此，各级政府必须提高对消防事业的重视程度，加大消防信息化建设力度。消防通信指挥系统是整个消防信息化建设系统工程的有机构成部分，在系统建设当中引入 GIS 技术，可以为消防队伍建立迅速反应机制，迅速精准把握消防地理信息，从而为消防现场作战争取时间。

（2）消防技术升级的需要。把 GIS 技术应用到消防通信指挥系统当中，可以让指挥员迅速接收消防地理信息，剖析灾害地点周围的详细数据信息，并结合获得的分析结果制订有效的救援方案，恰当运用针对性强的消防手段提高消防工作的整体效果。进一步助推消防技术升级，就要用好这一技术手段，在科技辅助之下助推消防事业的稳步发展。

GIS 技术在消防通信指挥系统中可以应用在查询相关地理信息、协助制订消防预案、有效定位救援车辆、助推消防信息化建设以及集成处理消防信息五方面。

1. 查询相关地理信息

GIS 在应用和系统方面已经积累了丰富的矢量电子数字地图数据，这些数据涵盖了道路、消防站点、消防设施等关键信息数据库。利用数据库的强大功能，我们能够迅速获取灾害地点及其周边建筑区域的实际情况，了解消防栓的具体分布、行政区划、水源分布等相关情况。这些信息的报告以及综合研究，能够给接下来的救援带来多方面的资源支持。还可以把道路交通和重点保护单位的分布情况纳入消防通信指挥系统的把控范围，能够为减少损失和影响范围创造良好条件。

2. 协助制订消防预案

GIS 系统涉及大量的卫星搜索收集得到的实时性的、动态的地理信息，能够给消防通信指挥工作的推进提供数据和资源方面的支持和保障。丰富的信息数据库资料能够让指挥人员把握灾害事故发生点的周围信息，做好信息的规律性组合。该系统有着很强的精准性以及智能化特征，可以在组合的诸多信息支持之下获得最近和最为省时的救援路线。与此同时，该系统还能够确定出离灾害事故发生点最近救援力量的分布情况，这样就可以确定出救援出动装备与人员力量的分配，获得最佳救灾预案，及时处理灾害事故。

3. 有效定位救援车辆

GIS 技术是非常典型的集成联动性技术手段，除能够基于卫星系统归纳收集大量信息资源之外，还能够进行信息的接收与反馈。可以在消防车辆上安装 GPS 系统，以便有效确定消防车辆的位置，判断并评价消防车辆和灾害事故发生点的距离，然后把这些信息反馈给消防指挥员，使其能够动态标注并跟踪消防车辆行驶情况。在处理大型灾害事故时，可联动调动消防车辆救援，并利用定位技术了解消防车辆是否依照正确路线行进，一旦发现路线行进有误就能够立即进行反馈和纠正。如今，这类应用已经实现了常态化，从中也可以体现出 GIS 技术在整个消防通信指挥系统当中不可忽视的反馈指挥能力以及定位跟踪能力。

4. 助推消防信息化建设

在实际的消防接警当中，GIS 技术的运用已经达到了常态化的发展阶段，技术的成熟度在日益提高，在反馈灾情方面的优势越来越明显，不仅可以及时接通信息，还可以在技术支持之下做好针对灾情的应急处理、科学决策，增加数据准确度。这样消防指挥通信系统人员在获得这些信息之后，就可以迅速作出反应，通过判断与计算确定要分配的消防车辆以及救援人员人数，给出最佳的行进路线。GIS 技术的运用有助于推动消防控制体系信息化建设，顺应信息化时代发展要求。

5. 集成处理消防信息

在处理消防事件时，GIS 可以准确反馈显现出地图上的灾害区域与分布情况，对数据进行整合，整理成的信息数据能够为接下来的救援方案制定奠定基础，尽可能地降低灾害的破坏性，最大限度地减少人员生命和财产损失。与此同时，可以基于 GIS 技术构建灾害事故隐患信息管理系统，也就是把各类灾害事故多发地点或者是有可能发生某类灾害事故的地点录入预警系统并做好系统管理。在这些信息的支持之下，可以方便做好科学决策与评价工作，提前预测突发性灾害，方便有关部门开展督查。

10.2.6 GIS 发展趋势

为满足不断涌现的指挥应用新需求，GIS 主要具有以下发展趋势。

（1）利用真实的三维 GIS（即空间、时间、属性）技术增强和扩展传统的二维 GIS 功能，例如，支持真三维的矢量和栅格数据模型以及以此为基础的三维空间数据库等。

（2）利用 Web GIS 技术，实现在 Web 上发布空间数据，供用户浏览和使用。

（3）将 GIS 与人工智能技术结合，提高 GIS 的智能性，增强其应用模型的分析能力。

（4）GIS、GPS 和 RS 的进一步集成应用称为 3S，构成一个整体、实时、动态的对地观测、分析和应用的运行系统。3S 的相互作用与集成如图 10.1 所示。RS 和 GPS 向 GIS 提供或更新区域信息以及空间定位，GIS 进行相应的空间分析，以便从 RS 和 GPS 提供的海量数据中提取有用信息并进行综合集成，作为决策的重要依据。

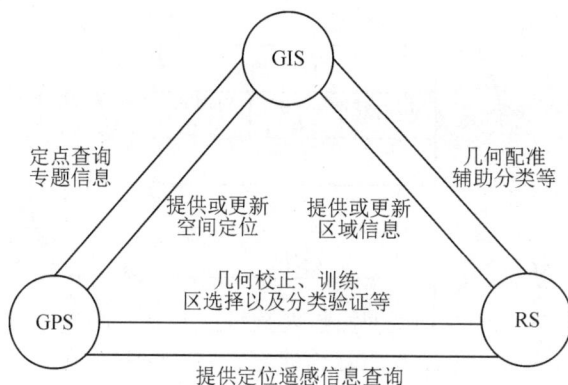

图 10.1　3S 的相互作用与集成

10.3　云计算和智能信息处理技术

云计算和智能信息处理技术是以计算和存储为核心的、具有一定智能特征的信息技术，但二者存在较大差异。例如，云计算是一种具备线性计算扩展能力的新系统和新架构；智能信息处理是一种关于信息的智能软处理、软计算的基础理论。

为满足随时随地的计算和存储、智能辅助决策等特殊的应急通信指挥需求，基于云计算和智能信息处理技术构建新型的应急通信指挥系统，在充分发挥专家队伍和专业人员作用的同时，可以进一步提升应对突发事件的决策水平和指挥能力。

10.3.1　云计算技术与应用

1. 云计算概述

云计算（Cloud Computing）是网格计算（Grid Computing）、分布式计算（Distributed Computing）、并行计算（Parallel Computing）、效用计算（Utility Computing）、网络存储（Network Storage）、虚拟化（Virtualization）、负载均衡（Load Balance）等技术的发展，或者说是这些计算机科学概念的商业实现，构成了一种新兴的商业计算模型。它将计算任务分布在大量计算机构成的资源池上，使各种应用系统能够根据需要获取计算、存储空间和各种软件服务。提供资源的网络资源池被称为"云"，"云"中的资源在使用者看来是可以无限扩展的，并且可以随时获取，按需使用，按使用情况付费。狭义云计算是 IT 基础设施的交付和使用模式，指通过网络以按需、易扩展的方式获得所需的资源。广义云计算是服务的交付和使用模式，指通过网络以按需、易扩展的方式获得所需的服务，这种服务可以是 IT 和软件、互联网相关的任意其他的服务，它具有超大规模、虚拟化、可靠、安全等特点。

在云计算中，根据其服务集合所提供的服务类型，整个云计算服务集合划分为 4 个层次：应用层、平台层、基础设施层和虚拟化层。4 个层次中，每一层都对应着一个子服务集合，云计算的服务栈结构如图 10.2 所示。

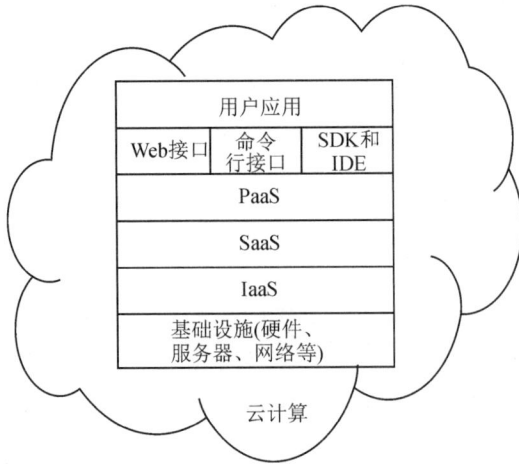

图 10.2　云计算的服务栈结构

1）SaaS

软件即服务（Software-as-a-service，SaaS）是云计算领域发展最成熟、应用最广泛的服务。它是一种通过互联网为用户提供软件及应用程序的服务方式。由于基于 SaaS 的软件只有在用户需要时才被使用，SaaS 也被称为"按需"软件。SaaS 模式大大降低了软件，尤其是大型软件的使用成本，并且由于软件是托管在服务提供商服务器上的，减少了客户的管理维护成本，可靠性也更高。对普通用户而言，他们主要面对的是 SaaS 这种服务模式。几乎所有的云计算服务最终的呈现形式都是 SaaS。

2）PaaS

平台即服务（Platform-as-a-Service，PaaS）是把计算环境、开发环境等平台作为一种服务提供的商业模式。云计算服务提供商可以将操作系统、应用开发环境等平台级产品通过 Web 以服务的方式提供给用户。通过 PaaS 服务，软件开发人员可以在不购买服务器的情况下开发新的应用程序。

3）IaaS

基础设施即服务（Infrastructure-as-a-Service，IaaS）是把数据中心、基础设施硬件资源通过 Web 分配给用户使用的商业模式。IaaS 领域最引人注目的例子就是亚马逊公司的弹性云（Elastic Compute Cloud）。值得一提的是，IaaS 服务很好地实现了云计算按需付费的理念，通过"弹性云"，用户可只在需要时才接入这些基础设施资源，并只打开自己使用的部分。

事实上，SaaS、PaaS、IaaS 这三个领域的界限并不是想象得那么清晰，它们之间存在很多交叉。大多数云计算服务提供商并不是只提供某一种服务。基础设施即服务是用户可使用的虚拟化的计算资源、存储资源和网络资源，允许用户以"瘦客户"的形态存在，并按照用户需求动态分配各种资源。平台即服务是面向软件开发人员的"云中间件"资源，如操作系统、数据库等，便于为用户开发定制化的应用。软件即服务是用户可使用的定制化的软件，即软件提供方根据用户的需求，将软件或应用通过租的方式提供给用户使用。用户通过 Web、命令行、软件开发工具包（Software Development Kit，SDK）和集成开发环境

(Integrated Development Environment，IDE)等标准接口实现各种应用的使用和开发。

2.　云计算关键技术

云计算涉及的关键技术有很多，无论是通信、存储、计算，还是资源管理、调度、计费等，都是值得深入研究的问题。从云计算"以数据为核心按需提供服务"的角度来看，虚拟化技术、数据存储和管理技术、Web 服务与 SOA 及并行编程模型是研究过程中的重点和难点。

1）虚拟化技术

在 IT 领域，虚拟化技术用于对计算机物理资源进行抽象。其可使多个操作系统在计算机上同时运行，每个操作系统及应用构成一个虚拟机，所有虚拟机共享计算机（物理主机）硬件资源。由于云计算将数据中心 IT 资源虚拟化成虚拟资源池，因此虚拟化技术被广泛用于云计算。

2）数据存储和管理技术

云计算采用大量分布的存储单元存储海量数据。通过虚拟化技术、冗余存储等方式保证数据的低成本、高性能及高可用性。当前，采用数据存储技术的系统主要有 Google 的 Google 文件系统、Hadoop 团队所开发的 Hadoop 分布式文件系统。

3）Web 服务与 SOA

云计算服务分为数据密集型服务和 Web 服务两类。SOA 是面向服务体系架构，该架构将应用程序的不同功能单元（服务）通过这些服务间定义的接口联系起来。对云计算 Web 服务而言，使用 SOA 架构，可将 SOA 扩展到企业防火墙以外并延伸到云计算提供商，以获得 SOA 监控、范围延伸等优势。

4）并行编程模型

Web 2.0 的诞生使互联网信息呈几何式增长，如搜索引擎、在线处理等系统处理的网络数据规模越来越大。因此，云计算提供的编程模型应该简单化，以便编程人员能充分利用云计算提供的资源。Map/Reduce 编程模型是一个具有良好性能的并行处理模型。当前，Google 公司使用 Map/Reduce 编程模型发挥 Google 文件系统集群性能。

3.　云计算的特点

云计算的特点包括超大规模、虚拟化、高可靠性、通用性、高可扩展性、按需服务、低使用成本及有潜在危险性。

1）超大规模

"云"具有相当的规模，Google 云计算已经拥有 100 多万台服务器，Amazon、IBM、微软、Yahoo 等的"云"均拥有几十万台服务器。企业私有云一般拥有数百上千台服务器。"云"能赋予用户前所未有的计算能力。

2）虚拟化

云计算支持用户在任意位置使用各种终端获取应用服务。所请求的资源来自"云"，而不是固定的有形的实体。应用在"云"中某处运行，但实际上用户无需了解、也不用担心应用运行的具体位置。只需要一台笔记本或者一部手机，就可以通过网络服务来实现用户需要的一切，甚至包括超级计算这样的任务。

3）高可靠性

"云"使用了数据多副本容错、计算节点同构可互换等措施来保障服务的高可靠性，使用云计算比使用本地计算机可靠。

4）通用性

云计算不针对特定的应用，在"云"的支撑下可以构造出千变万化的应用，同一个"云"可以同时支撑不同的应用运行。

5）高可扩展性

"云"的规模可以动态伸缩，满足应用和用户规模增长的需要。

6）按需服务

云计算能够实现按需付费，这主要得益于其服务模式和底层技术架构的先进性。资源池化和多租户架构使大量计算资源得以集中管理和共享，配合自动化管理工具，可以高效地根据用户需求动态分配资源。计量计费系统的精确度量和弹性伸缩能力让用户只为实际使用的资源付费。服务等级协议确保了用户获得符合预期的服务水平。模块化服务和简化的定价模型提高了成本的可预测性和可控性。规模经济和技术进步降低了服务成本，使用户享受到更具成本效益的服务。

7）低使用成本

由于"云"的特殊容错措施可以采用低价的节点来构成，"云"的自动化集中式管理使大量企业无需负担日益高昂的数据中心管理成本，"云"的通用性使资源的利用率较传统系统大幅提升，因此用户可以充分享受"云"的低成本优势，经常只要花费几千人民币、几天时间就能完成以前需要十几万人民币、数月时间才能完成的任务。云计算可以彻底改变人们未来的生活，但同时也要重视环境问题，这样才能真正为人类进步做贡献，而不是简单的技术提升。

8）潜在危险性

云计算服务除提供计算服务外，还提供了存储服务。但是云计算服务当前垄断在企业手中，而他们仅仅能够提供商业信用。政府机构、商业机构（特别像银行这样持有敏感数据的商业机构）选择云计算服务时，应保持足够的警惕。一旦商业用户大规模使用私人机构提供的云计算服务，无论其技术优势有多强，都不可避免地让这些私人机构以"数据（信息）"的重要性挟制整个社会。对于信息社会而言，"信息"是至关重要的。另一方面，云计算中的数据对于数据所有者以外的其他用户云计算用户是保密的，但是对于提供云计算的商业机构而言确实毫无秘密可言。所有这些潜在的危险，是商业机构和政府机构选择云计算服务、特别是国外机构提供的云计算服务时，不得不考虑的重要因素。

4. 云计算技术在应急通信指挥中的应用

为满足随时随地的计算和存储、智能辅助决策等特殊的应急通信指挥需求，基于云计算和智能信息处理技术构建新型的应急通信指挥系统，可以进一步提升应急通信指挥能力。

云计算技术在应急通信指挥中主要应用于随时随地的应急信息存储、获取与处理以及应急信息的安全保障。云计算在应急通信指挥中的应用如图 10.3 所示。

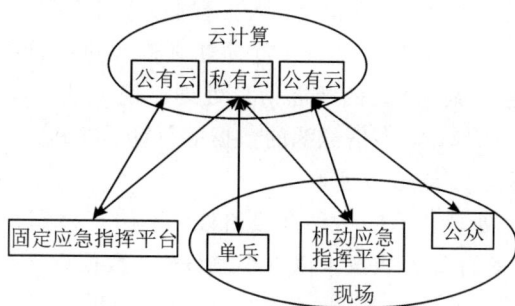

图 10.3　云计算在应急通信指挥中的应用

图 10.3 展示了云计算技术在应急管理领域的应用架构，涉及不同类型的云服务和应急指挥平台。在这一架构中，公有云作为服务提供的基础，可以被公众和各类应急响应团队访问和利用。公有云提供的资源和服务支持固定应急指挥平台的稳定运行，这个平台通常部署在指挥中心，负责协调和决策。同时，公有云也支持机动应急指挥平台，这类平台具有高度的移动性，能够迅速部署到灾害现场或其他需要快速响应的地点。

除了固定和机动的应急指挥平台，云计算还为单兵设备提供支持，这些设备包括便携式计算机、智能手机或其他现场使用的智能设备。单兵设备利用云计算服务实现数据收集、传输和实时通信，增强了现场应急响应能力。

1）基于云计算技术的应急信息存储、获取与处理

应急人员利用授权云终端，按需存储、获取现场和异地的应急信息，随时随地进行应急处置。另外，将智能信息处理技术引入云计算系统中，提供非精确性的不确定计算方法，能够增强系统完成指数级复杂问题计算的能力。

2）基于云计算技术的应急信息安全保障

云计算包括"公有云"和"私有云"。"公有云"面向所有用户；"私有云"面向授权的应急处置部门及相关应急处置人员，共享安全保密信息。

10.3.2　智能信息处理技术与应用

本节对智能信息处理技术的基本情况与特点进行介绍。

1. 智能信息处理技术概述

智能信息处理是一门交叉学科，涉及生物工程、仿生学、人工智能、人工生命科学、计算机科学、信息论、应用数学等，是多种学科相互结合和渗透的产物。智能信息处理主要面对的是不确定性系统和不确定性现象信息的处理问题，通过智能的软处理、软计算技术来弥补硬件系统在逻辑推理、模糊信息处理、并行计算、自适应信息处理等方面的不足。

智能信息处理的核心是"智能"，它包括三个层次，即生物智能、人工智能和计算智能。生物智能（Biological Intelligence，BI）是由人脑的物理化学过程反映出来的，基础是有机物。人工智能（Artificial Intelligence，AI）是非生物的、人为实现的，常用符号表示，基础是人的知识精华和传感数据。计算智能（Computational Intelligence，CI）是由数学方法和计算

机软件实现的,基础是数值计算和传感数据。

传统意义上的智能信息处理(生物智能、人工智能)通过模仿人或者自然界其他生物处理信息的行为,采用串行的工作程序按照一定的规则逐步进行计算、处理和控制等操作。随着信息通信技术的快速发展,传统的智能信息处理已经无法适应海量信息的实时性、可靠性和智能性处理需求,例如,对多信号源的数据的自动、准确、无冗余的提取;预输入的专家知识对多领域的知识发现能力不足等。

计算智能是智能信息处理技术的一种高级阶段,采用了模糊计算、神经计算、进化计算、混沌计算、分形计算等计算智能技术以及小波分析、数据融合等信息处理方法,能够克服传统的智能信息处理技术的不足,实现自适应、并行、高度非线性的智能信息处理。

2. 智能信息处理技术的特点

智能信息处理技术具有处理对象的不确定性、处理手段的多样性和处理智能体的互通性三大特点。

(1) 处理对象的不确定性。智能信息处理的对象是不确定性系统和不确定性现象信息。

(2) 处理手段的多样性。智能信息处理技术是模糊逻辑、神经网络、遗传算法、小波变换、粗集理论、数据挖掘、信息融合、混沌与分形理论与技术等多种手段的综合与集成,因而具备这些技术的处理手段。

(3) 处理智能体的互通性。智能信息处理的智能体不能在现实环境中单独存在,多个智能体通过网络相互通信并协同工作。

3. 智能信息处理技术在应急通信指挥中的应用

智能信息处理技术在应急通信指挥中主要用于决策支持系统和视频智能分析系统等。

1) 决策支持系统

基于智能信息处理技术的决策支持系统能够及时发现和预警异常事件,并在较短的时间内形成应急处置方案,为时效性和科学性相统一的应急通信指挥提供辅助决策支持。

2) 视频智能分析系统

与只"监"不"控"的传统视频监控系统相比,基于智能信息处理技术的智能化视频监控系统具备更快速的反应时间、更强大的数据检索和分析功能,可以提高应急通信指挥系统的主动"监控"能力,包括边界分析、入侵分析、丢失分析、方向分析、滞留分析、智能跟踪等。

10.3.3 云计算和智能信息处理技术在应急通信应用中的技术挑战

云计算和智能信息处理技术属于新一代的信息技术,在应急通信指挥应用中还面临较大的技术挑战,举例如下:

(1) 应急人员随时随地的、按需的应急信息存储、获取与处理,这要求需要云计算系统间高效的互操作性和数据迁移性,并且要解决安全性问题。

(2) 突发事件类型多样,时效性要求高,这要求基于场景实时内容分析的智能信息处理技术。

(3) 支持现场应急处置人员的"云"接入,这需要较强的应急通信能力支持。

10.4　无人机技术

当今，无人机技术在应急通信中发挥着至关重要的作用，其独特的能力和优势为应急救援提供了强有力的支持。无人机技术在应急通信中的主要作用如下：

（1）快速部署与恢复通信。在自然灾害或突发事件导致通信基础设施受损的情况下，无人机可以快速部署到灾区上空，作为临时的通信中继或基站使用，迅速恢复灾区与外界的通信联系。这有助于及时传递灾情信息、指挥调度救援力量，提高救援效率。

（2）实时监视与数据采集。无人机可以搭载高清摄像头、红外传感器等设备，对灾区进行实时监视和数据采集。通过无人机拍摄的图像和视频，可以实时了解灾区的受灾情况、道路状况、建筑物损坏程度等信息，为救援决策提供重要的参考依据。

（3）精准定位与导航。无人机具备高精度定位与导航能力，可以迅速确定受灾区域的具体位置，为救援队伍提供精确的导航服务。这有助于救援队伍快速到达灾区，展开救援行动。

（4）物资投送与信息传递。无人机可以搭载救援物资，如食品、药品、救援设备等，通过空中投送的方式将物资快速送达灾区。同时，无人机还可以搭载通信设备，如移动通信基站、中继器等，将灾区内部的通信信号中继到外部网络，实现灾区与外界的通信畅通。

（5）应急照明与搜救喊话。在夜间或能见度较低的情况下，无人机可以搭载照明设备，为灾区提供应急照明。同时，无人机还可以搭载扩音设备，进行搜救喊话，提高搜救效率。

本节对无人机技术在应急通信中的特点及其关键技术做一般性介绍。

10.4.1　无人机概述

无人驾驶飞机简称无人机（Unmanned Aerial Vehicle，UAV），是利用无线电遥控设备和自备的程序控制装置操纵的不载人飞机，或者由车载计算机完全地或间歇地、自主地操作，具有高度的自主性、灵活性和可控制性。它结合了传感、遥测遥控、通信、GPS 定位等多种技术，可以实现远距离的实时监测和数据传输。无人机通常由机体、飞行控制系统、数据链系统等构成。各部件之间的紧密配合，使无人机能够在各种复杂环境下进行高效的飞行和作业。

10.4.2　常见无人机的分类及特点

常见无人机包括固定翼、多旋翼和无人直升机等。

1. 固定翼无人机

通常，固定翼无人机（fixed wing UAV）的拉力或推力依靠动力装置产生。小型固定翼无人机的起飞一般采用机载、滑行、弹射、抛物、火箭助推等多种方法，在着陆时主要采用网击法、降落法等。其优点是航程长、覆盖范围广、航速快；缺点是起飞预备时间长、操作难度大、成本高，不能精细化作业。大型固定翼无人机在军事领域中应用众多，如在应急救援领域携带相应载荷，在空中进行远程支援。固定翼无人机如图 10.4 所示。

图 10.4　固定翼无人机

2. 多旋翼无人机

多旋翼无人机（multirotor UAV）的能源来源为多台电机，螺旋桨负责制造升力，常用机型有四旋翼、六旋翼和八旋翼。多旋翼无人机可以实现全方位、多角度的现场拍摄效果，它的作用非常全面，适用范围广。此外，其使用成本低、场景适用性强、可精准悬停作业等优点便于消防救援人员上手，可开展很多简易应急救援工作。但受其续航时间短、抗风能力和载重能力较差等限制，多旋翼无人机难以携带多样化任务载荷，在实战应用中受到一定限制。多旋翼无人机如图 10.5 所示。

图 10.5　多旋翼无人机

3. 无人直升机

无人直升机（Unmanned Helicopter）具有完整的旋翼系统与传动系统，依靠距离变化来调整飞行姿态与速度，可以垂直起飞与降落。无人直升机的种类有传统构型无人直升机、交叉双旋翼无人直升机、纵列式无人直升机、共轴双旋翼无人直升机等。其优点包括载重能力强、续航时间长、稳定性高、抗风能力强、价格适中、操作性好；其缺点包括操控难度大、使用成本高、维护成本高。无人直升机的各种特性非常适合执行应急救援任务。无人直升机如图 10.6 所示。

图 10.6　无人直升机

10.4.3　应急通信无人机的关键技术

应急通信无人机的关键技术包括通信系统、导航与定位系统和图像传输与处理。

1. 通信系统

应急通信无人机需要具备可靠的通信系统，实现与地面通信和与其他航空器的协作，同时还需要应对复杂的天气环境。因此，无人机通信技术要求具备较高的可靠性、抗干扰能力和适应各种频段的能力。

2. 导航与定位系统

无人机需要进行准确的定位和导航才能保证飞行的稳定性和安全性。核心技术包括惯性导航系统、GPS 定位系统、地面雷达等技术，同时还需要考虑 GPS 信号在恶劣天气下的不可靠性。

3. 图像传输与处理

应急通信无人机需要进行高清图像采集、存储和实时传输。这需要无人机配备高性能的图像处理器，并具备带宽较大、稳定的通信网络。同时要考虑图像传输过程中可能存在的干扰和数据损坏问题，要求具备较强的数据纠错和丢失重传能力。

10.4.4　无人机在应急通信中的应用

重要经验强调了在灾难发生后几小时内恢复通信的重要性。然而，通常受灾区域难以进入，这给电力/电信部门和抢修人员造成了困难，即关键通信基础设施的修复会被延迟。恢复急救人员之间的通信对于规划和协调救援工作以及拯救受灾、受伤的人员至关重要，空中基站与通过无人机建立的通信平台可以对应急作出重要贡献。

1. 空中基站

空中基站是可以通过气球或无人机空运的基站，在自然灾害和人为灾难之后的灾难响应期间，提供促进无线和(或)蜂窝通信所需的基础设施，如图 10.7 所示。与高空平台相反，通过无人机设立的空中基站可以在距离地面数千米的高度飞行或盘旋，为受灾地区提供 WiFi/蜂窝覆盖。而例如车载移动蜂窝（Cell on Wheel，CoW）等，解决方案需要花费大量时间在灾区进行部署。在某些情况下——例如发生洪水道路无法通行时，它们可能无法到达目的地。这种情况下，空中基站可以更快部署且成本效益高，为 CoW 提供了有效的替代方案。

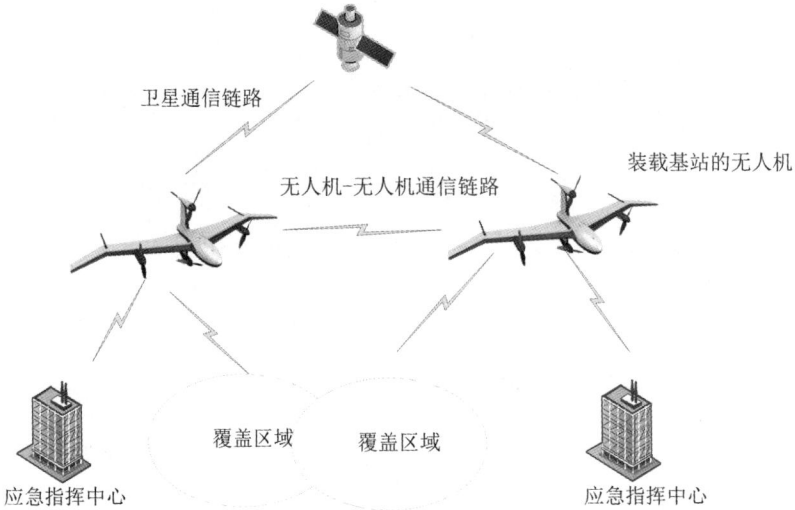

图 10.7　空中基站示意图

2. 通过无人机建立的通信平台

尽管 WiFi 和蜂窝技术已经得到了深入的研究，但通过无人机网络构建的应急通信系统的设计和测试仍然是一个值得探索的领域。麻省理工学院林肯实验室和宾夕法尼亚州立大学最近开发了一种名为机载远程通信（Airborne Remote Communication，ARC）的平台，旨在为灾害或偏远环境中的通信提供支持。然而，ARC 平台在智慧城市和紧急管理的背景下存在一定的局限性。尽管用户可以通过具备 WiFi 功能的设备与 ARC 平台连接，但其通信覆盖范围有限。ARC 的原型系统由一系列可穿戴用户节点构成，这些节点通过超高频（UHF）中继与其他用户节点、互联网或公共安全服务进行通信。为了实现更广泛的应用，该原型系统需要与紧急救援人员目前使用的现有系统实现兼容。除了技术层面的整合，人力和组织机构也是智慧城市构想中的关键要素。在紧急响应的场景中，无论我们的准备多么充分、执行多么严格、投资多么巨大，都无法完全消除灾害风险。建筑规范等措施虽有助于风险降低，但不可能彻底消除风险。因此，与负责应急管理和规划的地方政府机构合作至关重要，这有助于确定技术在紧急响应期间的实际适用性和效果。通过这种合作，可以更好地理解技术如何解决应急响应中的具体问题，并确保技术解决方案与当地社区的需求和资源相匹配。

10.4.5　无人机应急通信的技术挑战

无人机应急通信的技术挑战主要体现在以下几个方面。

（1）通信稳定性问题。无人机在执行应急通信任务时，可能面临各种复杂的飞行环境，如强风、降雨、雷电等恶劣天气条件以及城市高楼大厦、山区峡谷等复杂地形。这些因素都可能对无人机的通信链路产生干扰，导致通信信号衰减、中断或失真，从而影响通信的稳定性和可靠性。

（2）覆盖范围限制。无人机的通信覆盖范围受到其飞行高度、发射功率、天线性能以及地面接收设备的限制。在应对大规模突发事件时，单一的无人机可能无法满足广泛的通信需求，特别是在地形复杂或人口密集的区域。因此，如何实现无人机通信网络的快速部署和有效覆盖是一个重要的技术挑战。

（3）能源供应与续航问题。无人机的能源供应直接影响到其飞行时间和通信能力。在应急通信场景中，无人机需要长时间保持在空中进行通信中继，这对无人机的能源供应和续航能力提出了很高的要求。目前，无人机电池的容量和充电速度仍然是制约其应用的关键因素之一。

（4）安全性与抗干扰能力问题。无人机在应急通信中可能面临来自敌对势力的干扰或攻击，如信号干扰、黑客攻击等。因此，如何提高无人机的安全性，防止通信数据被窃取或篡改以及提高无人机对干扰信号的抵抗能力，是无人机应急通信技术需要解决的重要问题。

（5）协同通信与智能化管理问题。在复杂的应急场景中，可能需要多架无人机协同工作，以实现通信网络的快速构建和优化。这要求无人机之间能够实现高效的协同通信和智能化管理，以应对各种突发情况。然而，如何实现多无人机之间的协同通信和智能化管理，仍然是一个需要深入研究的问题。

10.5　本　章　小　结

本章主要介绍了应急通信领域的新技术发展，包括无线传感器网络、结合 GIS 的应急通信系统、云计算和智能信息处理技术以及无人机技术。这些技术的应用为应急响应提供了更高效、更及时的通信和信息处理手段，提升了灾害应对能力和救援效率。然而，这些新技术也面临着一些挑战，如数据安全、隐私保护等问题，需要在技术应用的同时加强相关法律法规和政策的制定和实施。

习　题

10.1　简述无线传感器网络工作原理及在应急通信中的主要作用。

10.2　简述 GIS 基本概念及在应急通信中的主要作用。

10.3　简述云计算基本概念及在应急通信中的主要作用。

10.4　简述无人机关键技术及在应急通信中的主要作用。

10.5　谈谈你对未来应急通信技术发展趋势的展望。

参 考 文 献

[1] 陈山枝，郑林会，毛旭，等. 应急通信指挥[M]. 北京：电子工业出版社，2013，6.

[2] Framework(s) on network requirements and capabilities to support emergency telecommunications over evolving circuit-switched and packet-switched Networks：ITU-T Y. 1271. [S/OL]. [2015 – 03 – 06].

[3] 刘云浩. 物联网导论[M]. 北京：科学出版社，2011.

[4] 孙玉. 应急通信技术总体框架讨论[M]. 北京：人民邮电出版社，2009.

[5] 张雪丽，王睿，董晓鲁，等. 应急通信新技术与系统应用[M]. 北京：机械工业出版社，2010.

[6] Emergency Telecommunications Service（ETS）and Interconnection framework for national implementations of ETS：ITU-T E. 107. [S/OL]. [2014 – 05 – 15].

[7] Requirements for communication between authorities/organizations during emergencies：ETSI TS 102 181. [S/OL].

[8] Framework for emergency calling using Internet multimedia：RFC6443. [S].

[9] 樊昌信，曹丽娜. 通信原理[M]. 7 版. 北京：国防工业出版社，2012.

[10] ZHANG Zhenyu, ZENG Fanxin , GE Lijia, et al. Design and implementation of novel HF OFDM communication Systems [C]. 2012 IEEE 14th International Conference on Communication Technology，Chengdu，2012.

[11] ZHANG Zhenyu, ZENG Fanxin, GE Lijia, et al. Effects of Mult-Path channel upon constellation of OFDM systems [C]. 2013 22nd Wireless and Optical Communications Conference Chongqing，2012.

[12] 廖惜春. 高频电子线路[M]. 北京：电子工业出版社，2010.

[13] 高瑜翔. 高频电子线路[M]. 北京：国防工业出版社，2016.

[14] BLANCHARD. Phase-Locked Loops[M]. NewYork：John Wiley，1976.

[15] 余晓玫，高飞. 移动通信技术. 西安：西安电子科技大学出版社，2015.

[16] 余晓玫，赖小龙，喻婷，等. 移动通信原理与技术. 北京：机械工业出版社，2017.

[17] 李兆玉，何维，戴翠琴. 移动通信. 北京：电子工业出版社，2017.

[18] 啜钢，高伟东，孙卓等. 移动通信原理. 北京：电子工业出版社，2016.

[19] 蔡余杰. 5G 来了. 北京：人民邮电出版社，2020.

[20] 王竹毅，刘帅奇，庞姣，等. 移动通信原理[M]. 北京：北京理工大学出版社，2023.

[21] 张洪太，王敏，崔万照. 卫星通信技术[M]. 北京：北京理工大学出版社，2018.

[22] 陈兆海，雷斌，王立，等. 应急通信系统[M]. 北京：电子工业出版社，2012.

[23] 李志伟，李合金. 卫星应急通信特点及体制分析研究[J]. 数字通信世界，2021(5)：86 – 87.

[24] 赵钢. 卫星应急通信系统的研究[J]. 广播电视信息，2018(6)：91 – 93.

[25] 张伟学. 卫星应急通信与应急指挥系统对解决广域应急通信的作用[J]. 信息记录材

料，2020(3)：209-210.

[26] 陈宝仁，李杰，吴赞红. 便携式数字集群与卫星广域应急通信方案研究[J]. 电力系统通信，2012(5)：31-34.

[27] 汪蕾俊. 数字集群通信系统的探讨[J]. 科技致富向导，2011(19)：406-407.

[28] 陈思. 数字集群通信关键技术研究[J]. 电子世界，2021(14)：5-6.

[29] 王映民，孙韶辉. TD-LTE-Advanced 移动通信系统设计[M]. 北京：人民邮电出版社，2012.

[30] 张传福，刘丽丽，卢辉斌，等. 移动互联网技术及业务[M]. 北京：电子工业出版社，2012.

[31] 姚国章，陈建明. 应急通信新思维：从理念到行动[M]. 北京：电子工业出版社，2014.

[32] 段伟希，周智，张晨，等. 移动互联网安全威胁分析与防护策略[J]. 电信工程技术与标准化，2010(2)：1-3.

[33] 冼桂伟. 智能电网应急通信技术的分析与应用探究[J]. 通讯世界，2019(7)：79-80.

[34] 李胜广，张之津. 感知城市——物联网在城市应急预警系统中的应用[J]. 中国安防，2010(7)：42-44.

[35] 刘云浩. 物联网导论[M]. 北京：科学出版社，2011.

[36] 赵绍刚. IMS 网络部署、运营与未来演进[M]. 北京：电子工业出版社，2011.

[37] 李静林，孙其博，杨放春. 下一代网络通信协议分析[M]. 北京：北京邮电大学出版社，2010.

[38] 卢博. MANET 与 INTERNET 的互联：一种基于移动 IP 的动态网关的研究与实现[D]. 北京：北京邮电大学，2010.

[39] 胡祥. 业余无线电在应急通信中的应用探讨[J]. 江苏通信，2020，36(04)：73-75+66.

[40] 张耀. 安徽亳州业余无线电爱好者赴灾区开展应急通信保障[J]. 中国无线电，2020(08)：79-80.

[41] 陈平. 我国业余无线电业务发展现状分析[J]. 中国无线电，2019(12)：24-28.

[42] 周宏. 业余无线电在突发重大自然灾害中的作用浅谈[J]. 中国应急救援，2018(06)：35-37.

[43] 李华龙. 基于业余分组无线电和 GPRS 的 APRS 节点设计[D]. 大连：大连理工大学，2016.

[44] 王业农. 用科学发展观指导业余无线电管理工作[J]. 中国无线电. 2013(04)：29-30.

[45] 王雪，王晟. 现代智能信息处理实践方法[M]. 北京：清华大学出版社，2009.

[46] 王鹏. 云计算的关键技术与应用实例[M]. 北京：人民邮电出版社，2010.

[47] 宋小琼. 基于 GIS 技术的消防通信指挥系统初探[J]. 中国科技纵横，2020(9)：188-189.

[48] 卡米什·纳莫杜里，塞尔日·肖梅特，耶格·H. 金姆，等. 无人机网络与通信[M]. 刘亚威，闫娟，杜子亮，等译. 北京：机械工业出版社，2019.